NOUVELLE

ARITHMÉTIQUE

DES ÉCOLES PRIMAIRES

Coulommiers. — Imp P. Brodard et Gallois.

NOUVELLE
ARITHMÉTIQUE
DES ÉCOLES PRIMAIRES

DIVISÉE EN DEUX PARTIES

1° THÉORIE ET PRATIQUE DU CALCUL

Nombres entiers — Fractions — Système métrique
Nombres complexes — Rapports

2° APPLICATIONS

Applications arithmétiques — Puissances et Racines
des nombres — Applications géométriques

ET CONTENANT ENVIRON

1200 Exercices et Problèmes

PAR G. RITT

Ancien inspecteur général de l'instruction primaire

*Ouvrage inscrit sur la liste des livres fournis gratuitement par la ville
de Paris à ses écoles communales*

PARIS
LIBRAIRIE HACHETTE ET Cie
79, BOULEVARD SAINT-GERMAIN, 79

1887

AVERTISSEMENT.

L'accueil favorable qu'a reçu ce petit traité nous fait un devoir de chercher à le rendre do plus en plus utile, en l'améliorant à chaque édition nouvelle. Le même sentiment de reconnaissance, autant que le désir de répondre au vœu des instituteurs, nous oblige à donner ici quelques indications sur la manière dont le livre nous parait devoir être le plus utilement employé dans les écoles.

L'enseignement de l'arithmétique comprend nécessairement plusieurs années, ce qui nécessite plusieurs divisions des enfants qui suivent le cours. Ce livre, qui dans sa forme parait s'adresser aux élèves de la division la plus avancée, est distribué de telle manière que chacune des divisions y trouve les exercices les plus convenables et la matière de l'enseignement proportionné à l'intelligence des élèves.

L'expérience a prouvé qu'en arithmétique, comme en toute matière d'enscignement primaire, la pratique doit précéder la théorie.

Ainsi les enfants qui commencent l'étude de l'arithmétique seront exercés à lire et à écrire des nombres, d'abord très-petits, ensuite de plus en plus grands, jusqu'à ce qu'ils soient suffisamment familiarisés avec la numération. On leur donnera ensuite à faire des additions, des soustractions, des multiplications et des divisions sur les nombres entiers, chaque opération avec sa preuve, de manière à les habituer à la pratique du calcul, qui ne saurait être apprise de trop bonne heure, et sans laquelle la théorie ne pourrait être facilement comprise.

Ce cours pratique pourra comprendre une ou plusieurs années, selon l'âge et l'intelligence des enfants.

Dans une division plus avancée, les élèves commenceront à apprendre par cœur les définitions et les règles des quatre opérations, et ils seront exercés à résoudre quelques problèmes faciles sur des nombres très-simples. Cet exercice aura pour effet de développer leur intelligence et de graver dans leur mémoire les définitions, et par suite les divers usages des opérations arithmétiques. Le calcul pratique des quatre opérations sur les fractions accompagnera les premières notions théoriques.

Les maîtres ne doivent pas négliger d'exercer leurs élèves au calcul mental, en leur adressant, au commencement de chaque leçon, des questions variées auxquelles ils devront répondre avec toute la promptitude possible.

Après avoir passé par ces divers exercices, les élèves ne trouveront aucune difficulté de comprendre la théorie complète des quatre opérations sur toutes sortes de nombres, et à résoudre les problèmes les plus compliqués, en accompagnant les solutions des raisonnements et des calculs.

C'est pour arriver à ce but pratique que nous avons cru devoir faire suivre chacun des chapitres de ce livre de questionnaires, d'exercices et de problèmes qui répondent aux conseils que nous venons de donner.

Quant à la partie théorique, le texte présente trois sortes de caractères : 1° l'italique, consacré aux définitions, aux propositions et aux règles que les élèves devront apprendre par cœur ; 2° le gros caractère, destiné à l'exposé de la théorie dans ce qu'elle a de plus essentiel ; 3° le petit caractère, consacré à certains détails utiles, mais moins importants et qui peuvent être omis à une première lecture.

NOUVELLE ARITHMÉTIQUE

DES ÉCOLES PRIMAIRES.

PREMIÈRE PARTIE.

THÉORIE ET PRATIQUE DU CALCUL.

LIVRE I.

NOMBRES ENTIERS.

---

§ 1. NUMÉRATION.

1. DÉFINITIONS PRÉLIMINAIRES.

1. L'idée de nombre est une des premières idées que l'enfant acquiert par les sens, et surtout par celui de la vue. Il est impossible, en effet, quand on considère des objets quelconques, de ne pas remarquer s'ils sont seuls ou non. De là l'idée d'unité ou de pluralité, qui est véritablement l'idée première du nombre.

2. *Le nombre est l'unité ou la réunion d'unités de même espèce.*

3. Le mot *unité* désigne un seul des objets que l'on considère.

4. Les objets de même espèce sont exprimés par le même nom ou par les mêmes mots; exemple : des hommes, des maisons, des sacs de blé, etc.

5. On forme les nombres de la manière la plus simple par l'addition successive de l'unité, ainsi qu'il suit :

En partant de *un*, qui représente l'unité, on dit :

Un et *un* font *deux;*

Deux et *un* font *trois;*

Trois et *un* font *quatre;*

Et ainsi de suite pour les nombres *cinq, six, sept, huit, neuf, dix,* etc.

6. La suite des nombres est infinie; car, quelque grand que l'on suppose un nombre, en lui ajoutant *un*, on formera un nombre encore plus grand.

7. Les nombres sont dits *abstraits* lorsqu'on ne désigne aucun objet en particulier; exemple : *trois, cinq.*

8. Les nombres sont dits *concrets* lorsqu'on désigne les objets que l'on considère; exemple : *trois hommes, cinq maisons.*

Ces dénominations, que l'usage a consacrées, ne sont pas tout à fait exactes, ou du moins elles ont besoin d'une explication pour être bien comprises. Les mots *trois, cinq,* ou les signes par lesquels on peut les représenter, ne sont que des *noms abstraits,* que des *représentations abstraites* de nombre. Dans *trois hommes, cinq maisons,* les mots *trois, cinq,* sont de véritables adjectifs numéraux qui servent à ajouter une idée de réunion à l'idée des objets que l'on considère.

9. Les nombres sont dits *entiers* quand on considère des unités entières, des objets entiers; exemple : *trois pommes, cinq jours.*

10. Les nombres sont dits *fractionnaires* ou simplement *fractions* quand on ne considère que des parties égales de l'unité dont il s'agit; exemple : *une moitié de pomme, trois quarts d'heure.*

11. Les nombres sont dits *complexes* quand ils sont composés de nombres entiers de l'unité et des subdivisions de cette même unité; exemple : *trois jours sept heures dix minutes.*

12. *L'arithmétique est la science des nombres,* c'est-à-dire la connaissance de tout ce qui a rapport aux nombres.

13. Elle se divise en deux parties : *la numération* et *le calcul*.

14. *La numération est la partie de l'arithmétique qui enseigne à former, à énoncer et à représenter les nombres.*

15. *Énoncer* un nombre, c'est l'exprimer par la parole, c'est-à-dire lui donner le nom qui lui convient.

On forme les noms de nombre d'après certaines conventions particulières qui sont l'objet de la *numération parlée*.

16. *Représenter* un nombre, c'est l'exprimer par l'écriture au moyen de signes et de conventions particulières qui sont l'objet de la *numération écrite*.

Il y a donc deux sortes de numérations : la numération parlée et la numération écrite.

Questionnaire.

Qu'est-ce que le nombre ? (1)	Qu'est-ce qu'un nombre complexe? (11)
Que signifie le mot unité? (2)	Qu'est-ce que l'arithmétique? (12)
Qu'entend-on par objets de même *espèce ?* (3)	Comment divise-t-on l'arithmétique?(13)
	Qu'est-ce que la numération ? (14)
Qu'est-ce que l'on entend par un nombre abstrait? (7)	De quelle manière forme-t-on les nombres ? (5)
Par un nombre concret ? (8)	Qu'entend-on par énoncer un nombre? (15)
Qu'est-ce qu'un nombre entier? (9)	
Qu'est-ce qu'un nombre fractionnaire ou une fraction? (10)	Combien y a-t-il de sortes de numérations? (16)

2. NUMÉRATION PARLÉE.

17. *La numération parlée est l'art d'énoncer tous les nombres possibles à l'aide d'un nombre limité de mots,* c'est-à-dire d'un nombre de mots moindre que celui des nombres eux-mêmes.

18. On entend par *système* de numération parlée, *l'ensemble des conventions* que l'on a faites pour former les noms de nombre.

Voici en quoi consiste ce système.

Après avoir donné un nom particulier aux dix premiers nombres : *un, deux, trois, quatre, cinq, six, sept, huit, neuf, dix,* on est convenu de regarder le nombre *dix* comme une nouvelle unité d'un ordre supérieur, qu'on appelle *dizaine*, et de compter par dizaines, comme on a compté par unités simples.

Ainsi, la dizaine est l'unité du second ordre, qui vaut dix unités simples.

Une dizaine et une dizaine forment deux dizaines, qu'on nomme *vingt*.

Deux dizaines et une dizaine forment trois dizaines, ou *trente*.

Trois dizaines et une dizaine forment quatre dizaines, ou *quarante*.

Quatre dizaines et une dizaine forment cinq dizaines, ou *cinquante*.

Cinq dizaines et une dizaine forment six dizaines, ou *soixante*.

Six dizaines et une dizaine forment sept dizaines, ou *soixante-dix*.

Sept dizaines et une dizaine forment huit dizaines, ou *quatre-vingts*.

Huit dizaines et une dizaine forment neuf dizaines, ou *quatre-vingt-dix*.

Neuf dizaines et une dizaine forment dix dizaines, ou *cent*.

19. En plaçant successivement entre dix et vingt, vingt et trente, trente et quarante, etc., les noms des neuf premiers nombres, on a formé les noms de tous les nombres, depuis dix jusqu'à quatre-vingt-dix-neuf, ainsi qu'il suit :

Dix-un que l'usage a remplacé par onze ;

Dix-deux ou douze ;

Dix-trois ou treize ;

Dix-quatre ou quatorze ;

Dix-cinq ou quinze ;

Dix-six ou seize ;

Dix-sept ;

Dix-huit ;

Dix-neuf ;

Vingt, vingt-un, vingt-deux....; trente, trente-un, trente-deux....; quarante, quarante-un, quarante-deux....; soixante, soixante-un, soixante-deux....; soixante-dix, soixante-onze, soixante-douze....; quatre-vingt-un, quatre-vingt-deux....; quatre-vingt-dix, quatre-vingt-onze, quatre-vingt-douze....; quatre-vingt-dix-huit, quatre-vingt-dix-neuf.

20. En ajoutant un au nombre quatre-vingt-dix-neuf, c'est-à-dire à neuf dizaines et neuf unités ajoutant une unité, on obtient neuf dizaines et une dizaine ou dix dizaines, dont on forme une nouvelle unité du troisième ordre appelée *centaine* ou *cent*, et l'on compte par centaines comme on a compté par dizaines et par unités simples, en disant : *cent, deux cents, trois cents...., cinq cents...., neuf cents*.

21. En plaçant successivement entre cent et deux cents, deux cents et trois cents, etc., les noms des quatre-vingt-dix-neuf nombres précédents, on forme les noms de tous les nombres, depuis un jusqu'à neuf cent quatre-vingt-dix-neuf.

22. Neuf cent quatre-vingt-dix-neuf, augmentés de un, donnent le nombre mille, qui se compose, comme on voit, de dix centaines, et qui est l'unité du quatrième ordre; dix mille forment la dizaine de mille, unité du cinquième ordre; dix dizaines de mille forment la centaine de mille, unité du sixième ordre.

En plaçant successivement devant mille et entre deux nombres consécutifs de mille les noms de tous les nombres inférieurs à mille, on forme les noms de tous les nombres, depuis un jusqu'à neuf cent quatre-vingt-dix-neuf mille neuf cent quatre-vingt-dix-neuf.

23. On considère les mille comme formant une classe supérieure d'unités qui a ses unités, ses dizaines et ses centaines comme les unités simples. Ainsi les unités simples forment la première classe d'unités, les mille forment la seconde classe.

24. De la même manière mille mille forment une unité de la troisième classe qu'on nomme *million* et qui a aussi ses unités, ses dizaines et ses centaines.

6   NOMBRES ENTIERS.

Mille millions forment un billion, unité de la quatrième classe.

Mille billions forment le trillion, unité de la cinquième classe.

Et ainsi de suite.

25. En résumé, le système de la numération parlée est fondé sur cette double convention que dix unités d'un même ordre forment une unité d'un ordre supérieur, et que la réunion des trois ordres d'unités forme une unité d'une classe supérieure qu'on appelle, pour cette raison, *classe* ternaire.

Ce système a reçu le nom de *décimal*, parce que le nombre *dix* en est la base.

26. Presque tous les peuples de la terre ont adopté le système décimal, probablement parce que les hommes ont commencé à compter sur leurs doigts. Peut-être même la division de chaque doigt en trois phalanges a-t-elle donné l'idée de trois ordres, unités, dizaines, centaines, qui composent chaque classe. Quoi qu'il en soit, on peut s'aider de ce moyen pour retenir les noms et la succession des unités des divers ordres et des diverses classes qui sont résumés dans le tableau suivant :

5e CLASSE.	4e CLASSE.	3e CLASSE. MILLIONS.			2e CLASSE. MILLE.			1re CLASSE. UNITÉS SIMPLES.		
Trillions.	Billions.	Centaines de millions. 9e ORDRE.	Dizaines de millions. 8e ORDRE.	Unités de millions. 7e ORDRE.	Centaines de mille. 6e ORDRE.	Dizaines de mille. 5e ORDRE.	Unités de mille. 4e ORDRE.	Centaines, 3e ORDRE.	Dizaines, 2e ORDRE.	Unités simples. 1er ORDRE.

27. On peut remarquer qu'une unité d'un ordre quelconque vaut dix, cent, mille.... unités d'un ordre inférieur selon que celui-ci est à un, deux, trois.... rangs après celle-là. Ainsi, l'unité de mille vaut cent dizaines qui sont au second rang après elle; la centaine de mille est mille fois plus grande que la centaine qui est au troisième rang après elle, et ainsi des autres.

28. L'utilité d'un système de numération, tel que celui qui vient d'être exposé, consiste en ce que la nomenclature des nombres, c'est-à-dire la liste des noms de nombre, quoique tous différents entre eux, se réduit à la combinaison d'un petit nombre de mots faciles à retenir, et de plus, par suite de la formation de chaque unité de dix en dix, il est facile de se faire une idée de la grandeur des nombres, ce qui eût été impossible si on leur avait donné des noms pris au hasard et sans aucune relation mutuelle.

29. Outre ces avantages, le système de la numération fournit un moyen plus rapide de compter autant d'objets qu'on voudra.

En effet, au lieu de compter ces objets un à un, on commencera par en former des groupes, des tas de dix. Il y aura un certain nombre de ces groupes, plus un reste moindre que dix.

S'il y a plus de dix groupes, on en formera de nouveaux groupes de dix: il y aura un certain nombre de ces nouveaux groupes, et le nombre restant des premiers groupes sera moindre que dix.

En continuant de la même manière, on parviendra à n'avoir plus que des groupes différents, en nombre moindre que dix, et dont le dernier sera de la plus forte espèce. On pourra donc, au moyen de noms convenus, énoncer les noms de ces divers groupes, et la suite de tous ces noms sera le nombre demandé.

30. *La numération parlée convient aux trois espèces de nombres entiers, fractionnaires ou complexes,* c'est-à-dire qu'on se sert des mêmes noms de nombre, soit que l'on considère des objets entiers, soit des parties égales qu'on aurait faites de ces objets.

Il n'en est pas de même de la numération écrite, comme on le verra dans les chapitres suivants.

Questionnaire.

Qu'est-ce que la numération parlée? (17)

Qu'entend-on par système de numération? (18)

En quoi consiste le système de la numération adoptée? (19)

Qu'est-ce qui a donné l'idée de ce système? (26)

Comment a-t-on formé tous les noms de nombre depuis un jusqu'à cent? (19)

Depuis un jusqu'à mille? (21)

Depuis un jusqu'à un million? (22)

Qu'est-ce qu'un ordre d'unités? (25)

Qu'est ce qu'une classe d'unités? (25)

Quelle est l'utilité d'un système de numération et en particulier du système décimal? (28)

Quelle est la base du système de numération? (25)

Quel nom porte ce système? (25)

Comment pourrait-on compter un grand nombre d'objets plus promptement qu'en les comptant un à un? (29)

La nomenclature des nombres, c'est-à-dire les noms de nombre, sert-elle pour toutes les espèces de nombres? (30)

Exercices (I).

1). Quelle est l'unité du premier ordre? du second ordre? du troisième ordre?

2). De quel ordre d'unités sont les mille? les centaines de mille?

3). Combien d'ordre d'unités chaque classe renferme-t-elle?

4). Quelles sont les unités de la première classe? de la seconde classe? de la troisième classe?

5). De quelle classe sont les millions? les trillions?

6). Dites de quel ordre et de quelle classe sont les dizaines? les centaines de mille?

7). Nommez l'unité du premier ordre de la première classe.

8). Nommez l'unité du troisième ordre de la seconde classe.

9). Nommez l'unité du second ordre de la troisième classe.

10). Quelle différence faites-vous entre les mots unités, tout seuls, et unités simples?

11). Les noms de nombres sont-ils infinis comme les nombres eux-mêmes? pourquoi?

12). Combien de mots sont-ils nécessaires pour compter depuis un jusqu'à cent? depuis un jusqu'à mille? depuis un jusqu'à un million? depuis un jusqu'aux billions? depuis un jusqu'aux trillions?

13). Pour compter un grand nombre de crayons, on a commencé par en faire des paquets de dix, et il en est resté quatre; de ces premiers paquets on a fait encore des paquets de dix, et il en est resté cinq; de ces nouveaux paquets on a fait encore sept paquets de dix, et il en est resté huit. Quel est le nombre des crayons?

3. NUMÉRATION ÉCRITE.

31. *La numération écrite est l'art de représenter tous les nombres possibles à l'aide d'un nombre limité de signes qu'on appelle* CHIFFRES.

Ces chiffres sont au nombre de dix, savoir :

1   2   3   4   5   6   7   8   9   0

Un, deux, trois, quatre, cinq, six, sept, huit, neuf, zéro.

Les mots *un, deux, trois*, etc., représentent les noms de nombre ; les chiffres 1, 2, 3, etc., représentent les nombres eux-mêmes ; les premiers ne sont compris que par les peuples qui parlent français, les seconds sont compris de tous les peuples qui ont adopté ces signes, que l'on attribue aux Arabes, et qu'on appelle, pour cette raison, *chiffres arabes.*

32. Le système de la numération écrite consiste dans les deux conventions suivantes :

1º Tout chiffre placé à la gauche d'un autre représente des unités d'un ordre immédiatement supérieur ; 2º le chiffre 0 sert à remplacer les unités des divers ordres qui manquent dans le nombre.

Ainsi, pour représenter le nombre cinquante-quatre qui se compose de quatre unités et de cinq dizaines, on écrit 54.

Le nombre cinq cent trente-huit s'écrit 538.

Le nombre six mille quatre cent cinquante-sept, 6457.

Cinq cent trente-quatre mille neuf cent trente-un, 534931.

Le nombre quarante, qui contient quatre dizaines sans unités simples, s'écrit 40.

Le nombre trois cent cinq, qui ne contient pas de dizaines, 305.

Le nombre quatre mille, 4000.

Soixante-dix mille quarante, 70040.

Quatre cent deux mille huit, 402008.

Cinq millions sept mille deux cents, 5007200.

On voit donc qu'au moyen des dix chiffres et de la convention établie, on peut représenter tous les nombres imaginables.

33. Il faut remarquer que le rang des chiffres à partir du chiffre des unités simples est le même que l'ordre d'unités qu'ils représentent; ainsi les dizaines sont au deuxième rang, les centaines au troisième, les dizaines de mille au cinquième, etc.

34. RÈGLE. — *Pour énoncer un nombre écrit en chiffres, on partage le nombre en tranches de trois chiffres chacune, en allant de droite à gauche, et prononçant le nom de la classe d'unités de chaque tranche, unités, mille, millions, etc.* La dernière tranche à gauche pourra n'avoir que un ou deux chiffres. *Puis reprenant par la gauche, on énonce successivement chaque tranche comme si elle était seule, en y ajoutant le nom de la classe d'unités qui lui correspond.*

DÉMONSTRATION. — En effet, soit le nombre 17258649; les trois premiers chiffres à droite, d'après la convention établie, représentent en allant de la droite vers la gauche, les unités, les dizaines, les centaines d'unités simples; les trois suivants représentent les unités, les dizaines, les centaines de mille; le septième et le huitième représentent les unités et les dizaines de millions; on dira donc : dix-sept millions deux cent cinquante-huit mille six cent quarante-neuf.

Cette règle sert à abréger l'énoncé des nombres. Ainsi, dans l'exemple précédent, on aurait dû énoncer ainsi qu'il suit : neuf unités, quatre dizaines, six centaines, huit mille, cinq dizaines de mille, etc.

35. REMARQUE. — Si quelqu'une des tranches était composée de zéros, ou s'il y avait un ou deux zéros à la gauche de la tranche, on ne tiendrait aucun compte de ces zéros dans l'énoncé du nombre, c'est-à-dire que dans le premier cas on passerait sous silence la classe d'unités représentée par les trois zéros, et dans le deuxième cas, les unités qui manqueraient dans la classe.

En effet, 029 et 004, par exemple, sont la même chose que 29 et 4.

Ainsi le nombre 3.000.040.005 s'énonce trois billions quarante mille cinq.

36. RÈGLE. — *Pour déterminer le nombre d'unités d'un*

*ordre quelconque renfermé dans un nombre entier donné,
on met un point après le chiffre des unités de l'ordre indiqué,
et on énonce le nombre résultant à gauche.*

Ainsi le nombre 893207 renferme 89320 dizaines,
8932 centaines, 893 mille, 89 dizaines de mille et 8 centaines de mille.

Car tout est semblable, soit par rapport au chiffre des
unités simples, soit par rapport au chiffre des unités de
l'ordre indiqué.

57. Lorsque le nombre est écrit en toutes lettres, il est
facile de le traduire en chiffres; mais lorsqu'il est seulement dicté ou énoncé, il faut une assez grande habitude
pour l'écrire sans commettre d'erreur; on y parviendra
en se conformant à la règle générale suivante :

RÈGLE. — *Pour écrire en chiffres un nombre énoncé, on
écrit successivement, en allant de gauche à droite, les nombres
des diverses classes d'unités tels qu'ils sont énoncés, en
ayant soin de remplacer par trois zéros les classes d'unités
qui manquent et par des zéros les unités des divers ordres
qui viendraient à manquer dans chaque classe.*

Ainsi, trois mille deux cent quarante-sept s'écrit 3.247.
Quarante mille deux cents, 40.200.
Cent mille deux cent un, 100.201.
Trois millions cinquante, 3.000.050.
Quatre cents millions trois mille, 400.003.000.
Vingt billions cinquante mille huit, 20.000.050.008.

58. RÈGLE. — *Pour écrire en chiffres un nombre quelconque d'unités d'un ordre donné, on écrit le nombre tel
qu'il est énoncé en le faisant suivre d'autant de zéros qu'il
est nécessaire pour que le dernier chiffre du nombre soit au
rang qui convient aux unités de l'ordre proposé.*

Ainsi, pour écrire en chiffres trente-quatre dizaines,
on écrira d'abord 34; mais, comme le chiffre des dizaines
doit être au deuxième rang, on écrira un zéro après le 4,
et on aura 340.

Quatre cent deux centaines s'écrit 40.200.
Cent vingt mille, 120.000.

Questionnaire.

Qu'est-ce que la numération écrite? (31)
Qu'est ce que les chiffres? (31)
Combien y a-t-il de chiffres? (31)
En quoi consiste le système de la numération écrite? (32)
Quelle différence y a-t-il entre l'écriture des nombres en lettres ordinaires ou en chiffres? (31)
Quelle est la règle pour énoncer un nombre écrit en chiffres? (34)
Que fait-on s'il y a des zéros? (35)
Qu'est-ce qui a conduit à partager le nombre en tranches de trois chiffres, en allant de droite à gauche? (34)
N'aurait-on pas pu partager le nombre de gauche à droite? (34)
Comment peut-on déterminer le nombre d'unités d'un ordre quelconque renfermé dans un nombre écrit en chiffres? (36)
Quelle est la règle pour écrire en chiffres un nombre sous la dictée? (37)
Pour écrire un nombre d'unités d'un ordre quelconque? (38)

Exercices (II).

Écrire en chiffres les nombres suivants, d'abord en les voyant écrits en toutes lettres, ensuite en les entendant énoncer :

1). Un, trois, cinq, huit, neuf, douze, quinze, dix-huit,
2). Dix-neuf, vingt, vingt-trois, vingt-sept, vingt-neuf,
3). Trente-un, trente-six, trente-neuf, quarante-huit,
4). Cinquante-un, cinquante-trois, cinquante-cinq,
5). Cinquante-neuf, soixante, soixante-sept, quatre-vingt-neuf,
6). Quatre-vingt-quinze, cent, cent dix, deux cent neuf,
7). Trois cent sept, quatre cent vingt, cinq cent douze,
8). Six cent trois, sept cent quarante, huit cent soixante-onze,
9). Huit cent quatre-vingt-dix, neuf cent vingt,
10). Neuf cent quatre-vingt-trois, mille deux,
11). Mille cent trente-huit, mille soixante-dix-huit,
12). Deux mille sept cents, trois mille cinq cent deux,
13). Quatre mille cinq cent quarante, cinq mille neuf cent trois,
14). Cinq mille quarante-huit, six mille trois cent douze,
15). Sept mille neuf cents, dix mille cinquante,
16). Treize mille vingt-neuf, vingt mille quatre cent cinq,
17). Vingt-neuf mille huit cents, trente mille sept cents,
18). Trente-deux mille huit, quarante-trois mille vingt,
19). Quatre-vingt-dix mille quatre, cent vingt mille trente-neuf,
20). Deux cent mille deux cents, six cent mille quatre-vingts,
21). Sept cent trente mille neuf cent deux,
22). Huit cent vingt-quatre mille neuf,
23). Un million cinq cent vingt-deux mille trois cent quarante-huit,
24). Deux millions trois cent neuf,
25). Trois millions quarante mille neuf cents,
26). Quinze millions vingt-cinq mille soixante-douze,
27). Cinquante-sept millions vingt-huit mille quatre,
28). Deux cents millions trois cent mille sept cent quinze,

29). Trois cents millions treize.

30). Cinq cents millions quatre mille huit.

31). Neuf cents millions quatre mille huit cents.

32). Quel est le rang des dizaines, des mille, des dizaines de mille, des millions, des dizaines de billions?

33). Nommer l'unité du troisième rang, du cinquième, du septième, du huitième.

Énoncer les nombres suivants :

34). 3, 6, 7, 11, 13, 16, 18, 19, 20, 24, 27, 28,
35). 34, 39, 45, 49, 03, 50, 53, 56, 09, 58, 63,
36). 75, 85, 90, 99, 101, 123, 248, 037, 008, 424,
37). 475, 634, 082, 809, 968, 977, 034, 993, 009,
38). 1004, 1238, 1049, 1795, 2009, 3475, 3008, 4987,
39). 5736, 5948, 5007, 5099, 6845, 9324, 10429, 10037,
40). 13540, 28579, 40320, 82307, 110349, 137008,
41). 248047, 540423, 835439, 904308, 1275046, 1562004,
42). 3745028, 7890004, 18046097, 43040080, 248709043,
43). 987654321, 1234567890.

44). Écrire les nombres suivants :

Trente-quatre *centaines*, cent vingt-huit *dizaines de mille*, cinquante-deux *millions*, six cents *centaines de mille*, huit mille deux *millions*, quatre cent vingt-trois *centaines de millions*.

§ II. CALCUL DES NOMBRES ENTIERS.

1. DÉFINITIONS PRÉLIMINAIRES.

39. Le calcul est la partie de l'arithmétique qui enseigne à faire, sur les nombres, certaines opérations dans le but de former d'autres nombres plus promptement que par la numération.

40. Le calcul renferme un assez grand nombre d'opérations, parmi lesquelles il y en a quatre qu'on appelle *fondamentales*, parce qu'elles sont la base de toutes les autres, et que toutes les autres s'y ramènent.

41. Les quatre opérations fondamentales sont l'*addition*, la *soustraction*, la *multiplication* et la *division*.

42. Dans chacune de ces opérations on doit considérer :

1° La DÉFINITION, qui fait connaître le but qu'on se propose ;

2° La RÈGLE, qui indique le moyen le plus simple et le plus prompt pour arriver au but proposé ;

3° L'EXEMPLE, qui n'est que l'application de la règle ;

4° La DÉMONSTRATION, qui prouve que la règle est parfaitement conforme à la définition ;

5° L'USAGE, qui indique dans quels cas l'opération doit être employée ;

6° La PREUVE, qui consiste dans une seconde opération que l'on fait pour s'assurer qu'on ne s'est pas trompé dans la première. Il est évident que la preuve ne doit pas être plus difficile que l'opération elle-même.

43. Le calcul est différent suivant la nature des nombres sur lesquels on opère.

Celui des nombres entiers se présente le premier comme étant le plus simple.

Le calcul des nombres fractionnaires et complexes se ramène à celui des nombres entiers, ainsi qu'on le verra dans les chapitres suivants.

44. Un *problème* de calcul est l'énoncé d'une question dans laquelle il s'agit de trouver un ou plusieurs nombres inconnus en opérant sur des nombres donnés.

45. *Résoudre un problème*, c'est déterminer le nombre ou les nombres inconnus au moyen des nombres connus.

46. La *solution* est la suite des raisonnements et des opérations que l'on fait pour arriver au résultat demandé.

On donne aussi quelquefois ce nom au résultat lui-même.

47. On appelle *théorème* une proposition dont la vérité n'est pas évidente par elle-même, et qui, par conséquent, a besoin d'être démontrée.

Lorsque cette proposition est importante par ses applications, elle prend le nom de *principe*.

48. Une proposition évidente par elle-même s'appelle *axiome*. Exemples : *le tout est plus grand que sa partie; deux quantités égales à une troisième sont égales entre elles*, etc.

Questionnaire.

Qu'est-ce que le calcul? (39)
Quel est le but du calcul? (39)
Combien y a-t-il d'opérations fonda-
    mentales? (40)
Pourquoi les nomme-t-on ainsi? (40)
Quels sont les noms de ces quatre opé-
    rations? (41)
Qu'est-ce que la définition d'une opé-
    ration? (42)
Qu'est-ce qu'une règle de calcul? (42)

Quel est le but de la démonstration?(42)
Qu'entend-on par preuve d'une opéra-
    tion? (42)
Qu'est-ce qu'un problème de calcul?(44)
Qu'est-ce que résoudre un problè-
    me? (45)
Qu'est-ce que la solution d'un pro-
    blème? (46)
Qu'entend-on par théorème? (47)
Qu'est-ce qu'un axiome? (48).

2. ADDITION.

1° Définition et règle de l'addition.

49. *L'addition est une opération qui a pour but de réunir en un seul nombre toutes les unités contenues dans deux ou plusieurs nombres donnés.*

Le résultat de cette opération s'appelle *somme* ou *total*. On indique cette opération par le signe $+$, qu'on énonce *plus*, et qu'on place entre les nombres à additionner.

50. Règle. — *L'addition de plusieurs nombres d'un seul chiffre se fait en ajoutant successivement une à une au premier nombre toutes les unités du second ; à ce premier résultat on ajoute pareillement toutes les unités du troisième nombre, et ainsi de suite jusqu'au dernier nombre proposé, inclusivement.*

Exemple. — Ainsi pour additionner les nombres 3, 5, 7, 9, je commence par ajouter une à une au premier nombre 3 toutes les unités de 5, en disant $3 + 1 = 4$ (le signe $=$ s'énonce *égale*), $4 + 1 = 5$, $5 + 1 = 6$, $6 + 1 = 7$, $7 + 1 = 8$; ou, ce qui revient au même, je compte à partir de 3 les cinq nombres suivants de la suite naturelle, 4, 5, 6, 7, 8; le dernier nombre énoncé est la somme partielle demandée. J'ai donc $3 + 5 = 8$; à ce premier résultat j'ajoute pareillement toutes les unités de 7, et j'obtiens $8 + 7 = 15$; enfin, ajoutant pareillement à ce second résultat toutes les unités de 9, j'obtiens $15 + 9 = 24$.

J'ai donc pour la somme demandée $3 + 5 + 7 + 9 = 24$.

Dans la pratique on dit : 3 et 5 font 8 ; 8 et 7 font 15, 15 et 9 font 24.

51. RÈGLE GÉNÉRALE. — *Pour additionner deux ou plusieurs nombres entiers composés d'autant de chiffres que l'on voudra, on écrit tous les nombres proposés les uns sous les autres, de manière que les unités d'un même ordre soient dans une même colonne verticale : unités sous unités, dizaines sous dizaines, centaines sous centaines, etc. ; puis on souligne le tout pour le séparer du résultat que l'on écrit au-dessous.*

Ensuite, commençant par la droite, on additionne tous les chiffres de la première colonne, qui est celle des unités simples ; si la somme ne surpasse pas 9, on l'écrit au-dessous de la colonne telle qu'on la trouve. Si elle surpasse 9, c'est-à-dire si elle doit être exprimée par deux ou plusieurs chiffres, on écrit seulement le chiffre des unités et l'on retient (dans la mémoire) *les dizaines de surplus pour les additionner avec les chiffres de la colonne suivante des dizaines, en commençant par la retenue.*

On opère sur cette colonne des dizaines et sur les suivantes comme sur la première, jusqu'à la dernière colonne à gauche, au-dessous de laquelle on écrit le résultat tel qu'on le trouve.

Le nombre qui se trouve ainsi écrit au-dessous de la ligne est la somme demandée.

52. EXEMPLE. — Soit à additionner les nombres 256, 349, 742.

J'écris les trois nombres proposés en colonne verticale, de manière que les unités soient sous les unités, les dizaines sous les dizaines, etc., puis je tire une ligne horizontale au-dessous du dernier, ainsi qu'on le voit dans le tableau suivant :

$$
\begin{array}{r}
256 \\
349 \\
742 \\
\hline
1347
\end{array}
$$

Ensuite commençant par la première colonne à droite, je

dis : 6 et 9 font 15; 15 et 2 font 17, c'est-à-dire 1 dizaine et 7 unités; j'écris 7 au-dessous de la colonne des unités et je retiens 1 dizaine pour la reporter à la colonne suivante des dizaines.

1 de retenue et 5 font 6; 6 et 4 font 10; 10 et 4 font 14, je pose 4 sous la colonne et je retiens 1.

1 de retenue et 2 font 3; 3 et 3 font 6 et 7 font 13, que j'écris.

La somme est donc 1347.

53. DÉMONSTRATION. — La règle est parfaitement conforme à la définition. En effet, la somme renfermant toutes les unités simples, toutes les dizaines, toutes les centaines des nombres proposés, contiendra évidemment toutes les unités simples de ces mêmes nombres.

On voit par là que l'opération se compose d'autant d'additions partielles qu'il y a de colonnes; mais ces additions partielles sont très-simples, puisqu'il ne s'agit que d'additionner des nombres d'un seul chiffre, et on obtient ainsi le résultat beaucoup plus promptement que si, au premier nombre, on ajoutait une à une toutes les unités du deuxième, et, à cette somme, toutes les unités du troisième.

54. On écrit les nombres en colonne, afin que l'œil puisse embrasser facilement tous les chiffres des unités d'un même ordre.

55. Enfin on commence par la droite, afin de pouvoir reporter facilement à la colonne suivante à gauche les unités d'un ordre supérieur provenant de l'addition de la colonne précédente.

On voit en effet qu'on serait exposé, si l'on commençait par la gauche, à changer à chaque colonne le résultat qu'on aurait écrit avant d'avoir additionné les chiffres de la colonne suivante à droite.

Au surplus, si le résultat de chaque colonne n'excédait pas 9, il serait indifférent de commencer par la droite ou par la gauche, ou même par une colonne quelconque.

2° Usage de l'addition.

56. L'addition s'emploie dans tous les cas où il s'agit d'obtenir le total de plusieurs nombres donnés de même espèce ; la réunion de plusieurs nombres pour en faire un tout ;..... quand il s'agit d'augmenter un nombre d'un ou de plusieurs nombres donnés.

57. Il est évident, d'après la définition même du nombre, qu'on ne peut additionner entre eux des nombres d'espèces différentes, à moins qu'on ne puisse leur donner un nom qui convienne à tous. Ainsi, 3 pommiers, 5 poiriers et 2 pêchers font en tout 10 arbres.

3° Preuve de l'addition.

58. RÈGLE. — *Pour faire la preuve de l'addition, on refait la même opération, mais en ayant soin d'additionner les chiffres de chaque colonne en allant de bas en haut.*

59. AUTRE RÈGLE. — *On peut encore séparer un ou plusieurs des nombres proposés, et faire la somme de tous les nombres restants, puis additionner avec cette somme la somme des nombres mis à part.*

60. Quel que soit le procédé qu'on adopte, si le résultat de l'opération qui sert de preuve, est le même que le résultat de la première opération, il est *probable* qu'il n'y a pas d'erreur.

Dans le cas contraire, il faut recommencer l'opération.

La preuve ne donne pas la certitude, mais seulement la probabilité qu'on ne s'est pas trompé dans la première opération. On pourrait, en effet, avoir commis dans chaque opération des erreurs qui se compensent.

61. PROBLÈME. — Le lundi, il a passé sur un pont 3628 personnes ; le mardi, 2965 ; le mercredi, 3475 ; le jeudi, 2876 ; le vendredi, 1984 ; le samedi, 3257 ; le dimanche, 4239 ; combien a-t-il passé de personnes pendant toute la semaine ?

SOLUTION. — Il est évident qu'il s'agit de réunir les sept nombres proposés en un seul.

Addition.		Preuve.

```
 Addition.                                              Preuve.
  3628    Nombres ⎧ 3628                                  3475
  2965    mis à part ⎨ 2965            Nombres            2876
  3475               ⎩          6593   restants           1984
  2876                                                    3257
  1984                                                    4239
  3257    Sommes des nombres restants                   15831
  4239    Somme des nombres mis à part                   6593
Somme 22424                           Somme égale       22424
```

Il a passé en tout 22424 personnes sur le pont pendant toute la semaine.

62. On peut remarquer qu'on a opéré sur les nombres proposés comme s'ils étaient des nombres abstraits, mais au résultat on a rétabli le nom de l'unité dont il s'agit.

Questionnaire.

Qu'est-ce que l'addition des nombres entiers? (49)

Comment s'appelle le résultat de cette opération? (49)

Quel est le signe de l'addition? (49)

Comment se fait l'addition de plusieurs nombres d'un seul chiffre? (50)

Quelle est la règle de l'addition des nombres entiers? (51)

Pourquoi écrit-on les nombres en colonne de manière que les unités de même ordre se correspondent? (54)

Pourquoi commence-t-on l'opération par la droite? (55)

Qu'arriverait-il si on commençait l'opération par la gauche? (55)

Dans quel cas serait-il indifférent de commencer par la première colonne venue? (55)

Quel est l'usage de cette opération? (56)

Pourquoi ne peut-on additionner entre eux que des nombres de même espèce? (57)

Comment se fait la preuve de l'addition? (58, 59)

La preuve d'une opération donne-t-elle la certitude qu'on ne s'est pas trompé dans cette opération? (60)

Exercices (III).

1). 5+8, 1+2+3+4+5, 2+3+7+9+8, 4+5+3+0+7,
6+9+0+8+7+5+3.

2). 12+14+25+38, 48+75+124+8, 132+6+175+88+349.

3). 34+75+28+49+50+63+75+127+648+72+128+39+75,
342+549+604+725+948, 1475+2148+4937+6940.

4). 67984+70428+145329, 483493+747495+1743298+2937465.

5). 439+749+625+975+849+924+743+528+174+307+648+297.

6). 3546+2704+8543+4857+6929+7214+8024+7006
+3947+9484+9768+8796.

7). Écrivez en chiffres, pour les additionner, les nombres : trente-huit + soixante-quinze + cent soixante + quarante-neuf + deux cent six + quatre cent vingt-sept.

8). Faites la somme des nombres : cinq cent trois + six cent vingt + neuf cent quarante-sept + trois cent seize + huit cent trente-neuf + cinq cent quarante-huit.

9). Quelle est la somme de : trois cent cinq + quatre cent vingt-huit + cinq cent dix + mille dix-sept + huit cent treize + neuf cent soixante-quinze + neuf cent vingt-neuf + trois mille sept + deux mille quatre cent dix.

10). Écrivez, pour en faire la somme, les nombres : trois mille cinq cent douze + quatre mille soixante-quinze + deux mille neuf cent vingt-cinq + trois mille quatre-vingt-neuf + sept mille cent dix-sept + huit mille six cent vingt-huit.

11). Quelle est la somme des nombres : cent vingt-huit + neuf cent dix-neuf + trois mille quarante + mille quatre cent vingt-sept + quarante-huit + cent trente-cinq + quatre mille vingt-trois + deux mille neuf cent cinquante-quatre + cinq mille dix-huit ?

12). Faites l'addition suivante : trois mille deux cent quinze + quatre mille neuf cent vingt-sept + quatre cent cinq + trois mille quarante-sept + cinq mille vingt-neuf + six mille deux cent soixante-huit + neuf mille quatre cent trois + huit mille sept cent quarante-six.

13). Additionnez les nombres : trente mille sept cent cinq + quarante-deux mille trois cent cinquante-six + vingt-sept mille cent trente-deux + soixante-quatorze mille deux cent vingt-huit + quatre-vingt cinq mille neuf cent trente-sept.

14). Écrivez : cent quarante mille trois cent sept + deux cent quatre-vingt-deux mille vingt-cinq + trois cent cinquante-deux mille neuf cent quarante-huit + quatre cent mille neuf cent soixante-quinze + huit cent cinquante mille deux cent trente-sept, et faites la somme de tous ces nombres.

15). Trouver la somme des nombres : deux millions trente mille sept + cinq millions sept cent quinze mille cent vingt-neuf + huit millions neuf cent mille quarante-cinq + neuf millions sept cent trois mille quatre cent dix-huit + six millions sept cent trois mille quatre cent quatre-vingt-trois.

16). Quelle est la somme totale des nombres : cinquante-quatre millions dix-huit mille deux cent vingt-huit + trente-neuf millions quatre cent sept mille trois cent quarante-sept + soixante-quatre millions cinq cent mille neuf cent cinquante-six + soixante-dix-neuf millions huit cent mille sept cent trente-quatre + quatre-vingt-quinze millions trois cent vingt mille cinquante-sept + quatre-vingt-trois millions dix-sept mille cent douze ?

Problèmes sur l'addition des nombres entiers (I).

1). Une école est divisée en trois classes. La petite classe contient 39 élèves, la classe moyenne 53, et la grande classe 45 ; combien y a-t-il d'élèves dans l'école ?

2). Il y a quatre enfants dans une famille. Le plus jeune a 7 ans ; celui qui vient après a 3 ans de plus que le plus jeune ; le troisième a aussi 3 ans de plus que le second, et le quatrième et l'aîné 2 ans de plus que le troisième : l'âge du père est égal à l'âge réuni des quatre enfants, et celui de la mère à l'âge réuni des trois plus âgés. Quel est l'âge du père et de la mère ?

3). Louis XIV avait 5 ans lorsqu'il monta sur le trône, en 1643. Son règne, un des plus longs de la monarchie française, dura 72 ans. A quel âge et en quelle année Louis XIV est-il mort ?

4). La monarchie française, que les historiens font remonter à l'année 420, compte un grand nombre de rois appartenant à trois grandes familles ou races, savoir : 1° la race des Mérovingiens, qui compte 22 rois, et qui a occupé le trône pendant 331 ans : 2° la race des Carlovingiens, qui compte 13 rois, et qui a régné 236 ans ; 3° enfin la race des Capétiens, qui compte, jusqu'à la mort de Louis XVI, 33 rois qui ont régné 806 ans. Combien y a-t-il eu de rois en France jusqu'à la mort de Louis XVI, et combien de temps, jusqu'à cette époque, la monarchie française avait-elle existé ?

5). Le département de la Seine se compose de la ville de Paris et des arrondissements ruraux de Saint-Denis et de Sceaux. D'après le dernier recensement de 1866, la ville de Paris comptait 1 825 274 habitants ; l'arrondissement de Saint-Denis 178 359 et celui de Sceaux 147 283. Quelle était à cette époque la population du département de la Seine ?

6). La surface du globe terrestre est partagée en 5 grandes parties, qui sont : l'Europe, l'Asie, l'Afrique, l'Amérique et l'Océanie. On évalue la population de l'Europe à 180 000 000 d'habitants ; celle de l'Asie à 596 000 000 ; celle de l'Afrique à 150 000 000 ; celle de l'Amérique à 60 000 000, et celle de l'Océanie à 10 000 000. Quelle est la population du globe terrestre ?

7). Dans une maison il y a 15 marches du rez-de-chaussée à l'entre-sol ; 10 de l'entre-sol au premier étage ; 20 du premier étage au deuxième ; 19 du deuxième au troisième ; 19 du troisième au quatrième ; 18 du quatrième au cinquième. Combien de marches à monter pour arriver au cinquième étage ?

8). Les cinq départements de la France les plus peuplés sont : le département de la Seine, qui compte 2 150 916 habitants ; le département du Nord, 1 392 768 ; celui du Rhône, 678 648 ; celui de la Seine-Inférieure, 792 041 ; et enfin celui du Bas-Rhin, 588 970. Combien ces cinq départements réunis comptent-ils d'habitants ?

9). Une pépinière renferme 375 pommiers ; 289 poiriers, 387 cerisiers, 425 pêchers et 126 abricotiers. Combien d'arbres en tout dans cette pépinière ?

10). En 1843, la consommation de la ville de Paris a été : bœufs, 74 143 têtes ; vaches, 17 553 ; veaux, 72 187 ; moutons, 447 853 ; porcs et sangliers, 86 950. Combien de têtes de bétail en tout ?

3. SOUSTRACTION.

1° Définition et règle de la soustraction.

63. *La soustraction est une opération qui a pour but de retrancher d'un nombre donné toutes les unités contenues dans un autre nombre donné, plus petit.*

Le résultat de cette opération s'appelle *reste*, *excès* ou *différence*.

On indique cette opération par le signe —, qu'on énonce *moins*, et qu'on place entre les deux nombres à soustraire.

64. RÈGLE. — *Pour soustraire un nombre d'un seul chiffre d'un autre nombre, on retranche du plus grand nombre successivement une à une toutes les unités du plus petit.*

Ainsi, pour soustraire 4 de 9, je dis : $9 - 1 = 8$, $8 - 1 = 7$, $7 - 1 = 6$, $6 - 1 = 5$, ou, ce qui revient au même, je compte à partir du plus grand nombre les quatre nombres inférieurs successifs de la suite naturelle : 8, 7, 6, 5. Le dernier nombre énoncé est le résultat demandé.

J'ai donc pour le reste cherché : $9 - 4 = 5$; dans la pratique on dit : 4 ôté de 9 il reste 5.

De même pour soustraire 8 de 15, je dis en redescendant la suite des nombres : 14, 13, 12, 11, 10, 9, 8, 7, et le 8ᵉ nombre énoncé, 7, est le reste demandé : $15 - 8 = 7$.

Dans la pratique on dit : 8 ôté de 15 il reste 7.

65. RÈGLE GÉNÉRALE. — *Pour soustraire un nombre d'un autre, on écrit le plus petit nombre au-dessous du plus grand, en ayant soin que les unités du même ordre soient dans une même colonne verticale, unités sous unités,* *dizaines sous dizaines, etc., et l'on souligne le tout pour le séparer du résultat que l'on écrit au-dessous.*

Ensuite commençant par la première colonne à droite, on retranche le chiffre inférieur du chiffre supérieur correspondant, et l'on écrit le résultat au-dessous de la colonne; on opère successivement de la même manière sur chaque colonne, jusqu'à la dernière à gauche.

Si le chiffre inférieur est plus petit que le chiffre supérieur correspondant, la soustraction ne présente aucune difficulté.

Si le chiffre inférieur est égal au chiffre supérieur correspondant, on écrit 0 au-dessous de la colonne.

Si le chiffre inférieur est plus grand que le chiffre supérieur correspondant, on augmente le chiffre supérieur de dix unités de son ordre; mais quand on passe à la colonne suivante à gauche, on augmente le chiffre inférieur d'une unité avant de le soustraire du chiffre supérieur qui lui correspond.

On doit répéter cette opération autant de fois qu'il est nécessaire.

66. Exemple. — Soit à retrancher 672 de 836. J'écris le plus grand nombre, 836, et au-dessous le plus petit, 672, de manière que les unités du même ordre soient dans une même colonne verticale et je souligne le tout, ainsi qu'on le voit dans le tableau suivant :

$$
\begin{array}{r}
836 \\
672 \\
\hline
164
\end{array}
$$

Puis commençant par la droite, je dis : 2 ôté de 6 il reste 4, que j'écris au-dessous de la ligne et à la même colonne.

Ensuite 7 ôté de 3, l'opération ne peut se faire ; j'augmente 3 de 10 unités de son ordre, ce qui donne 13 dizaines; et alors 7 ôté de 13, il reste 6 que j'écris pareillement au-dessous. Maintenant, au lieu de dire 6 ôté de 8, j'augmente 6 de 1, ce qui donne 7, et je dis : 7 ôté de 8 il reste 1.

Le reste est 164.

67. DÉMONSTRATION. — Le procédé indiqué par la règle est conforme à la définition, puisque j'ai retranché du plus grand nombre autant d'unités des divers ordres qu'il y en a dans le plus petit; ce qui revient évidemment à retrancher du plus grand nombre autant d'unités simples qu'il y en a dans le plus petit.

J'ai fait autant de soustractions partielles qu'il y avait d'ordres d'unités dans le plus grand nombre; mais chacune de ces soustractions est facile, puisqu'il ne s'agit que de retrancher un nombre d'un seul chiffre d'un autre qui n'a que deux chiffres et est égal au plus à 19. De plus, j'ai obtenu le résultat beaucoup plus promptement que si du plus grand nombre j'avais retranché une à une toutes les unités du plus petit.

L'artifice au moyen duquel j'ai rendu la soustraction possible dans la deuxième colonne, n'altère pas le résultat; car, en augmentant le chiffre supérieur 3 de 10, j'ai ajouté réellement 10 dizaines à ce chiffre, et par conséquent au nombre supérieur; mais ensuite, quand j'ai augmenté le chiffre inférieur suivant 6, de 1 qui vaut 10 unités de l'ordre précédent, pour le retrancher du chiffre supérieur correspondant, j'ai, en effet, retranché du nombre supérieur les 10 dizaines que je lui avais ajoutées.

68. On commence la soustraction par la droite, précisément à cause de cette modification qu'on doit faire subir aux deux nombres pour rendre les soustractions partielles possibles; car, si tous les chiffres du plus petit nombre étaient plus petits que les chiffres supérieurs correspondants, ou égaux tout au plus, il serait indifférent de commencer par la droite ou même par une colonne quelconque.

69. On remarquera qu'on ne peut augmenter le chiffre supérieur de moins de 10 unités de son ordre, pour rendre la soustraction partielle possible; car, autrement, on ne pourrait pas établir la compensation nécessaire. Au reste, l'addition de 10 rendra toujours la soustraction possible, puisque le chiffre inférieur étant au plus égal à 9, et, avec la compensation, devenant tout au plus 10, la soustraction partielle pourra toujours se faire, même quand le chiffre supérieur serait 0.

On ne peut pas augmenter le chiffre supérieur de 20, et à plus forte raison de 30, 40, etc., parce que le reste de la soustraction partielle serait exprimé par plus d'un chiffre.

2° Usage de la soustraction.

70. La soustraction s'emploie lorsqu'on veut connaître la différence entre deux nombres, l'excès d'un nombre sur un autre ; diminuer un nombre donné d'un autre nombre donné ; connaissant la somme de deux parties et une des parties, déterminer l'autre partie, etc.; car, il est évident que la question, dans chacun de ces cas, revient à retrancher du plus grand des deux nombres autant d'unités qu'il y en a dans le plus petit.

71. THÉORÈME. — *La différence entre deux nombres ne change pas si l'on augmente ou si l'on diminue l'un et l'autre d'un même nombre.*

Ce principe, dont on a vu une application dans l'exemple précédent, n°^{os} **66** et **67**, peut être démontré d'une manière générale.

Soient, en effet, les nombres 3 et 8, dont la différence $8 - 3 = 5$. Si j'ajoute 7 aux deux nombres, j'aurai 10 à retrancher de 15 ; ce qui donne encore pour reste 5 ; et, en effet, je retranche du grand nombre les 7 unités que je lui avais d'abord ajoutées.

De même : $23 - 14 = 9$. Si je diminue de 6 les deux nombres, j'aurai $17 - 8$ qui donnera encore 9. En effet, si j'augmentais de 6 les deux nombres 17 et 8, je retrouverais 23 et 14 qui donneraient le même reste, d'après ce qui précède.

REMARQUE. — Lorsqu'on a plusieurs nombres dont les

uns doivent être additionnés et les autres soustraits, on fait, d'une part, la somme de tous les nombres à additionner, de l'autre, la somme de tous les nombres à soustraire, et l'on soustrait ensuite la plus petite somme de la plus grande.

Cela arrive fréquemment dans le commerce, où l'on doit tenir un compte exact des recettes et des dépenses.

3° Preuve de la soustraction.

72. RÈGLE. — *La preuve de la soustraction se fait en additionnant le petit nombre avec le reste; la somme doit être égale au plus grand nombre.*

DÉMONSTRATION. — En effet, le reste exprimant combien le plus grand nombre a d'unités de plus que le plus petit, si l'on ajoute ce reste au plus petit nombre, on doit retrouver le plus grand.

73. AUTRE RÈGLE. — *La preuve de la soustraction peut encore se faire par une soustraction : si du plus grand nombre on retranche le reste, on doit retrouver le plus petit nombre.*

DÉMONSTRATION. — En effet, on peut considérer le plus grand nombre comme la somme du plus petit et du reste; si donc on en retranche une des parties, c'est-à-dire le reste, on doit retrouver l'autre partie, c'est-à-dire le plus petit.

74. PROBLÈME. — Une société de capitalistes pouvait disposer d'une somme de 435 209 francs, elle en a dépensé 253 475; combien lui reste-t-il?

SOLUTION.'— Il faut évidemment soustraire 253 475 de 435 209.

Soustraction.	Preuve par l'addition.	Preuve par la soustraction.
435 209	253 475	435 209
253 475	181 734	181 734
181 734	435 209	253 475

Il reste à la société 181 734 francs.

75. On a opéré sur les nombres comme sur des nombres abstraits, mais au résultat on a rétabli le nom de l'unité, qui est le franc.

Questionnaire.

Qu'est-ce que la soustraction? (63)

Comment s'appelle le résultat de cette opération? (63)

Comment indique-t-on une soustraction? (63)

Comment fait-on pour soustraire d'un nombre un autre nombre d'un seul chiffre? (64)

Quelle est la règle générale de la soustraction des nombres entiers? (65)

Pourquoi commence-t-on l'opération par la droite? (68)

Ne pourrait-on pas commencer par la gauche? (68)

Pourquoi augmente-t-on le chiffre supérieur de 10 unités et non de 2, 3, 4..., du nombre d'unités nécessaire pour rendre la soustraction possible? (69)

Pourquoi n'augmente-t-on pas le chiffre supérieur de 10, de 20...? (69)

Quel est l'emploi de cette opération?(70)

Démontrer que la différence de deux nombres ne change pas quand on les augmente ou qu'on les diminue tous les deux d'un même nombre. (71)

Comment se fait la preuve de la soustraction? (72, 73)

Exercices (IV).

Effectuer les soustractions suivantes :

1).   8—5,   9—3,   7—4,   8—2.

2).   13—4,   17—9,   14—8,   16—8,   18—9,   15—8,   17—5.

3).   28—17, 39—25, 76—35, 89—28, 99—29, 97—43

4).	De 435	ôter 214
5).	549	327
6).	672	541
7).	947	828
8).	2949	564
9).	3536	2297
10).	14748	13942
11).	54832	29648
12).	70409	69395
13).	90094	72576
14).	345046	243965
15).	De 7345890	retrancher 4549976
16).	21009040	19609789
17).	50040000	26707854
18).	61201201	35967847
19).	52004027	51942589
20).	162090045	161748795
21).	De 6980000400	soustraire 5994007564
22).	10000000491	9999493791
23).	30080040973	29985976758
24).	60000004000	59999398727
25).	75943209650	75942395489
26).	90000000000	37432562964

Problèmes sur la soustraction des nombres entiers (II).

1). Quel est l'excès de 17369 sur 8947?

2). Quelle est la différence entre 2629 et 1846?

3). Quel nombre faut-il ajouter à 738 pour faire 947 ?

4). Napoléon est né en 1769 et mort en 1821; combien d'années a-t-il vécu ?

5). La première croisade eut lieu, sous Philippe Ier, en 1096, 'et la septième et dernière sous Louis IX, dit saint Louis, en 1270; combien d'années ont duré les croisades?

6). Une armée de 36450 hommes a perdu, en une seule campagne, 12475 hommes ; combien en reste-t-il?

7). Quel est le nombre plus petit que 76954 de 32549?

8). En 1700, la population de la France était de 19600000 habitants; en 1800, de 29300000, et en 1866, de 38067064 : de combien la population de la France s'est-elle accrue de 1700 à 1800 et de 1800 à 1866?

9). Un pépiniériste qui avait 485 pommiers, 349 poiriers, 287 pruniers, 175 cerisiers et 425 pêchers, a vendu 35 arbres de la première espèce, 69 de la deuxième, 78 de la troisième, 84 de la quatrième et 128 de la cinquième : combien lui reste-t-il d'arbres de chaque espèce et en tout?

10). Sous Philippe le Bel, en 1300, la population de Paris était de 125000 habitants; en 1800, elle était de 732800 ; en 1866, de 1825274 : de combien d'habitants la population de Paris s'est-elle accrue depuis 1300 jusqu'en 1800 et depuis 1800 jusqu'en 1866?

4. MULTIPLICATION.

1° Définition et règle de la multiplication.

76. *La multiplication est une opération qui a pour but, étant donnés deux nombres, l'un appelé* multiplicande, *l'autre* multiplicateur, *de former un troisième nombre appelé* produit, *qui soit composé avec le multiplicande comme le multiplicateur est composé avec l'unité.*

Le multiplicande et le multiplicateur s'appellent les deux *facteurs* du produit.

On indique cette opération par le signe $\times$, qu'on énonce *multiplié par*, et qu'on place entre les deux nombres devant le multiplicateur. Ainsi 3×4 signifie 3 multiplié par 4.

77. *La multiplication des nombres entiers revient à prendre ou à répéter le multiplicande autant de fois qu'il y a d'unités dans le multiplicateur.*

En effet, le multiplicateur étant formé d'un certain nombre d'unités, le produit sera formé d'autant de fois le multiplicande.

78. RÈGLE.—*Pour multiplier un nombre d'un seul chiffre par un autre nombre d'un seul chiffre, on additionne autant de nombres égaux au premier qu'il y a d'unités dans le second.*

Ainsi pour multiplier 7 par 5, j'additionne cinq nombres égaux à 7, et le résultat $7 + 7 + 7 + 7 + 7 = 35$ est le produit demandé. J'ai donc $7 \times 5 = 35$; dans la pratique, on dit : 5 fois 7 font 35.

79. C'est ainsi qu'on a formé les produits deux à deux de tous les nombres d'un seul chiffre renfermés dans le tableau suivant, qu'on appelle *table de multiplication.*

TABLE DE MULTIPLICATION.

Sens horizontal.

1	2	3	4	5	6	7	8	9
2	4	6	8	10	12	14	16	18
3	6	9	12	15	18	21	24	27
4	8	12	16	20	24	28	32	36
5	10	15	20	25	30	35	40	45
6	12	18	24	30	36	42	48	54
7	14	21	28	35	42	49	56	63
8	16	24	32	40	48	56	64	72
9	18	27	36	45	54	63	72	81

Sens vertical.

Pour former cette table, on écrit les 9 premiers nombres 1, 2, 3, 4, 5, 6, 7, 8, 9, sur une ligne horizontale.

On ajoute chacun de ces nombres à lui-même, ce qui donne la seconde ligne horizontale, composée par conséquent des produits de chacun des neuf premiers nombres par 2.

En ajoutant chacun des nombres de la deuxième ligne horizontale avec le nombre correspondant de la première, on forme la troisième ligne, composée des produits des 9 premiers nombres par 3.

On continue ainsi en ajoutant chacun des nombres de la dernière ligne horizontale formée avec le nombre correspondant de la première.

Ainsi, les nombres d'une ligne quelconque horizontale sont les produits des premiers nombres par le nombre qui commence cette ligne.

80. D'après cela, si l'on veut trouver le produit de 7 par 6, par exemple, on prend le multiplicande 7 dans la première ligne horizontale, le multiplicateur 6 dans la première colonne verticale à gauche; on suit la colonne verticale commençant par 7, la ligne horizontale commençant par 6, et le nombre 42, sur lequel les deux directions se réunissent, est le produit cherché.

Comme il est de toute importance que les élèves connaissent bien la table de multiplication, on devra les exercer à la former euxmêmes, et on les interrogera fréquemment pour s'assurer qu'ils la possèdent parfaitement.

81. RÈGLE. — *Pour multiplier un nombre d'autant de chiffres qu'on voudra par un nombre d'un seul chiffre, on multiplie successivement, en commençant par la droite, chacun des chiffres du multiplicande par le chiffre du multiplicateur.*

Si le produit d'un des chiffres du multiplicande par le multiplicateur n'excède pas 9, on écrit le produit tel qu'on le trouve; s'il excède 9, on n'écrit que les unités et on reporte les dizaines au produit suivant.

EXEMPLE. — Soit 5039 à multiplier par 7.

J'écris le multiplicande 5039 et au-dessous le multiplicateur 7, puis je souligne le tout pour le séparer du résultat.

$$5039$$
$$7$$
$$\overline{35273}$$

Ensuite commençant par la droite, je dis : 7 fois 9 unités
font 63 unités, je pose 3 et je retiens 6 dizaines pour les
reporter au produit suivant en disant :

7 fois 3 dizaines font 21 dizaines et 6 de retenue font 27;
je pose 7 et je retiens 2.

7 fois 0 font 0 et 2 de retenue font 2, que j'écris.

7 fois 5 font 35, que j'écris.

Le produit demandé est donc 35273.

82. DÉMONSTRATION. — La règle est parfaitement conforme à la définition. Car, puisqu'il s'agit d'additionner
7 nombres égaux à 5039, si j'écris ces nombres en colonne,
d'après la règle de l'addition, j'aurai le tableau suivant :

$$5039$$
$$5039$$
$$5039$$
$$5039$$
$$5039$$
$$5039$$
$$5039$$
$$\overline{35273}$$

Mais, au lieu de dire : 9 et 9 font 18; et 9, 27; et 9, 36;
et 9, 45; et 9, 54; et 9, 63, j'ai dit tout d'un coup : 7 fois
9 font 63, et ainsi des autres colonnes.

On commence l'opération par la droite, précisément
comme dans l'addition et pour la même raison.

83. RÈGLE GÉNÉRALE. — *Pour multiplier un nombre
entier quelconque par un nombre exprimé par 1 suivi d'autant de zéros que l'on voudra, il suffit d'écrire à la droite du
multiplicande autant de zéros qu'il y en a après 1.*

En effet, 1 unité multipliée par 10, 100, 1000, donne

10 unités ou 1 dizaine, 100 unités ou 1 centaine, 1000 unités ou 1 mille ; donc 37, par exemple, multiplié par 100, donnera 37 centaines ou 3700.

84. RÈGLE GÉNÉRALE. — *Pour multiplier un nombre entier quelconque par un autre, on écrit d'abord le multiplicande et au-dessous le multiplicateur, comme pour les additionner ; puis on souligne le tout par un trait horizontal.*

Ensuite, commençant par la droite, on multiplie le multiplicande par le premier chiffre à droite du multiplicateur, et l'on écrit le premier produit partiel au-dessous de la ligne horizontale (en ayant soin d'écrire le premier chiffre à droite au-dessous du chiffre par lequel on a multiplié).

On multiplie de même tout le multiplicande par le second chiffre du multiplicateur, et l'on écrit ce second produit partiel au-dessous du premier, en avançant le premier chiffre d'un rang vers la gauche.

On continue ainsi jusqu'à ce qu'on ait épuisé tous les chiffres du multiplicateur, en ayant soin d'avancer chaque produit partiel d'un rang vers la gauche par rapport au produit partiel qui précède.

Cela fait, on souligne tous les produits partiels et l'on en fait l'addition.

Le résultat qu'on trouve est le produit des deux nombres proposés.

85. EXEMPLE. — Soit proposé de multiplier 589 par 365. J'écris le multiplicande 589 et au-dessous le multiplicateur 365, comme pour l'addition ; puis je souligne le tout, ainsi qu'on le voit dans le tableau suivant :

$$
\begin{array}{r}
589 \\
365 \\
\hline
2945 \\
3534 \\
1767 \\
\hline
214985
\end{array}
$$

Ensuite commençant par la droite, je dis : 5 fois 9, 45,

je pose 5 sous le chiffre 5 du multiplicateur et je retiens 4 ;
5 fois 8, 40, et 4, 44 ; je pose 4 et je retiens 4 ; 5 fois 5, 25,
et 4, 29, que j'écris.

Passant au deuxième chiffre du multiplicateur, je dis :
6 fois 9 font 54, je pose le chiffre 4 sous le second chiffre 4
du produit partiel précédent, avançant ainsi d'un rang
vers la gauche le produit partiel que je forme, et je retiens
5 ; continuant, 6 fois 8 font 48, et 5 de retenue, 53 ; je
pose 3 et retiens 5 ; 6 fois 5 font 30, et 5 de retenue, 35,
que j'écris.

Enfin, passant au troisième chiffre, je dis : 3 fois 9, 27 ;
j'écris le chiffre 7 sous le chiffre 3 du produit partiel précédent, et je retiens 2 ; 3 fois 8, 24, et 2 de retenue, 26 ;
je pose 6 et retiens 2 ; 3 fois 5, 15, et 2 de retenue 17, que
j'écris.

Je souligne les trois produits partiels, je les additionne
et je trouve 214985, qui est le produit demandé.

86. Démonstration. — En effet, multiplier 589 par 365,
c'est prendre 365 fois le nombre 589, ou, ce qui revient au
même, prendre 589 d'abord 5 fois, puis 60 fois, puis enfin
300 fois, et faire la somme de ces trois produits partiels.

J'ai d'abord pris 5 fois le multiplicande, d'après la règle,
n° **82**, ce qui donne 2945.

Ensuite, je remarque que, pour prendre 589 60 fois ou
6 fois 10 fois, on peut le prendre d'abord 10 fois, ce qui
se fait sur-le-champ en écrivant par la pensée 0 à la droite
du multiplicande, ce qui donne 5890 ; et ensuite prendre
ce résultat 6 fois. Or, en multipliant par 6, je dirai : 6 fois
0 font 0 que je devrais écrire sous le 5 du produit partiel
précédent ; mais, comme je dois faire une addition, je puis
omettre ce 0 et n'écrire que les produits des chiffres suivants.

De même, pour prendre 300 fois ou 3 fois 100 fois 589,
je le prends 100 fois, ce qui donne 58900, et je multiplie
ce résultat par 3 ; mais les deux zéros ne changeraient
rien à la somme des trois produits partiels ; je puis donc
les omettre et passer tout de suite au troisième chiffre.

87. On commence l'opération par la droite pour suivre le même ordre que dans les opérations précédentes; car il est indifférent de commencer par tel chiffre du multiplicateur que l'on voudra, pourvu que l'on fasse bien attention au rang que doit occuper le premier chiffre du produit partiel que l'on forme.

Si on opérait de gauche à droite, les produits partiels seraient avancés d'un rang vers la droite, l'un par rapport à l'autre.

Cette disposition serait même préférable en vue de la division.

88. Il ne faut pas se tromper sur la valeur des produits partiels qu'on obtient par l'application de la règle. Ainsi, par exemple, 3534 ne représente que 6 fois le multiplicande, tandis que c'est 35340 qui représente 60 fois ce nombre.

Si l'on faisait la somme des trois produits partiels, tels qu'ils devraient être écrits, si les zéros à la droite du deuxième et du troisième produit partiel n'étaient pas sous-entendus, on obtiendrait $5 + 6 + 3 = 14$ fois le multiplicande, au lieu de 365 fois, comme le donne le vrai résultat.

89. On peut remarquer qu'il suffirait de changer l'ordre et la disposition des produits partiels, si l'on voulait avoir le produit de 589 par tous les nombres qu'on peut obtenir en changeant l'ordre des chiffres du multiplicateur, tels que 356, 536, 653, 635, 563.

90. PREMIER SUPPLÉMENT A LA RÈGLE GÉNÉRALE. — *S'il y a dans le multiplicateur des zéros placés entre d'autres chiffres significatifs, on ne tient pas compte de ces zéros dans la multiplication, et l'on passe au chiffre significatif suivant, en observant d'avancer le produit partiel correspondant d'autant de rangs plus un, vers la gauche, qu'il y a de zéros intermédiaires.*

On appelle *significatifs* tous les chiffres excepté le zéro. Cette dénomination n'est pas tout à fait exacte, car le zéro a aussi sa signification, et même très-importante, dans la représentation des nombres par les chiffres.

Application. Soit à multiplier 9407 par 3005.

$$
\begin{array}{r}
9407 \\
3005 \\
\hline
47035 \\
28221 \quad\ \\
\hline
28268035 \\
\end{array}
$$

Je multiplie d'abord le multiplicande par 5, ce qui donne 47035; puis, passant tout de suite au chiffre 3, je dis : 3 fois 7, 21; je pose 1 sous le chiffre 7 en l'avançant de deux rangs plus un, c'est-à-dire trois rangs vers la gauche.

91. Démonstration. — En effet, après avoir pris 5 fois le multiplicande, il restait à le prendre 3000 fois; ce qui se fait en écrivant par la pensée trois zéros à la droite du multiplicande, puis multipliant le résultat 9407000 par 3, ce qui donnera un nombre terminé par trois zéros. En omettant ces trois zéros, on devra placer le chiffre suivant à gauche au quatrième rang, c'est-à-dire qu'on avancera le premier chiffre du produit de trois rangs vers la gauche, et enfin d'autant de rangs plus un qu'il y a de zéros.

Au surplus, on évitera toute erreur à ce sujet si l'on prend soin d'écrire le premier chiffre de chaque produit partiel sous le chiffre par lequel on multiplie.

92. Deuxième supplément a la règle générale. — *Lorsque le multiplicande ou le multiplicateur, ou même tous les deux, sont terminés par des zéros, on multiplie les deux nombres sans tenir compte des zéros; mais quand on a obtenu le produit, on écrit à sa droite autant de zéros qu'il y en a à la fin du multiplicande et du multiplicateur.*

Exemple. — Soit
à multiplier par

$$
\begin{array}{r}
45000 \\
7300 \\
\hline
135 \quad\ \\
315 \quad\quad\ \\
\hline
328500000 \\
\end{array}
$$

On multiplie comme s'il n'y avait que 45 à multiplier

par 73, ce qui donne 3285, et, à droite de ce produit, j'écris 5 zéros, trois pour le multiplicande et deux pour le multiplicateur.

DÉMONSTRATION. — En effet, pour multiplier 45000 par 7300, je multiplie d'abord par 100, ce qui donne 4500000, résultat qu'il faut prendre 73 fois; or, dans l'addition de 73 nombres égaux à 4500000, les 5 zéros qui terminent ce nombre se retrouveront nécessairement dans la somme.

2° Usage de la multiplication.

93. Parmi les questions très-nombreuses où la multiplication doit être employée, il faut remarquer les suivantes :

1° Rendre un nombre quelconque un nombre donné de fois plus grand.

On devrait dire plus correctement : un nombre donné de fois *aussi* grand.

2° Connaissant le prix d'un seul objet, calculer le prix d'un nombre donné d'objets.

3° Sachant combien d'objets on peut acheter pour 1 franc, déterminer le nombre d'objets qu'on pourrait avoir pour une somme donnée.

Par exemple, si l'on sait qu'un objet coûte 25 francs, pour avoir le prix de 348 objets de même espèce, il faudra multiplier 25 francs par 348. Car le prix demandé se composera évidemment de 348 fois 25 francs.

Si pour 1 franc on a 38 objets, pour 59 francs on aura 59 fois 38 de ces mêmes objets, et par conséquent il faudra multiplier 38 par 59.

Le raisonnement fait donc toujours connaître quel est celui des deux nombres donnés qui doit être pris pour multiplicande.

94. REMARQUE ESSENTIELLE. — *Dans toute multiplication, le multiplicateur est toujours un nombre abstrait, et le produit est toujours de la même espèce que le multiplicande;* cela est évident de soi-même; ainsi la multiplication, dans les cas précédents, n'étant qu'une addition abrégée, si l'on écrivait en colonne autant de nombres égaux au multiplicande qu'il est indiqué par le multiplicateur, ce dernier nombre ne paraîtrait pas dans le calcul.

95. THÉORÈME. — *Le produit de deux nombres* (considérés comme des nombres abstraits) *ne change pas, quand on intervertit l'ordre des deux facteurs*, c'est-à-dire quand on prend le premier pour multiplicande et le second pour multiplicateur, ou réciproquement le second pour multiplicande et le premier pour multiplicateur.

DÉMONSTRATION. — Je dis que le produit de 7 par 9, par exemple, est égal au produit de 9 par 7, et, pour me servir des signes convenus, que $7 \times 9 = 9 \times 7$.

En effet, décomposant 7 en ses unités, j'aurai

$$1 + 1 + 1 + 1 + 1 + 1 + 1$$

qu'il s'agit de répéter 9 fois ; or, chaque unité prise 9 fois donnera 9 unités : j'aurai donc autant de fois 9 unités, c'est-à-dire

$$9 + 9 + 9 + 9 + 9 + 9 + 9$$

ou 9 unités répétées 7 fois, et enfin 9×7.

Donc, $7 \times 9 = 9 \times 7$, ce qu'il fallait démontrer.

Un raisonnement parfaitement semblable pouvant s'appliquer à deux nombres quelconques, quelque grands qu'on les prenne, le théorème est démontré et peut être établi en principe.

3° Preuve de la multiplication.

96. RÈGLE. — *La preuve de la multiplication se fait par la multiplication des mêmes nombres, mais en renversant l'ordre des facteurs, c'est-à-dire en prenant le multiplicande pour le multiplicateur, et réciproquement.*

DÉMONSTRATION. — En effet, le produit de deux facteurs ne change pas quand on intervertit l'ordre des facteurs.

97. PROBLÈME. — On a vendu 348 balles de coton à 67 francs la balle. Combien a-t-on retiré de cette vente?

Solution. — Évidemment 348 fois 67 francs; il faut donc multiplier 67 par 348.

<table>
<tr><td>Multiplication.</td><td></td><td>Preuve.</td></tr>
<tr><td>67</td><td></td><td>348</td></tr>
<tr><td>348</td><td></td><td>67</td></tr>
<tr><td>536</td><td></td><td>2436</td></tr>
<tr><td>268</td><td></td><td>2088</td></tr>
<tr><td>201</td><td></td><td>23316</td></tr>
<tr><td>23316</td><td></td><td></td></tr>
</table>

La vente a rapporté 23316 francs.

98. On a opéré comme sur des nombres abstraits, mais, au résultat, on a rétabli le nom de l'unité.

Questionnaire.

Qu'est-ce que la multiplication? (76)

Qu'est-ce que le multiplicande? (76)

Qu'est-ce que le multiplicateur? (76)

Comment s'appelle le résultat de cette opération? (76)

Qu'est-ce qu'on entend par *facteurs* d'un produit? (76)

Comment indique-t-on la multiplication? (76)

Qu'entend-on par multiplier un nombre quelconque par un nombre entier? (77)

Qu'est-ce que la table de multiplication? (79)

Comment se sert-on de cette table? (80)

Dites la règle de la multiplication des nombres entiers par un nombre d'un seul chiffre (81)

Comment multiplie-t-on un nombre entier par 10, 100, 1000, etc.? (83)

Quelle est la règle de la multiplication des nombres? (84)

Pourquoi commence-t-on l'opération par la droite? (87)

Est-il indifférent de commencer par un chiffre quelconque du multiplicateur? (87)

Qu'arriverait-il si l'on procédait de gauche à droite? (87)

Comment fait-on lorsqu'il y a dans le multiplicateur des zéros placés entre d'autres chiffres significatifs? (90)

Comment abrége-t-on la multiplication lorsque le multiplicande et le multiplicateur sont terminés par des zéros? (92)

Quels sont les principaux usages de la multiplication? (93)

Comment reconnaît-on le multiplicande dans un problème qui conduit à la multiplication? (93)

Faites voir que dans toute multiplication le multiplicateur est toujours un nombre abstrait? (94)

Démontrez que le produit de deux nombres ne change pas quand on intervertit l'ordre des facteurs. (95)

Comment se fait la preuve de la multiplication? (96)

Exercices (V).

1). Effectuer les multiplications suivantes : 7643×5, 49387×6, 376809×8, 123456789×9.

2). 12×13 $\quad$ 143×72 $\quad$ 1785×437 $\quad$ 32956×4508

3). 17×15 $\quad$ 175×95 $\quad$ 1488×265 $\quad$ 534096×42009

4). 19×16 $\quad$ 324×48 $\quad$ 3458×465 $\quad$ 3900805×40009

5).	18×15	437×53	4759×576	76548×12345
6).	36×24	567×65	5738×860	489000×5700
7).	37×25	629×78	7846×978	605000×30090
8).	63×29	763×87	89540×435	85409000×358097
9).	75×47	458×327	8764×2598	58993900×876950
10).	83×37	659×438	94307×3098	34590000×275000
11).	98×45	765×628	64398×5643	$123456789 \times 123456789$

Problèmes sur la multiplication des nombres entiers (III).

1). Quel est le nombre 28 fois plus grand que 47?

2). Dans une classe il y a 17 bancs dont chacun reçoit 12 élèves. Combien d'élèves dans la classe?

3). Un pépiniériste, afin de compter plus facilement les arbres de sa pépinière, les a disposés en rangées de 320 arbres; il y a 79 de ces rangées. Combien y a-t-il d'arbres en tout?

4). Une maison a 45 croisées, chacune de 6 carreaux. Combien de carreaux?

5). La roue d'un moulin fait 25 tours en une minute. Combien en fait-elle en 35 minutes?

6). Un ouvrier gagne 3 francs par jour. Combien payera-t-on pour 34 ouvriers qui ont travaillé pendant toute la semaine, non compris le dimanche?

7). Une pièce de vin de Bordeaux coûte 125 francs. Combien payera-t-on pour 18 pièces?

8). On veut additionner 458 nombres égaux à 3769. Quelle sera la somme?

9). Combien coûtent 127 pièces de drap à 475 francs la pièce; et si on les revend à 15 francs de plus par pièce, combien gagnera-t-on?

10). En supposant qu'un livre de 450 pages ait 36 lignes par page et 24 lettres par ligne, combien y a-t-il de lettres dans le livre?

5. DIVISION.

1° Définition et règle de la division.

99. *La division est une opération qui a pour but, étant donnés deux nombres, considérés, l'un comme un produit, et l'autre comme l'un de ses facteurs, de trouver l'autre facteur.*

Celui des deux nombres que l'on considère comme un produit prend le nom de *dividende;* et l'autre le nom de *diviseur.*

Le résultat de cette opération se nomme *quotient*.

On indique cette opération par le signe **:**, qu'on énonce *divisé par*, et qu'on place entre les deux nombres devant le diviseur.

100. *La division des nombres entiers revient à partager le dividende en autant de parties égales qu'il y a d'unités dans le diviseur.*

Démonstration. — Soit à diviser 63 par 7; le quotient est 9, parce qu'on a l'égalité

$$63 = 7 \times 9;$$

mais nous avons vu (n° **95**) que 9 fois 7 est égal à 7 fois 9; donc le diviseur 7 indique le nombre de parties égales à 9 que renferme le dividende 63. Ainsi le quotient d'une division indique la *grandeur* d'une des parties et le diviseur le nombre de ces parties.

I. Division dans laquelle le diviseur n'a qu'un seul chiffre.

101. On divise facilement un nombre entier d'autant de chiffres qu'on voudra par un nombre d'un seul chiffre, lorsqu'on sait diviser un nombre d'un seul chiffre ou tout au plus de deux chiffres, ce qui n'offre aucune difficulté, si l'on sait bien la table de multiplication.

Au surplus, on pourra s'aider de cette table ainsi qu'il suit.

Je suppose qu'il s'agisse de diviser 42 par 7 : je cherche le diviseur 7 dans la première colonne verticale à gauche ; puis, en suivant la ligne horizontale, je trouve le dividende 42 ; alors remontant la ligne verticale dont 42 fait partie, je trouve 6, quotient demandé.

102. Si le dividende donné ne se trouve pas dans la table, voici comment on agit :

Soit à diviser 59 par 8. Je cherche le diviseur 8 dans la première colonne verticale à gauche ; puis, en suivant la ligne horizontale, je trouve 56 et 64, qui comprennent le dividende proposé 59. En m'arrêtant au multiple inférieur 56, je remonte la colonne verticale, en tête de laquelle je trouve 7, quotient cherché.

Dans ce dernier cas, il n'y a pas de nombre entier qui, multiplié par 8, donne pour produit 59; le quotient cherché est entre 7 et 8, et par conséquent le quotient 7 n'est exact qu'à moins d'une unité près.

105. Voici maintenant comment on divise un nombre entier quelconque par un nombre d'un seul chiffre.

Soit proposé de diviser 894 par 6.

Diviser 894 par 6, c'est chercher un nombre qui, multiplié par 6, reproduise 894. Le dividende 894 est donc égal à 6 fois le quotient cherché, et par conséquent le quotient est la sixième partie du dividende. La question revient donc à partager 894 en 6 parties égales.

$$\begin{array}{r|l} 894 & 6 \\ 6 & \overline{149} \\ \hline 29 & \\ 24 & \\ \hline 54 & \\ 54 & \\ \hline 0 & \end{array}$$

Pour fixer les idées, je suppose que j'aie 894 francs à partager également entre 6 personnes. Au lieu de leur distribuer cette somme, un franc après l'autre, ce qui serait beaucoup trop long, je commence par leur partager les 8 centaines de francs. Chacune d'elles aura 1 centaine, et j'aurai ainsi partagé 6 centaines de francs.

Il restera 2 centaines de francs qui valent 20 dizaines de francs et 9 qu'en contient la somme, font 29 dizaines de francs, que je partagerai de la même manière. Chaque personne recevra 4 dizaines et j'aurai distribué en tout 24 dizaines, il en restera donc encore 5 à partager.

Mais ces cinq dizaines de francs valent 50 francs et 4 que la somme en contient, font 54 francs, qu'il restera encore à partager. Chaque personne en recevra 9, et il ne restera plus rien de la somme à partager.

En tout chaque personne aura donc reçu 149 francs.

104. Pour abréger l'opération, on peut se dispenser d'écrire au-dessous du dividende partiel sur lequel on opère, le produit du diviseur par le chiffre obtenu au quotient, en faisant immédiatement la soustraction.

Ainsi, dans l'exemple qui précède, je dis :

$$
\begin{array}{r|l}
894 & 6 \\
\hline
29 & 149 \\
54 & \\
0 &
\end{array}
$$

8 divisé par 6 donne 1 ; j'écris 1 au quotient ; puis, 1 fois 6, 6, et tout de suite, 6 ôté de 8, il reste 2. A la droite du reste j'abaisse le chiffre suivant du dividende.

29 divisé par 6 donne 4 ; j'écris 4 au quotient ; puis, 4 fois 6, 24 ; ôté de 29, il reste 5. A la droite du reste j'abaisse le chiffre suivant du dividende.

54 divisé par 6 donne 9 ; j'écris 9 au quotient ; puis, 9 fois 6, 54 ; ôté de 54, il reste 0.

105. Enfin, on abrége encore l'opération :

$$
\begin{array}{r|l}
894 & 6 \\
149 &
\end{array}
$$

en disant : le *sixième* de 8 est 1 pour 6, et il reste 2. J'écris 1 au-dessous de 8 et je convertis les 2 unités de reste en 20 unités de l'ordre suivant. 20 et 9 que le dividende en contient font 29. Continuant la division, je dis de même : le sixième de 29 est 4 pour 24 et il reste 5 ; j'écris 4 à la droite de 1, et convertissant de même les 5 unités de reste en unités de l'ordre suivant, le sixième de 54 est 9 exactement.

De cette manière le dividende et le diviseur sont disposés selon la règle ; mais le quotient se trouve écrit au-dessous du dividende.

106. Quand le diviseur est 2, 3, 4, on dit qu'on prend la moitié, le tiers, le quart. Quand le diviseur est un autre chiffre, 5, 7, 8, 9, on dit qu'on prend le cinquième, le septième, le huitième, le neuvième.

2. Division dans laquelle le diviseur a plus d'un chiffre.

107. Règle générale. — *Pour diviser deux nombres entiers quelconques l'un p l'autre, on écrit le diviseur à la droite du dividende dont n le sépare par un trait vertical, et l'on souligne le diviseur par un trait horizontal, pour le séparer du quotient qu'on écrit au-dessous.*

Cela fait, on sépare par un point, sur la gauche du dividende, autant de chiffres qu'il y en a dans le diviseur, ou un de plus, si le nombre résultant est plus petit que le diviseur; ce qui donne le premier dividende partiel.

On divise ce premier dividende partiel par le diviseur. (Le quotient s'obtient en divisant le premier ou les deux premiers chiffres du dividende partiel par le premier chiffre du diviseur. On ne prend que le premier chiffre, lorsque le dividende partiel a le même nombre de chiffres que le diviseur, les deux premiers s'il y a un chiffre de plus.)

On écrit le chiffre obtenu à la place indiquée pour le quotient; on multiplie le diviseur par ce chiffre, et l'on soustrait le produit du dividende partiel.

A la droite du reste on écrit le chiffre suivant du dividende, ce qui donne un second dividende partiel sur lequel on opère comme sur le premier.

On continue ainsi l'opération jusqu'à ce qu'on ait abaissé successivement tous les chiffres du dividende, en ayant soin, à chaque division partielle, d'écrire le quotient à la droite du dernier chiffre obtenu.

La suite de tous ces chiffres est précisément le quotient cherché.

108. Le *chiffre* écrit au quotient est trop fort, si le produit du diviseur par ce chiffre est plus grand que le dividende partiel sur lequel on opère. Dans ce cas, on le diminuera d'une unité jusqu'à ce que la soustraction puisse se faire.

Le chiffre du quotient est trop faible, si le reste de la soustraction est plus grand que le diviseur ou égal au diviseur.

Le chiffre du quotient ne devrait jamais être trop faible, si l'on opérait ainsi qu'il est indiqué précédemment. Cependant la crainte d'écrire un chiffre trop fort au quotient fait écrire quelquefois un chiffre trop faible.

109. S'il arrive qu'après avoir abaissé le chiffre suivant du dividende à la droite du reste, on obtienne un dividende partiel moindre que le diviseur, on écrit 0 au quotient, on abaisse le chiffre suivant du dividende, et l'on continue la division avec ce nouveau dividende partiel.

110. EXEMPLE ET DÉMONSTRATION. — Soit à diviser 33856 par 64.

J'écris le dividende 33856, et à sa droite sur la même ligne le diviseur 64; je les sépare par un trait vertical et je tire une ligne horizontale au-dessous du diviseur pour le séparer du quotient que j'écrirai au-dessous.

Avec simplification.

$$
\begin{array}{r|l} \qquad 33856 & 64 \\ \hline 320 & 529 \\ \hline 185 & \\ 128 & \\ \hline 576 & \\ 576 & \\ \hline 0 & \end{array}
\qquad\qquad
\begin{array}{r|l} 33856 & 64 \\ \hline 185 & 529 \\ 576 & \\ \mathbf{0} & \end{array}
$$

Il s'agit de trouver un nombre qui, multiplié par le diviseur 64, reproduise le dividende 33856. Le dividende est donc formé de 64 nombres égaux au quotient, et par conséquent ce quotient est la 64e partie du dividende. La question revient donc à partager 33856 en 64 parties égales.

Or, le dividende ne contient ni assez de dizaines de mille, ni même assez de mille pour que je puisse les partager en 64 parties égales. Mais je pourrais partager 338 centaines en 64 parties égales; car cela revient à partager également 338 objets entre 64 personnes. Afin de faire ce partage, j'observe que pour que chaque personne reçût un seul objet, il suffirait de 64 objets à partager; pour que chacune en reçût 2, 3..., il faudrait qu'il y en eût 2 fois, 3 fois... autant.

Je trouverai donc par des essais successifs combien chaque personne pourra recevoir d'objets, en multipliant 64 par 1, 2, 3, etc., jusqu'à ce que je trouve un produit tout au plus égal à 338. Or, j'abrégerai ce tâtonnement en cherchant quel est le nombre qui, multipliant le premier chiffre, 6, à gauche du diviseur, donne pour produit le nombre 33, c'est-à-dire en divisant les deux premiers chiffres, 33, du dividende partiel par le premier chiffre du diviseur. Je dirai donc : le 6ᵉ de 33 est 5 ; j'écris 5 au quotient ; puis, multipliant tout le diviseur 64 par ce chiffre, j'obtiens pour produit 320, que je porte sous le dividende partiel 338, et je fais la soustraction, qui donne 18 pour reste.

Cette manière de parler est plus abrégée et surtout plus conforme à la définition adoptée ci-dessus que la manière suivante, consacrée par l'usage : En 33 combien de fois 6 ?

Je conclus de là que chaque personne aura reçu 5 objets et que j'aurai distribué en tout 320 objets, dont il restera encore 18.

En revenant à la véritable question, je puis affirmer que le quotient cherché contiendra 5 centaines.

Les 18 centaines qui restent valent 180 dizaines, et 5 que le dividende en contient font 185 dizaines, qu'il s'agit pareillement de partager en 64 parties égales.

On voit que cela revient à abaisser à droite du reste 18 le chiffre suivant, 5, du dividende total.

Opérant sur ce second dividende partiel comme sur le premier, je dis : le 6ᵉ de 18 est 3 ; mais avant d'écrire ce chiffre au quotient, j'observe qu'en multipliant 4 par 3 j'aurais 1 de retenue, et ensuite 3 fois 6 feraient 18, et 1 de retenue 19. Le chiffre 3 est donc trop fort, je le diminue d'une unité et je n'écris que 2 au quotient, à la droite du chiffre déjà obtenu.

Je multiplie le diviseur par 2, ce qui donne 128, et je le soustrais du dividende partiel, ce qui donne 57 pour reste.

Le quotient contiendra donc 2 dizaines. Or, les 57 dizaines qui restent valent 570 unités et 6 qu'en renferme le dividende font 576 unités qu'il faut encore partager en 64 parties égales.

Cela revient encore à abaisser le chiffre suivant du dividende à la droite du reste.

Opérant enfin sur ce troisième dividende partiel comme sur les précédents, je dis : le 6ᵉ de 57 est 9, que j'écris à la droite du dernier chiffre obtenu au quotient; je multiplie le diviseur par 9, et je porte le produit 576 sous le dividende partiel pour le soustraire.

Le reste 0 indique qu'il ne reste plus rien à partager et que le partage s'est fait exactement. Le quotient cherché est donc 529.

111. On peut abréger la division, en retranchant du dividende partiel sur lequel on opère le produit du diviseur par le chiffre obtenu au quotient, à mesure qu'on forme ce produit.

Ainsi dans la pratique on opère et l'on raisonne ainsi qu'il suit :

Je sépare sur la gauche du dividende les trois premiers chiffres, ce qui donne le premier dividende partiel 338.

Puis je dis : le 6ᵉ de 33 est 5, que j'écris au quotient. Je multiplie tout le diviseur par 5 et je soustrais en même temps le produit du dividende partiel, en disant : 5 fois 4, 20; ôté de 8 ne se peut. J'ajoute par la pensée 20, et je dis : 20 ôté de 28, il reste 8, que j'écris au-dessous du dividende, et je retiens 2 ; puis 5 fois 6, 30, à quoi j'ajoute 2, puisque j'ai ajouté 20 unités de l'ordre précédent au dividende partiel, et je dis : 30 et 2 de retenue font 32, ôté de 33, il reste 1.

A la droite du reste 18 j'abaisse le chiffre suivant du dividende, ce qui donne pour deuxième dividende partiel 185, sur lequel j'opère comme sur le premier en disant :

Le 6ᵉ de 18 est 3, qui serait trop fort, j'écris 2 au quotient : puis multipliant le diviseur par 2 et effectuant la soustraction du produit en même temps : 2 fois 4, 8, ôté de 15, il reste 7, je pose 4 et je retiens 1 ; 2 fois 6, 12, et 1 de retenue 13, ôté de 18, il reste 5.

A la droite du reste 57, j'abaisse le chiffre suivant du dividende, ce qui donne pour troisième dividende partiel 576, sur lequel j'opère comme sur les précédents :

Le 6ᵉ de 57 est 9, que j'écris au quotient ; puis 9 fois 4 36 ; ôté de 36, il reste 0 et je retiens 3 ; 9 fois 6, 54, et 3 de retenue 57 ; ôté de 57, il reste 0.

Le quotient cherché est 529.

112. Observations sur la règle générale de la division. — La division abrégée qui consiste à prendre seulement le premier ou les deux premiers chiffres du dividende partiel, et le premier chiffre du diviseur, ne peut donner un chiffre trop faible au quotient.

En effet, le cas le plus désavantageux serait celui où le diviseur étant composé d'un chiffre suivi de zéros, tel que 6000, le dividende partiel serait 47999, par exemple. Or, la division de 47 par 6, d'après la règle générale, donnerait le chiffre le plus fort possible 7 ; car si on l'augmentait de 1, 6 × 8 donnerait 48 plus fort que 47.

113. Quand le diviseur est un nombre considérable, il est important de reconnaître, avant d'écrire le chiffre au quotient, si ce chiffre ne sera pas trop fort, afin de n'être pas exposé à recommencer l'opération.

Si, par exemple, on avait pour dividende partiel 57978 et pour diviseur 6789, on dirait : le 6ᵉ de 57 est 9 ; mais avant de l'écrire au quotient, on vérifie de la manière suivante si ce chiffre convient : en multipliant par la pensée le second chiffre 7 par 9, on aurait 63 et par conséquent 6 de retenue ; puis multipliant le premier chiffre 6 par 9, on obtiendra 54, et 6 de retenue 60 ; par conséquent, le produit du diviseur par 9 serait plus grand que le dividende partiel ; 9 est donc trop fort, et l'on écrit seulement 8 au quotient.

Dans certains cas, il ne suffirait pas de multiplier mentalement le diviseur à partir du deuxième chiffre ; il faudrait reprendre la multiplication à partir du troisième, du quatrième ou même d'un chiffre plus avancé.

Le moyen suivant abrégera les tâtonnements. Il consiste à diviser mentalement le dividende partiel par le chiffre qu'on vérifie. Si le quotient qu'on obtient est plus petit que le diviseur, le chiffre est trop fort. Ainsi, dans l'exemple précédent, on diviserait le dividende partiel par 9, en disant : le 9e de 57 est 6 pour 54, et il reste 3 ; le 9e de 39 est 4 ; mais il y a 7 au diviseur : sans aller plus loin, on peut conclure que le chiffre 9 est trop fort.

La raison de ce procédé est facile à comprendre ; en effet, le produit du diviseur par le chiffre du quotient devant être égal, tout au plus au dividende, si l'on prend un chiffre trop fort, le quotient obtenu en divisant le dividende partiel par ce chiffre devra être plus petit que le diviseur.

114. Le nombre des chiffres du quotient est toujours égal au nombre plus un des chiffres qui restent sur la droite du dividende, après qu'on a séparé le premier dividende partiel. Pour le prouver, il suffit de faire voir que chaque division partielle ne peut donner qu'un seul chiffre au quotient.

En effet, la première division partielle ne peut donner évidemment qu'un seul chiffre, si la partie séparée à la gauche du dividende a le même nombre de chiffres que le diviseur. Si elle a un chiffre de plus, comme la partie à gauche, sans le dernier chiffre, est un nombre plus petit que le diviseur, le dividende partiel contient moins de dizaines qu'il n'y a d'unités au diviseur, et par conséquent est moindre que 10 fois le diviseur. Le quotient partiel sera donc moindre que 10.

Quant aux divisions partielles suivantes, il est facile de voir que, quel que soit le reste de la division précédente, après qu'on aura abaissé à sa droite le chiffre suivant du dividende, on aura toujours un dividende partiel moindre que 10 fois le diviseur. En effet, le reste de la division d'un nombre par un diviseur quelconque est tout au plus égal à ce diviseur diminué de 1. Si, par exemple, le diviseur était 357, le reste de la division pourrait être tout au plus 356. Or, lorsqu'on abaissera à la droite de ce nombre le chiffre suivant du dividende, on obtiendra un dividende partiel composé de 356 dizaines, plus un certain nombre d'unités moindre que 10 et par conséquent moindre que 357 dizaines, ou, ce qui est la même chose, 10 fois 357.

115. On peut se demander pourquoi, lorsque l'addition, la soustraction et la multiplication se font en commençant par la droite, la division seule se fait en commençant par la gauche. Il est évident que puisqu'il s'agit de partager le dividende en autant de parties égales qu'il y a d'unités dans le diviseur, ce partage sera plus promptement fait, si l'on commence par les plus hautes espèces d'unités du dividende, et de plus, si le partage d'une des espèces d'unités ne peut se faire exactement, on convertit facilement le reste en unités de l'ordre inférieur. Il y a donc utilité à commencer par la gauche, et le plus souvent il y a nécessité; car, si l'on voulait faire l'opération en commençant par la droite, ce qui est possible à la rigueur, on serait presque toujours ramené à opérer dans le sens indiqué par la règle générale.

Reprenant l'exemple précédent, après avoir disposé l'opération ainsi qu'il est dit dans la règle générale :

33856	64
56	0
856	0
3024	13
30016	47
0	469
	529

Je pourrais dire, en commençant par la *droite* : 6 divisé par 64 donne pour quotient 0, que j'écris au quotient, et il reste 6; à la *gauche* du reste, j'abaisse le chiffre suivant 5 du dividende : 56 divisé par 64 donne encore 0, que j'écris au quotient au-dessous du 0 précédent, et il reste 56; à la gauche du reste j'abaisse le chiffre suivant 8 du dividende et je divise 856 par 64, ce qui ramène forcément à la règle générale, et j'obtiens pour quotient 13, que j'écris au-dessous du précédent, et pour reste 024; à la gauche j'abaisse encore le chiffre suivant 3, ce qui donne 3024 que je divise par 64, ce qui donne pour quotient 47, que j'écris au-dessous du précédent, et pour reste 0016; à la gauche de ce reste j'abaisse enfin le dernier chiffre du dividende, et divisant 30016 par 64, j'obtiens pour quotient 469 et pour reste 0.

Maintenant il n'y a plus qu'à additionner tous ces quotients partiels pour obtenir le quotient véritable 529.

On pourra comparer cette opération avec l'opération prescrite par la règle générale.

Au surplus, si l'on avait à diviser 24608 par 2, 30696 par 3, et dans d'autres exemples que l'on pourrait aisément trouver, il serait indifférent de commencer l'opération par où l'on voudrait.

2° Usage de la division.

116. La division s'emploie dans un très-grand nombre de questions, parmi lesquelles on doit remarquer les suivantes :

1° Partager un nombre entier en un nombre donné de parties égales ;

2° Chercher combien de fois un nombre entier contient un autre nombre entier plus petit ;

3° Rendre un nombre donné autant de fois plus petit qu'il est indiqué par un nombre entier ;

4° Connaissant le prix de plusieurs objets, calculer le prix d'un seul ;

5° Connaissant le prix de plusieurs objets et le prix d'un seul, déterminer le nombre d'objets.

Dans toutes ces questions, en effet, le raisonnement ramène à la définition générale et fait connaître quel est le nombre qui doit être pris pour dividende.

Pour la deuxième question, par exemple, on raisonnera ainsi : Si je connaissais combien de fois le plus petit nombre est contenu dans le plus grand, en multipliant le plus petit nombre par le nombre de fois trouvé, je devrais reproduire le plus grand nombre.

Pour la quatrième : Si je connaissais le prix d'un seul objet, en le multipliant par le nombre d'objets, je devrais retrouver le prix total.

Par conséquent, c'est toujours chercher un nombre qui, multiplié par un des deux nombres donnés, reproduise l'autre.

117. REMARQUE. — Dans toute division si l'on augmente le dividende sans toucher au diviseur, le quotient de la nouvelle division devient plus grand.

En effet, le nombre à partager étant plus grand, chacune des parties exprimées par le quotient sera plus grande.

Si, au contraire, on augmente le diviseur sans toucher au dividende, le quotient devient plus petit.

En effet, le nombre des parties que l'on doit faire devenant plus grand, chacune des parties deviendra plus petite.

118. Si donc on rend le dividende 2 fois, 3 fois, etc., plus grand sans toucher au diviseur, le quotient deviendra 2 fois, 3 fois, etc., plus grand.

Si on rend le diviseur 2 fois, 3 fois plus grand sans toucher au dividende, le quotient deviendra 2 fois, 3 fois plus petit.

119. Le contraire aura lieu si l'on diminuait le dividende sans toucher au diviseur, ou le diviseur sans toucher au dividende; dans le premier cas le quotient devient plus petit, et dans le second il augmente.

120. Il suit de là que si le dividende devient 2 fois, 3 fois, etc., plus petit, sans que le diviseur soit changé, le quotient deviendra 2 fois, 3 fois, etc., plus petit.

Si, au contraire, le diviseur devient 2 fois, 3 fois, etc., plus petit, sans que le dividende soit changé, le quotient deviendra 2 fois, 3 fois, etc., plus grand.

121. THÉORÈME. — *Le quotient de deux nombres ne change pas, si l'on multiplie ou si l'on divise à la fois le dividende et le diviseur par le même nombre.*

DÉMONSTRATION. — Soit à diviser, par exemple, 182 par 26.

Quel que soit le quotient de ces deux nombres, si je multiplie le dividende 182 par un nombre quelconque, 9 par exemple, sans toucher au diviseur, le nouveau dividende 1638 étant 9 fois plus grand, le quotient de cette seconde division sera 9 fois plus grand.

Maintenant si, au lieu de diviser 1638 par 26, je prends pour diviseur un nombre 9 fois plus grand que 26, c'est-à-dire si je le multiplie par 9 sans toucher au dividende, ce qui donne 234, le quotient de cette troisième division sera 9 fois plus petit que celui de la seconde.

Par conséquent, le quotient de 1638 par 234 devant être 9 fois plus petit qu'un nombre 9 fois plus grand que le quotient de 182 par 26, sera précisément égal à ce dernier quotient ; ce qu'il fallait démontrer.

On raisonnerait d'une manière analogue, dans le cas où l'on diviserait le dividende et le diviseur par un même nombre.

122. Ce principe fournit le moyen de simplifier la division dans le cas où le dividende et le diviseur sont tous les deux terminés par des zéros.

RÈGLE. — *Lorsque le dividende et le diviseur sont terminés par des zéros, on supprime sur la droite de chacun d'eux le même nombre de zéros, autant que dans celui qui en a le moins, et l'on procède à l'opération sur les deux nombres résultants.*

EXEMPLE ET DÉMONSTRATION. — Soit à diviser

$$48000 \,|\, \text{par } 1600$$
$$00 \,|\, 30$$

Je supprime deux zéros dans les deux nombres et je divise 480 par 16, ce qui donne 30 pour quotient.

En effet, en supprimant dans le dividende et le diviseur deux zéros, je divise à la fois les deux nombres par 100 ; par conséquent, d'après le principe précédent, le quotient ne sera pas changé.

123. Lorsque la division donne un reste, ce reste indique qu'il n'est pas possible de partager exactement le dividende en autant de parties égales qu'il y a d'unités dans le diviseur. On dit alors que le diviseur ne divise pas *exactement* le dividende, ou que le diviseur n'est pas un *diviseur exact* du dividende.

Il n'y a donc pas, dans ce cas, de nombre entier qui,

multiplié par le diviseur, reproduise le dividende. Le quotient obtenu diffère du véritable quotient cherché de moins d'une unité. On dit qu'il est exact à moins d'une unité près.

Soit, par exemple, 348 à diviser par 7.

$$\begin{array}{r|l} 348 & 7 \\ \hline 68 & 49 \\ 5 \end{array}$$

L'opération donne au quotient 49 et pour reste 5. La division ne se fait pas exactement. Le quotient véritable, c'est-à-dire le nombre qui, multiplié par 7, donne pour produit 348, est compris entre 49 et 50, et par conséquent 49 est le quotient, à moins d'une unité près.

Si l'on retranchait 5 de 348, on obtiendrait 343 qui serait divisible exactement par 7, et le quotient exact serait 49.

De même en divisant 39419 par 579, on obtient pour quotient, à moins d'une unité près, 68, et pour reste 47.

Le quotient 68 n'est donc pas non plus complet; on verra bientôt comment on doit compléter le quotient.

3° Preuve de la division.

124. RÈGLE. — *La preuve de la division se fait en multipliant le diviseur par le quotient ou réciproquement le quotient par le diviseur.*

Si la division n'a point donné de reste, le produit doit être égal au dividende.

S'il y a un reste, il faut qu'en ajoutant le reste au produit du quotient et du diviseur, la somme soit égale au dividende.

125. AUTRE RÈGLE. — *On peut faire aussi la preuve par une nouvelle division dans laquelle on prendra pour diviseur le quotient.* Le nouveau quotient doit être précisément l'ancien diviseur, et le reste sera le même, si la première division en a donné un plus petit que le quotient.

126. PROBLÈME. — Un marchand de vin a payé 29495 fr. pour 347 pièces de bordeaux, à combien revient la pièce?

SOLUTION. Si je connaissais ce que coûte une pièce, en multipliant ce nombre de francs par 347, je devrais retrouver au produit 29495 fr.; 29495 est donc un produit et 347 un des facteurs; je prends donc pour dividende 29495 et pour diviseur 347.

<table>
<tr><td align="center">Division.</td><td align="center">Preuve
par la multiplication.</td><td align="center">Preuve
par la division.</td></tr>
<tr><td>29495 | 347</td><td align="center">85</td><td>29495 | 85</td></tr>
<tr><td>1735 | 85</td><td align="center">347</td><td>399 | 347</td></tr>
<tr><td>000</td><td align="center">595</td><td>595</td></tr>
<tr><td></td><td align="center">340</td><td>00</td></tr>
<tr><td></td><td align="center">255</td><td></td></tr>
<tr><td></td><td align="center">29495</td><td></td></tr>
</table>

La pièce revient à 85 fr.

127. On a opéré comme sur des nombres abstraits, mais au résultat on a rétabli le nom de l'unité.

Questionnaire.

Qu'est-ce que la division? (99)

Qu'est-ce que le dividende? (99)

Le diviseur? le quotient? (99)

Comment indique-t-on la division (99)

Comment peut-on définir la division, lorsque le diviseur est un nombre entier? (100)

Comment peut-on se servir de la table de multiplication pour diviser un nombre d'un ou de deux chiffres, au-dessous de 81, par un nombre d'un seul chiffre? (101)

Comment se fait la division des nombres entiers? (103)

Comment reconnait-on qu'un chiffre placé au quotient est trop fort? (108)

Comment reconnait-on qu'il est trop faible? (108)

Si l'on opérait comme l'indique la règle générale, devrait-on écrire un chiffre trop faible au quotient? (108)

Comment peut-on vérifier si le chiffre qu'on veut écrire au quotient ne sera pas trop fort? (113)

Comment peut-on savoir d'avance combien il y aura de chiffres au quotient? (114)

Pour quelle raison la division se fait-elle en commençant par la gauche quand toutes les autres opérations procèdent de droite à gauche? (115)

Dans quel cas faut-il employer la division? (116)

Comment reconnaît-on lequel des deux nombres donnés doit être le dividende? (116)

Démontrer que le quotient devient autant de fois plus grand ou plus petit, selon que l'on a pris un dividende plus grand ou plus petit avec le même diviseur. (118, 120)

Démontrer que le quotient devient autant de fois plus petit ou plus grand, selon que l'on a pris un diviseur plus grand ou plus petit avec le même dividende. (118, 120)

Démontrer que le quotient ne change pas quand on multiplie et qu'on divise à la fois le dividende et le diviseur par le même nombre. (121)

Comment abrége-t-on la division dans le cas où le dividende et le diviseur sont tous les deux terminés par des zéros? (122)

Lorsque la division donne un reste, qu'est-ce que cela signifie? (123)

Comment se fait la preuve de la division? (125)

Exercices (VI).

Effectuer les divisions suivantes :

1). 152 : 4 ; 168 : 7 ; 280 : 8 ; 2160 : 9 ; 7364 : 7 ; 182 : 13 ; 187 : 17 ;

2). 595 : 35 ; 777 : 37 ; 986 : 29.

3). Diviser	1365	par 13	Diviser	12173 par	259
4).	1387	19		24523	179
5).	2310	35		26897	2069
6).	2590	37		51377	83
7).	2599	23		97297	653
8).	3706	109		995210	4327
9).	4189	59		1018090	1669
10).	4553	157		5024242	63598
11).	5798	223		134217750	357914
12).	6586	89		3960894304	7985674
13).	6924	577		7546476546	985437
14).	6940	347		134820108882	35497659
15).	10319	607			

Problémes sur la division des nombres entiers (IV).

1). Six enfants ont mis en commun les noix qu'ils avaient pour les partager également entre eux. Le premier en avait 5, le deuxième 6, le troisième 7, le quatrième 8, le cinquième 10, et le sixième et dernier 12 ; à cet arrangement, combien gagne celui qui en avait le moins et combien perd celui qui en avait le plus?

2). Le nombre 72841 est le produit de deux nombres, dont l'un est 23, quel est l'autre nombre ?

3). Quel est le nombre qui, multiplié par 271, a donné pour produit 61517 ?

4. Combien de fois pourrait-on soustraire 128 de 6400?

5). Combien de fois le nombre 450 est-il contenu dans 36000 ?

6). On a distribué 48 francs à un certain nombre de personnes, de manière que chacune d'elles a reçu 3 francs. Combien y avait-il de personnes ?

7). Il y a dans une plantation 1296 arbres disposés en 16 rangées égales. Combien d'arbres par rangée?

8). En 24 heures une roue a fait 14400 tours. Combien cette roue fait-elle de tours par heure ?

9). Quel est le nombre 25 fois plus petit que 3675 ?

10). On a payé 18792 fr. pour 324 caisses de marchandises ; quel est le prix de chaque caisse ?

Problèmes de récapitulation sur les quatre opérations des nombres entiers (V).

1). Une école était divisée en trois classes contenant : la petite, 69 élèves ; la moyenne, 48 ; la grande, 53 ; il en est sorti 12 de la petite, 8 de la moyenne, et il en est rentré 7 dans la grande. Combien y a-t-il d'élèves dans l'école et dans chaque classe ?

2). On a partagé 360 fr. entre trois personnes, de manière que la première a eu 130 fr.; la deuxième, 20 fr. de moins que la première. Quelle a été la part de la troisième ?

3). Un élève chargé de faire une addition a trouvé pour la somme 34597. Le maître, après avoir examiné l'opération, lui dit : Vous vous êtes trompé : à la première colonne à droite, vous avez compté 1 de trop ; à la deuxième colonne, vous avez oublié de porter 2 de retenue ; à la troisième, vous avez compté 2 de moins et à la quatrième vous avez compté 3 de plus qu'il ne fallait. Quel devait être le résultat et quelle est la différence entre le résultat trouvé par l'élève et le résultat véritable ?

4). J'ai payé sur un billet de 1000 fr. une note de tailleur de 348 fr., une note de bottier de 75 fr., et j'ai payé pour mon loyer 375 fr. Combien reste-t-il de ce billet ?

5). Une famille dépense annuellement 1548 fr. pour nourriture, 526 fr. pour habillement, 740 fr. pour logement, 325 fr. pour menues dépenses. Combien dépense-t-elle en tout ?

6). Une marchandise a coûté 2528 fr. Combien faut-il la revendre pour y gagner 350 fr. en donnant 50 fr. de commission ?

7). Clovis, qui fut le fondateur de la monarchie française, monta sur le trône en 481, à l'âge de 15 ans, et mourut en 511 : 1° à quel âge est-il mort ? 2° quelle est la date de la naissance de Clovis ? 3° combien d'années, en 1845, s'étaient-elles écoulées depuis son avénement au trône ?

8). Un entrepreneur a présenté son mémoire montant à 48536 fr., sur lequel on a fait une réduction de 3748 fr. Combien a-t-il reçu ?

9). Un banquier doit recevoir 13950 fr. en trois payements, dont le premier est de 5700 fr. et le deuxième de 4320. Quel sera le troisième ?

10). Un régiment se compose de quatre bataillons dont un de dépôt ; le premier bataillon compte 728 hommes, le deuxième 712, le troisième 697, et le bataillon de dépôt 345. Combien d'hommes ce régiment a-t-il ?

11). Une route est plantée, des deux côtés, d'arbres placés à la distance de 10 pas. Combien y a-t-il d'arbres sur une longueur de 720 pas ?

12). Un banquier a reçu dans le premier trimestre, 15936 fr.; dans le deuxième, 31940 ; dans le troisième. 27674 : dans le quatrième,

42769 ; il a déboursé dans toute l'année 96843 fr. Combien lui reste-t-il s'il avait en caisse 24375 fr. ?

13). On a multiplié entre eux deux nombres entiers, dont le multiplicande était 63, et on a trouvé pour produit 3339 ; mais on a pris un 5 pour un 3 au chiffre des unités du multiplicateur. Quel doit être le produit véritable ?

14). Une voiture-omnibus de 16 places fait 14 voyages par jour. Combien transporte-t-elle de voyageurs, dans une année commune de 365 jours, en supposant qu'elle soit toujours au complet ?

15). Une succession a été ainsi partagée : Un premier héritier a reçu 14000 fr. ; un second, 800 fr. de moins ; un troisième 500 fr. de moins que le deuxième ; de plus, 3600 fr. ont été légués aux hôpitaux et 1200 fr. distribués aux pauvres. Quel est le montant de la succession ?

16). Un marchand a reçu 14 douzaines d'oranges dans deux caisses dont l'une contient 24 oranges de plus que l'autre. Combien y a-t-il d'oranges dans chaque caisse ?

17). Anciennement un vaisseau de premier rang était armé de 110 canons ; un vaisseau de deuxième rang, de 84 ; une frégate, de 50. Quel était le nombre total de canons d'une escadre composée de 3 vaisseaux du premier rang, de 8 du deuxième, et de 6 frégates ?

18). Un marchand de comestibles a vendu 5 douzaines de perdrix à 2 fr. la pièce et 3 douzaines de faisans ; la vente des faisans a dépassé de 60 fr. celle des perdrix. A quel prix a-t-il vendu chaque faisan ?

19). L'équipage d'un vaisseau de premier rang était de 970 hommes ; celui d'un vaisseau de deuxième rang, de 890 hommes ; celui d'une frégate, de 450 hommes. Quelle était en hommes la force d'une escadre composée de 2 vaisseaux du premier rang, de 5 vaisseaux du deuxième et de 4 frégates ?

20). J'ai acheté une maison 53490 fr. ; j'y ai fait pour 14768 fr. de réparations, et je voudrais la revendre en gagnant 6000 fr. A quel prix dois-je la revendre ?

21). Un père laisse en mourant 36500 fr. à partager entre ses trois enfants ; le premier a eu pour sa part 12450 fr. ; le deuxième, 350 fr. de moins que le premier. Combien le troisième a-t-il eu pour sa part ?

22). Deux négociants ont fait une société et ont mis en commun une somme de 25400 fr. ; le premier a mis à lui seul 18730 fr. Combien de plus que le second ?

23). Un marchand de vin fait un échange avec un autre d'une pièce de vin de Bordeaux qui coûte 135 fr. contre une pièce de vin de Bourgogne, et il reçoit 75 fr. de retour. Quel est le prix de la pièce de Bourgogne ?

24). Un négociant a acheté 348 balles de coton d'une première espèce et 165 d'une seconde : il en a vendu 147 de la première. Combien en a-t-il vendu de la seconde, s'il ne lui reste plus en tout que 309 pièces ?

25). Trois personnes se sont partagé un héritage : la première a eu le double de la deuxième, la deuxième le triple de la troisième qui a eu 750 fr. Quel est le montant de l'héritage ?

26). Avec 540 fr. de plus que ce que j'ai, je pourrais payer 1800 fr. que j'ai empruntés, et il me resterait encore 28 fr. Combien ai-je ?

27). Si j'avais le double de ce que j'ai et 38 francs de plus, je pourrais acheter un meuble dont on me demande 426 fr. Combien ai-je ?

28). Combien y a-t-il de plumes en tout dans 48 paquets dont 23 de 25 plumes chacun, et les autres, de 30 plumes ?

29). Deux troupes de 43 et de 57 ouvriers ont travaillé à un ouvrage : les premiers pendant 15 jours, les seconds pendant 18 jours. Combien de journées d'ouvriers ?

30). Un marchand de vin a acheté 36 pièces de bordeaux à 125 fr. la pièce et 48 de mâcon à 90 fr. Combien payera-t-il en tout ?

31). Un négociant a reçu 463 barriques de suif qu'il a payées 26854 fr. ; en les revendant avec un bénéfice de 2315 fr., combien a-t-il gagné sur chaque barrique et à quel prix l'a-t-il revendue ?

32). Un entrepreneur a payé 1581 fr. à deux troupes d'ouvriers pour 573 jours de travail, dont 138 à raison de 2 fr. pour la première troupe. Quel est le prix de la journée de chaque ouvrier de la deuxième troupe ?

33). Une pièce de bordeaux de 300 bouteilles a coûté 900 fr; une autre de mâcon vieux de 280 bouteilles a coûté 560 fr. Combien la bouteille de bordeaux coûte-t-elle de plus que celle de mâcon ?

34). On a payé 1188 fr. à trois ouvriers qui ont travaillé, le premier 153 jours, la deuxième 148 et le troisième 95. Quel est le prix de la journée de chaque ouvrier ?

35). Un vitrier a reçu 1968 fr. pour le prix des carreaux de 123 croisées dont chacune a 8 carreaux, Quel est le prix de chaque carreau ?

36). Un marchand a acheté 29 sacs de café au prix de 35 fr. le sac pour 15, et 36 fr. pour les autres. Combien doit-il payer en tout ?

37). La ville de Rome, en 1845, comptait 2598 ans d'existence. Quelle est la date de sa fondation ?

38). Deux marchands font un échange, le premier donne 40 bouteilles de vin à 3 fr. la bouteille, et le second 12 bouteilles de liqueur avec 60 fr. de retour. A quel prix revient la bouteille de liqueur ?

39). En 1843, il est né à Paris 30616 enfants; et il est mort 27967 personnes. Quel est l'excès des naissances sur les décès ?

40). On a payé 540 fr. une pièce de vin de 280 bouteilles. Combien gagnera-t-on à vendre le vin en détail au prix de 3 fr. la bouteille, si l'achat du verre a coûté 38 fr.?

41). Un volume in-8° a 480 pages; combien aurait-il de feuilles s'il était imprimé en in-12, le nombre de lignes par page et de lettres par ligne restant le même?

42). Une personne qui a un revenu de 3285 fr. veut mettre de côté 2 fr. par jour. Combien peut-elle dépenser par jour, l'année étant comptée de 365 jours?

43). Un marchand a acheté 18 pièces d'eau-de-vie à 108 fr., il en vend 12 à 106 fr. A quel prix doit-il revendre les 6 autres pour ne pas perdre?

44). Un négociant a payé 1312 fr. pour l'achat de 20 balles de coton à trois prix différents, savoir: 4 balles à 65 fr., 7 balles à 68. A combien revient chacune des autres?

45.) Deux personnes ont à elles deux 30 fr.; si la première avait 3 fr. de plus, et la seconde 1 fr. de moins, elles auraient la même somme. Combien chacune a-t-elle?

46). Un instituteur reçoit 570 fr. par mois de la rétribution de ses 135 élèves, dont 50 de la petite classe payant 3 fr. et 45 de la moyenne payant 4 fr. Combien paye chaque élève de la grande classe?

47). On a employé des brocheurs et des brocheuses pour brocher 540 exemplaires; les hommes ont broché deux fois plus que les femmes. Combien les uns et les autres ont-ils broché d'exemplaires?

48). Un bottier a vendu pour 1342 fr. 76 paires de bottes, dont 34 à 16 fr. la paire. Quel est le prix de chacune des autres?

49). Un chapelier achète en fabrique 36 chapeaux qu'il revend 576 fr. en gagnant 4 fr. sur chaque chapeau. Combien les a-t-il payés la pièce?

50). Un épicier a payé 392 fr. pour 8 barriques de suif; il les a revendues avec un bénéfice de 56 fr. A quel prix a-t-il revendu chaque barrique?

LIVRE II.

FRACTIONS.

FRACTIONS ORDINAIRES OU A DEUX TERMES.

§ I. NUMÉRATION

1. NOTIONS PRÉLIMINAIRES.

128. *On entend par fraction ordinaire une ou plusieurs parties de l'unité partagée en un nombre quelconque de parties égales.*

Si l'on suppose, par exemple, qu'un objet ayant été partagé en 8 parties égales, on ait à considérer, soit une seule, soit plusieurs de ces parties réunies, 5 par exemple, on aura 5 *huitièmes* de l'objet dont il s'agit.

Il est évident que puisqu'il faudrait prendre les 8 huitièmes pour recomposer l'objet entier, les 5 huitièmes ne sont qu'une *portion*, ou autrement dit qu'une *fraction* de l'objet.

129. *On représente une fraction ordinaire à l'aide de deux nombres, écrits l'un sous l'autre et séparés par un trait horizontal.*

On écrit au-dessous le nombre qui indique en combien de parties égales l'unité a été partagée ; et au-dessus, celui qui exprime le nombre de ces parties égales que l'on considère réunies.

Le nombre inférieur s'appelle *dénominateur* (qui nomme), parce qu'il donne son nom à chacune des parties égales de l'unité ; et le nombre supérieur s'appelle *numérateur* (compteur), parce qu'il exprime le nombre de ces parties réunies.

Le numérateur et le dénominateur se nomment les deux *termes* de la fraction.

Les fractions ordinaires s'appellent aussi *fractions à deux termes*.

Dans l'exemple précédent, on écrira donc : $\frac{5}{8}$, qui est, comme on voit, plus simple que 5 *huitièmes*. De même, si l'on voulait exprimer qu'on a partagé l'unité en 15 parties égales, et que l'on considère 7 de ces parties réunies, on écrirait $\frac{7}{15}$, expression plus simple que 7 *quinzièmes*.

La véritable unité dans ces nombres est $\frac{1}{8}$, $\frac{1}{15}$ de l'unité principale que l'on considère.

130. *On énonce une fraction ordinaire en énonçant d'abord le numérateur et ensuite le dénominateur auquel on ajoute la terminaison* ième.

Ainsi $\quad \frac{8}{9} \quad$ s'énonce $\quad$ huit *neuvièmes*,

$\qquad\qquad \frac{16}{27} \qquad\qquad$ seize *vingt-septièmes*,

$\qquad\qquad \frac{347}{569} \qquad\qquad$ trois cent quarante-sept *cinq-cent-soixante-neuvièmes*.

Il n'y a d'exception à la dernière partie de cette règle que pour les dénominateurs 2, 3, 4, qui s'énoncent *demi, tiers, quart*.

131. Quand il s'agit d'écrire une fraction énoncée, on suit le même ordre : on écrit d'abord le numérateur et au-dessous le dénominateur.

132. Il suit de la nature même des fractions que :

De deux fractions qui ont le même dénominateur, la plus grande est celle qui a le plus grand numérateur.

En effet, la fraction $\frac{5}{8}$, par exemple, est plus grande que $\frac{3}{8}$, de même que 5 est plus grand que 3.

133. *De deux fractions qui ont le même numérateur, la plus grande est celle qui a le plus petit dénominateur.*

En effet, $\frac{5}{7}$, par exemple, est plus grand que $\frac{5}{9}$; car $\frac{1}{7}$ de l'unité est plus grand que $\frac{1}{9}$ de la *même* unité : $\frac{5}{7}$ exprime donc une portion de l'unité plus grande que celle qui est exprimée par $\frac{5}{9}$.

134. La division conduit naturellement aux fractions ordinaires, et réciproquement les fractions servent à compléter le quotient, quand la division donne un reste.

RÈGLE. — *Lorsque la division donne un reste, on complète le quotient en écrivant à sa droite une fraction ordinaire dont le reste est le numérateur, et le diviseur le dénominateur.*

DÉMONSTRATION. En effet, soit à diviser 37 par 8,

$$\begin{array}{c|c} 37 & 8 \\ \hline 5 & 4\,\tfrac{5}{8} \end{array}$$

ou, autrement dit, à partager 37 en 8 parties égales.

Le quotient, à moins d'une unité près, est 4, et il reste encore 5 à partager en 8 parties égales.

Je suppose pour fixer les idées, qu'il s'agisse de partager 5 pommes entre 8 enfants. Une manière simple de faire ce partage serait de partager chaque pomme en 8 parties égales, et d'en donner une partie à chaque enfant. Pour chaque pomme ainsi partagée, chaque enfant recevra donc 1 huitième de pomme, et puisqu'il y a 5 pommes, chaque enfant recevra en tout 5 huitièmes de pomme, qu'on écrit $\tfrac{5}{8}$.

Ce raisonnement prouve en même temps que le huitième de 5 unités est la même chose que les $\tfrac{5}{8}$ d'une seule unité.

Le quotient complet sera donc : $4\,\tfrac{5}{8}$.

Les quotients complets dans les deux exemples du n° **123** seront donc : $49\,\tfrac{5}{7}$ et $68\,\tfrac{47}{579}$.

135. *On peut indiquer la division de deux nombres, en les écrivant sous la forme d'une fraction ordinaire, dont le dividende est le numérateur, et le diviseur le dénominateur.*

Ainsi, la division de 348 par 57 peut s'indiquer par $\tfrac{348}{57}$; en effet, diviser 348 par 57, c'est partager 348 en 57 parties égales ; autrement dit, c'est chercher la 57ᵉ partie de 348 ; or, d'après le raisonnement précédent, la 57ᵉ partie de 348 unités, c'est la même chose que les $\tfrac{348}{57}$ de l'unité.

136. Toute expression fractionnaire dans laquelle le numérateur est plus petit que le dénominateur, est plus petite que l'unité et se nomme fraction *proprement dite.*

137. Toute expression fractionnaire dans laquelle le numérateur est égal au dénominateur, est égale à l'unité.

138. Toute expression fractionnaire dans laquelle le numérateur est plus grand que le dénominateur, est plus grande que l'unité et se nomme nombre *fractionnaire*. On dit alors qu'elle contient des *entiers*, c'est-à-dire des *unités entières*.

139. Règle. — *Pour extraire les entiers contenus dans un nombre fractionnaire, on divise le numérateur par le dénominateur.*

Ainsi $\frac{36}{4} = 9$; $\frac{27}{6} = 4\frac{3}{6}$; $\frac{448}{29} = 15\frac{13}{29}$.

En effet, la fraction $\frac{36}{4}$ exprime que l'on a partagé l'unité en 4 parties égales, et que l'on prend 36 de ces parties. On a donc évidemment plus que l'unité et autant d'unités que 4 est contenu de fois dans 36. Il faut donc diviser 36 par 4.

Même raisonnement pour les deux autres nombres fractionnaires; comme la division a donné un reste, j'ai dû compléter le quotient.

140. Règle. — *Réciproquement, pour réduire des entiers accompagnés d'une fraction, le tout en fraction, on multiplie le dénominateur par l'entier, à ce produit on ajoute le numérateur, et l'on donne pour dénominateur à ce résultat le dénominateur de la fraction.*

En effet, soit $5\frac{2}{7}$ à réduire en fraction. Puisque l'unité est supposée partagée en 7 parties égales, qu'elle vaut 7 septièmes, les 5 unités vaudront 5 fois 7 septièmes ou 35 septièmes et 2 septièmes feront en tout 37 septièmes, qu'on écrit $\frac{37}{7}$.

141. Théorème. — *Une fraction ne change pas de valeur quand on multiplie ou qu'on divise à la fois ses deux termes par un même nombre.*

Démonstration. — Soit la fraction $\frac{3}{4}$. Si je multiplie ses deux termes par 2, j'obtiens $\frac{6}{8}$. Je dis que $\frac{6}{8}$ a précisément, sous une autre forme, la même valeur que $\frac{3}{4}$. En effet, $\frac{3}{4}$ exprime que l'on prend 3 parties de l'unité partagée en 4 parties égales. Mais si l'on partage de nouveau chacune de ces 3 parties en 2 parties égales, on aura 6 nouvelles parties de l'unité qui sera elle-même partagée en 8 parties égales. Donc $\frac{6}{8}$ représente exactement la même portion de l'unité, la même fraction que $\frac{3}{4}$.

De même la fraction $\frac{6}{9}$, après qu'on a divisé à la fois ses deux termes par 3, devient $\frac{2}{3}$ qui représente la même portion de l'unité. En effet, je peux concevoir que les 9 parties dont se compose l'unité aient été réunies 3 à 3, et alors 6 de ces anciennes parties n'en formeront plus que 2 nouvelles, dont il ne faudra plus que 3 pour reconstituer l'unité ; donc $\frac{2}{3} = \frac{6}{9}$.

142. Deux fractions qui ont la même valeur, sous une forme différente, sont dites *équivalentes*.

143. *Une fraction proprement dite devient plus grande ou plus petite quand on augmente ou qu'on diminue les deux termes d'un même nombre.*

En effet, soit la fraction $\frac{5}{8}$. Si j'ajoute 4 au numérateur et au dénominateur, j'aurai la fraction $\frac{9}{12}$. Or, il manquait à $\frac{5}{8}$, pour recomposer l'unité, $\frac{3}{8}$, tandis qu'il ne manque à $\frac{9}{12}$ que $\frac{3}{12}$, et comme $\frac{1}{12}$ est plus petit que $\frac{1}{8}$, $\frac{3}{12}$ est plus petit que $\frac{3}{8}$; donc $\frac{9}{12}$ est une portion de l'unité plus grande que $\frac{5}{8}$.

Pareillement, si je retranche 3 au numérateur et au dénominateur de la fraction $\frac{5}{8}$, j'aurai $\frac{2}{5}$, à qui il manque $\frac{3}{5}$ pour recomposer l'unité, tandis qu'à $\frac{5}{8}$ il ne manquait que $\frac{3}{8}$; donc $\frac{2}{5}$ est plus petit que $\frac{5}{8}$.

144. Ceci n'est vrai que pour les fractions proprement dites, car un nombre fractionnaire diminue ou augmente selon que l'on augmente ou diminue les deux termes d'un même nombre. En effet, $\frac{7}{5}$, dont on augmente les deux termes de 3, devient $\frac{10}{8}$ qui surpasse l'unité de $\frac{2}{8}$, tandis que $\frac{7}{5}$ la surpasse de $\frac{2}{5}$, et si l'on diminue les deux termes de 3, on a $\frac{4}{2} = 2$, qui surpasse l'unité de 1.

145. Quant aux fractions dont les deux termes sont le même nombre, elles ne changent que de valeur et représentent toujours l'unité $\frac{3}{3} = \frac{5}{5} = \frac{8}{8}$, etc.

146. Théorème. — *On rend une fraction quelconque un certain nombre de fois plus grande, quand on multiplie son numérateur par ce nombre sans toucher au dénominateur ou bien quand on divise son dénominateur par ce même nombre sans toucher au numérateur.*

Démonstration. — Soit la fraction $\frac{3}{20}$. Si je multiplie son numérateur par un nombre entier quelconque, 4 par exemple, j'obtiendrai $\frac{12}{20}$, qui est évidemment 4 fois plus grand que $\frac{3}{20}$; de même que 12 est 4 fois plus grand que 3.

Si je divise au contraire son dénominateur par 4, j'aurai $\frac{3}{5}$; mais je peux mettre la fraction $\frac{3}{5}$ sous la forme $\frac{12}{20}$, en multipliant ses deux termes par 4, et $\frac{12}{20}$ est évidemment 4 fois plus grand que $\frac{3}{20}$; donc $\frac{3}{5}$, qui est équivalent à $\frac{12}{20}$, sera aussi 4 fois plus grand que $\frac{3}{20}$.

147. THÉORÈME. — *On rend une fraction un certain nombre de fois plus petite, quand on divise son numérateur par ce nombre sans toucher au dénominateur, ou bien quand on multiplie son dénominateur par ce nombre sans toucher au numérateur.*

DÉMONSTRATION. — L'élève fera le raisonnement, qui n'offre aucune difficulté, d'après ce qui précède.

Questionnaire.

Qu'entend-on par une fraction ordinaire ? (128)

Comment représente-t-on une fraction ordinaire ? (129)

Qu'exprime le dénominateur d'une fraction ? (129)

Qu'exprime le numérateur ? (129)

Comment énonce-t-on une fraction ordinaire ? (130)

Comment écrit-on une fraction ordinaire énoncée ? (131)

De deux ou plusieurs fractions qui ont le même dénominateur et des numérateurs différents, quelle est la plus grande ? (132)

De deux ou plusieurs fractions qui ont le même numérateur et des dénominateurs différents, quelle est la plus petite ? (133)

Comment peut-on compléter le quotient de deux nombres entiers à l'aide des fractions ordinaires ? (134)

Comment peut-on indiquer la division de deux nombres ? (135)

Qu'entend-on par une fraction proprement dite ? (136)

Par un nombre fractionnaire ? (138)

Comment fait on pour extraire les entiers renfermés dans un nombre fractionnaire ? (139)

Comment fait-on pour réduire des entiers accompagnés d'une fraction, le tout en fraction ? (140)

Démontrer qu'une fraction ne change pas de valeur quand on multiplie ou qu'on divise ses deux termes par un même nombre ? (141)

Qu'entend-on par des fractions équivalentes ? (142)

Une fraction dont on augmente les deux termes d'un même nombre conserve-t-elle sa valeur ou diminue-t-elle ? (143)

Démontrer qu'une fraction dont on multiplie le numérateur sans toucher au dénominateur, ou bien dont on divise le dénominateur sans toucher au numérateur, devient autant de fois plus grande ? (146)

Comment fait-on pour rendre une fraction autant de fois plus petite qu'on le veut ? (147)

Exercices (VII).

1). Exprimer qu'on a partagé un objet en 25 parties égales et qu'on a pris 17 de ces parties.

2). Exprimer qu'on a partagé un objet en 143 parties égales et qu'on prend 85 de ces parties.

3). Énoncer les fractions suivantes : $\frac{1}{2}$, $\frac{2}{3}$, $\frac{3}{7}$, $\frac{15}{29}$, $\frac{37}{75}$, $\frac{6483}{12581}$.

4). Écrire les fractions : trois *quarts*, sept *dix-huitièmes*, vingt-neuf *quarante-septièmes*, cent six *deux-cent-vingtièmes*, trois mille quarante et un *sept-mille-neuf-cent-dix-septièmes*.

5). Faire les divisions suivantes et compléter le quotient :

$$42 : 5 \; ; \; 324 : 7 \; ; \; 459 : 13 \; ; \; 6958 : 345 \; ; \; 316738 : 4327.$$

6). Quel est le tiers de 28, le cinquième de 29 ? Écrivez le nombre 7 fois plus petit que 3.

7). Extraire les entiers des nombres fractionnaires suivants :

$$\frac{24}{6}, \; \frac{3528}{15}, \; \frac{435}{20}, \; \frac{6938}{145}, \; \frac{71265}{6348}.$$

8). Réduire les entiers et les fractions, le tout en fractions, dans les expressions suivantes :

$$2\tfrac{1}{2}, \; 3\tfrac{1}{3}, \; 5\tfrac{2}{7}, \; 18\tfrac{3}{4}, \; 29\tfrac{2}{8}, \; 81\tfrac{3}{5}, \; 174\tfrac{2}{9}, \; 13\tfrac{11}{17}, \; 25\tfrac{49}{71}, \; 148\tfrac{237}{465}.$$

9). Combien y a-t-il de quarts dans 11 entiers?

10). Combien y a-t-il de septièmes dans 29 entiers ?

11). Combien y a-t-il de trente-cinquièmes dans 173 entiers ?

12). Combien y a-t-il de demis dans $12\tfrac{1}{2}$ entiers?

13). Combien y a-t-il de cinquièmes dans $17\tfrac{3}{5}$ entiers ?

14). Combien y a-t-il de vingtièmes dans $143\tfrac{17}{20}$ entiers ?

15). On a partagé un objet en 15 parties égales et l'on a pris 7 de ces parties; une autre fois on a partagé le même objet en 16 parties égales et l'on a pris 6 de ces parties. La seconde fraction est-elle plus petite ou plus grande que l'autre ?

16). Rendre 5 fois plus grand $\frac{3}{4}$.

17). Rendre 7 fois plus petit $\frac{5}{9}$.

18). Rendre 15 fois plus grand $\frac{2}{3}$.

19). Quel est le nombre 3 fois plus grand que $\frac{5}{18}$?

20). Quel est le nombre 5 fois plus petit que $\frac{5}{18}$?

21). Quel est le nombre 7 fois plus grand que $\frac{3}{5}$?

22. Quel est le nombre 9 fois plus petit que $\frac{3}{5}$?

2. RÉDUCTION DES FRACTIONS AU MÊME DÉNOMINATEUR.

148. *La réduction des fractions au même dénominateur est une opération qui a pour but de changer les fractions proposées en d'autres fractions équivalentes et qui aient toutes le même dénominateur.*

149. RÈGLE. — *Pour réduire deux fractions au même dénominateur, on multiplie les deux termes de la première par le dénominateur de la seconde et les deux termes de la seconde par le dénominateur de la première.*

DÉMONSTRATION. Soient les deux fractions $\frac{3}{4}$ $\frac{5}{7}$
Je multiplie les deux termes de la première
par 7 et les deux termes de la seconde par 4,
ce qui donne $\frac{21}{28}$ $\frac{20}{28}$

Chacune de ces fractions est équivalente à celle qui lui correspond ; car j'ai multiplié les deux termes de chacune des fractions proposées par un même nombre (n° **141**), et le dénominateur sera nécessairement le même, parce que le produit de deux facteurs ne change pas quel que soit l'ordre dans lequel on les prenne.

150. RÈGLE GÉNÉRALE. — *Pour réduire des fractions, en nombre quelconque, au même dénominateur, on multiplie les deux termes de chaque fraction par le produit effectué des dénominateurs de toutes les autres.*

DÉMONSTRATION. Soit proposé de réduire au même dénominateur les fractions

$$\frac{1}{2}, \qquad \frac{2}{3}, \qquad \frac{4}{5}, \qquad \frac{7}{8}, \qquad \frac{5}{9}.$$

$$\frac{1080}{2160}, \qquad \frac{1440}{2160}, \qquad \frac{1728}{2160}, \qquad \frac{1890}{2160}, \qquad \frac{1200}{2160}.$$

Commençant par la première à gauche, je fais le produit des dénominateurs des quatre autres, $3 \times 5 \times 8 \times 9 = 1080$, et je multiplie par ce nombre les deux termes de la fraction sur laquelle j'opère, ce qui donne $\frac{1080}{2160}$.

Passant à la seconde, je fais le produit des dénominateurs des quatre autres, $2 \times 5 \times 8 \times 9 = 720$, et je multiplie par ce nombre les deux termes de la fraction sur laquelle j'opère, ce qui donne $\frac{1440}{2160}$.

De même pour la troisième, dont je multiplie les deux termes par $2 \times 3 \times 8 \times 9 = 432$, ce qui donne $\frac{1728}{2160}$.

Je multiplie de même les deux termes de la quatrième par $2 \times 3 \times 5 \times 9 = 270$, ce qui donne $\frac{1890}{2160}$.

Et enfin, multipliant les deux termes de la cinquième par $2 \times 3 \times 5 \times 8 = 240$, j'obtiens $\frac{1200}{2160}$.

Je n'ai pas changé la valeur des fractions proposées, puisque j'ai multiplié les deux termes de chacune par un même nombre, et le dénominateur des nouvelles fractions devait être le même pour toutes, puisqu'il est formé du produit des mêmes facteurs.

151. Théorème. — *Le produit d'autant de facteurs que l'on voudra ne change pas dans quelque ordre qu'on les multiplie.*

Il suffit de démontrer que si cette proposition est vraie pour un nombre quelconque de facteurs, elle sera aussi vraie si l'on prend un facteur de plus. Je suppose donc que cette proposition ait été démontrée pour quatre facteurs, par exemple, **2**, 3, 5, 7. Je dis qu'elle sera aussi vraie pour cinq facteurs. Soit 9 ce nouveau facteur. Pour former le produit $2 \times 3 \times 5 \times 7 \times 9$, il faudrait multiplier 2 par 3 ; puis le produit obtenu par 5 ; ce nouveau produit par 7, et enfin ce dernier produit par 9, c'est-à-dire multiplier successivement par ces facteurs dans l'ordre où ils sont écrits.

Or je dis que je puis faire occuper à chacun de ces facteurs, au dernier par exemple, la place que je voudrai : en effet, lorsque j'aurai formé le produit des trois premiers facteurs, j'aurai encore à multiplier $2 \times 3 \times 5$ par 7 d'abord et ensuite le produit par 9, ou, ce qui revient au même, par 7×9, produit de ces deux facteurs (n° **86**) ; or $7 \times 9 = 9 \times 7$. Je pourrrai donc écrire le produit ainsi qu'il suit : $2 \times 3 \times 5 \times 9 \times 7$.

De même $5 \times 9 = 9 \times 5$; je pourrai donc écrire $2 \times 3 \times 9 \times 5 \times 7$, et comme $3 \times 9 = 9 \times 3$, j'aurai aussi $2 \times 9 \times 3 \times 5 \times 7$, et enfin, à cause de $2 \times 9 = 9 \times 2$, j'aurai pour exprimer le produit $9 \times 2 \times 3 \times 5 \times 7$; d'où l'on voit que le facteur 9 a occupé successivement toutes les places dans le produit indiqué. Et comme on pourrait en faire autant pour chacun des autres facteurs, le théorème est démontré pour cinq facteurs.

Donc, si la proposition est vraie pour un nombre quelconque de facteurs, elle est vraie aussi pour un facteur de plus.

Or cette proposition a été démontrée pour deux facteurs ; donc elle est vraie pour trois, et par conséquent pour quatre, cinq....... pour autant de facteurs qu'on voudra.

152. La réduction des fractions au même dénominateur permet d'apprécier leur grandeur relative ; ce qui serait souvent très-difficile sans cette opération, qui du reste est indispensable dans le calcul des fractions, ainsi qu'on le verra plus tard.

153. *Il y a une infinité de nombres qui peuvent servir de dénominateur commun à plusieurs fractions proposées.*

Pour le démontrer, soit proposé de résoudre la question suivante.

Changer la fraction $\frac{3}{4}$ en une autre équivalente et dont le dénominateur soit 20.

On ne peut changer la fraction $\frac{3}{4}$ en une autre fraction équivalente qu'en multipliant ou divisant ses deux termes par un même nombre, et comme la fraction nouvelle doit avoir pour dénominateur 20, qui est plus grand que 4, il faut avoir recours à la multiplication.

Or, je connaîtrai le nombre qui doit multiplier les deux termes de la fraction, en divisant 20, dénominateur proposé, par 4, dénominateur de la fraction donnée. Ce nombre est donc 5, et la fraction nouvelle $\frac{15}{20}$.

On voit par là que la question, en général, pourra toujours être résolue, pourvu que le nouveau dénominateur soit divisible exactement par le dénominateur de la fraction proposée.

154. Si l'on avait à convertir la fraction $\frac{21}{36}$ en une autre dont le dénominateur fût 12, il faudrait procéder par la division, et pour savoir par quel nombre il faudrait diviser les deux termes, on diviserait 36 par 12, ce qui donnerait 3. Divisant les deux termes, par 3, on aurait $\frac{7}{12}$. Il y aurait donc en général deux conditions pour que la question pût être résolue : 1° que le dénominateur de la fraction fût divisible exactement par le dénominateur proposé ; 2° et le quotient de cette division étant obtenu, que le numérateur de la fraction fût divisible exactement par ce quotient.

155. Lorsqu'il s'agit de réduire des fractions au même dénominateur, il n'y a qu'à choisir, à volonté, un nombre qui soit divisible exactement par chacun des dénominateurs et à opérer, comme dans le n° **153**, sur chacune des fractions proposées.

Exemple et disposition de calcul :

		60				
	30	20	15	12	5	3
Fractions proposées	$\frac{1}{2}$	$\frac{2}{3}$	$\frac{3}{4}$	$\frac{4}{5}$	$\frac{7}{12}$	$\frac{13}{20}$
	$\frac{30}{60}$	$\frac{40}{60}$	$\frac{45}{60}$	$\frac{48}{60}$	$\frac{35}{60}$	$\frac{39}{60}$

Avec un peu d'habitude du calcul on reconnaît que le nombre 60 est divisible exactement par chacun des dénominateurs. On l'écrit en tête des fractions ; puis un peu au-dessus du numérateur de chacune d'elles, on écrit le nombre par lequel on doit multiplier ses deux termes, et au-dessous de chaque fraction, la fraction **nouvelle qui lui** correspond.

156. Au lieu du nombre 60, on pourrait prendre pour dénominateur commun 2 fois, 3 fois, etc., autant de fois qu'on voudrait le nombre 60. Il y a donc une infinité de nombres qu'on pourrait prendre pour le dénominateur commun. On verra, n° **184**, comment on détermine, dans tous les cas, le plus petit nombre qui peut servir de dénominateur commun à autant de fractions que l'on voudra.

Questionnaire.

Qu'est-ce que la réduction des fractions au même dénominateur ? (148)

Comment réduit-on deux fractions au même dénominateur ? (149)

Dites la règle générale pour réduire autant de fractions qu'on veut au même dénominateur ? (150)

Sur quels principes cette réduction est-elle fondée? (151)

La réduction des fractions au même dénominateur ne peut-elle se faire que d'une seule manière? (153, 155, 156)

Exercices (VIII).

1). Réduire au même dénominateur les fractions :
$$\frac{3}{7}, \frac{5}{9}; \quad \frac{5}{8}, \frac{11}{13}; \quad \frac{1}{2}, \frac{2}{3}, \frac{3}{5}; \quad \frac{1}{2}, \frac{2}{3}, \frac{4}{5}, \frac{6}{7}.$$

2). Réduire au même dénominateur les fractions suivantes, en prenant un dénominateur à volonté :
$$\frac{1}{2}, \frac{7}{20}; \quad \frac{2}{3}, \frac{3}{4}, \frac{5}{6}; \quad \frac{1}{2}, \frac{3}{4}, \frac{5}{6}, \frac{7}{8}, \frac{11}{12}, \frac{17}{24}; \quad \frac{1}{2}, \frac{2}{3}, \frac{7}{8}, \frac{11}{16}, \frac{23}{24}, \frac{15}{48}.$$

3). Ranger par ordre de grandeur croissante les fractions, c'est-à-dire en commençant par la plus petite et finissant par la plus grande :
$$\frac{2}{3}, \frac{5}{8}; \quad \frac{2}{3}, \frac{1}{2}, \frac{7}{9}; \quad \frac{1}{4}, \frac{7}{10}, \frac{3}{20}, \frac{21}{100}.$$

4). Ranger par ordre de grandeur décroissante les fractions :
$$\frac{2}{5}, \frac{1}{2}, \frac{5}{8}, \frac{7}{10}, \frac{11}{12}, \frac{27}{40}, \frac{31}{60}, \frac{237}{240}.$$

3. SIMPLIFICATION DES FRACTIONS.

157. *Simplifier une fraction, c'est la changer en une autre fraction équivalente, mais dont les termes soient moins grands, afin de se faire une idée plus nette de la portion d'unité qu'elle représente.*

158. Le seul moyen qui puisse être employé, c'est la division des deux termes par un même nombre, choisi à volonté, pourvu qu'il divise exactement ces deux termes.

Ainsi la fraction $\frac{24}{45}$ peut être remplacée par la fraction $\frac{8}{15}$ que l'on obtient en divisant par 3 ses deux termes. On voit par cet exemple qu'il est utile d'avoir des méthodes expéditives pour reconnaître si le numérateur et le dénominateur d'une fraction sont divisibles par un même nombre.

159. La recherche des caractères de divisibilité est fondée sur les définitions et principes suivants :

DÉFINITIONS. — On appelle *diviseur exact* ou simplement *diviseur* d'un nombre, tout nombre qui le divise exactement. Ainsi 3 est diviseur de 21, et comme 21 peut être considéré comme le produit du diviseur 3 et du quotient 7, on dit encore que 3 est *facteur* ou sous-multiple de 21, qui à son tour est dit *multiple* de 3.

160. Un nombre peut avoir plusieurs diviseurs. Ainsi 60 a pour diviseurs, 1, 2, 3, 4, 5, 6, 10, 12, 15, 20, 30 et 60.

161. On appelle *nombre premier absolu* ou seulement *nombre premier*, tout nombre qui n'est divisible que par lui-même et par l'unité. Tels sont : 2, 3, 5, 7, 11, 13, etc.

162. PRINCIPE I. — *Tout nombre qui divise exactement deux ou plusieurs autres nombres, divise exactement leur somme.*

En effet, chacun de ces nombres vaut un certain nombre de fois le diviseur : leur somme vaudra donc ce même diviseur un nombre de fois exprimé par la somme de tous les quotients.

Ainsi, 24, 36, 60 étant divisibles chacun par 12, leur somme 120 est aussi divisible par 12, et le quotient 10 est égal à la somme des quotients 2, 3, 5.

163. PRINCIPE II. — *Tout nombre qui divise un autre nombre divise tous les multiples de ce nombre, et à plus forte raison tous les multiples des multiples.*

En effet, un multiple quelconque de ce nombre n'est autre chose que la somme de plusieurs nombres égaux au proposé.

Ainsi 5 divisant 10 divise exactement 20, 30, 720, etc., et par conséquent aussi 200, 3000, 7200, etc.

164. *Tout nombre est divisible par 2 lorsque son dernier chiffre à droite est un des chiffres* PAIRS, 0, 2, 4, 6, 8.

Tels sont 346, 5860, 15934, etc.

On les appelle *pairs* parce qu'on peut les partager en deux parties *pareilles*, égales.

DÉMONSTRATION. — En effet, 346 = 340 + 6. Or 340 est un multiple de 10, qui est lui-même multiple de 2; donc il est divisible par 2 (principe II); de plus 6 est divisible par 2; donc la somme 340 + 6 ou 346 (principe I) sera divisible par 2.

165. Les autres chiffres 1, 3, 5, 7, 9 sont appelés IMPAIRS (non pairs), ainsi que les nombres qui sont terminés à leur droite par un de ces chiffres, tels que 53, 497, 3495, etc.

166. *Tout nombre est divisible par* 3, *lorsque la somme de ses chiffres additionnés comme des unités simples est un nombre divisible par* 3.

Tels sont : 315, 4971, 63150, etc., car $3 + 1 + 5 = 9$, qui est divisible par 3 ; $4 + 9 + 7 + 1 = 21$, $6 + 3 + 1 + 5 + 0 = 15$, divisibles par 3.

Démonstration. — En effet, une unité de chaque ordre est un multiple de 9 plus 1 ; car $10 = 9 + 1$, $100 = 99 + 1$, $1000 = 999 + 1$; donc un nombre quelconque d'unités de chaque ordre est un multiple de 9 plus ce même nombre : or les nombres d'unités de chaque ordre sont représentés par les chiffres, donc un nombre quelconque est un multiple de 9 et par conséquent de 3, plus la somme de ses chiffres. Si donc la somme de ces chiffres est divisible par 3, le nombre sera divisible par 3.

167. *Tout nombre est divisible par* 5, *lorsqu'il est terminé à sa droite par* 0 *ou par* 5.

Tels sont : 45, 350, 5400, etc.

Démonstration. — Car tout nombre est un multiple de 10, plus son dernier chiffre.

168. *Tout nombre est divisible par* 9, *lorsque la somme de ses chiffres additionnés comme des unités simples est un nombre divisible par* 9.

Tels sont : 54, 315, 64908, etc.; en effet, $6 + 4 + 9 + 0 + 8 = 27$ divisible par 9.

Même démonstration qu'au n° **166.**

169. A ces caractères de divisibilité on peut ajouter les suivants :

Tout nombre est divisible par 4, *lorsque ses deux derniers chiffres à droite forment un nombre divisible par* 4.

Car tout nombre est un multiple de 100, qui est divisible par 4, plus le nombre formé par ses deux derniers chiffres, $148 = 100 + 48$.

Tels sont : 148, 1324, 67916, etc.

170. *Tout nombre est divisible par* 6, *lorsqu'il est pair et que la somme de ses chiffres est divisible par* 3.

Tels sont : 48, 126, 3258, etc.

Car ce nombre pair étant divisé par 3, qui est impair, donnera nécessairement pour quotient un nombre pair.

171. *Tout nombre est divisible par 8, lorsque ses trois derniers chiffres à droite forment un nombre divisible par 8.*

Car tout nombre est un multiple de 1000, qui est divisible par 8, plus le nombre formé par ses trois derniers chiffres.

172. *Tout nombre est divisible par 10, 100, 1000, etc., lorsqu'il est terminé à sa droite par 1, 2, 3, etc., zéros.*

173. Les caractères de divisibilité fournissent le moyen de décomposer un nombre donné en 2, 3, etc., facteurs.

Soit, par exemple, le nombre 48 à décomposer en ses facteurs.

1° Ce nombre étant divisible par 2, j'aurai pour facteurs correspondants 2.24.

2° Ce nombre étant divisible par 3, j'aurai pour facteurs correspondants 3.16.

3° 48 étant divisible par 4, j'ai pour facteurs correspondants 4.12.

4° 48 étant divisible par 6, j'ai pour facteurs corrrespondants 6.8.

Pour décomposer 48 en trois facteurs, je décompose 24 (1°) en deux nouveaux facteurs correspondants, ce qui donne :

$$2.12,$$
$$3.8,$$
$$4.6 ;$$

et en les prenant avec le facteur 2, j'aurai d'abord cette première décomposition en trois facteurs :

$$2.2.12 ;$$
$$2.3.8 ;$$
$$2.4.6.$$

J'en fais autant pour le facteur 16 (2°), qui donne 2.8 ; 4.4, et par conséquent j'aurai pour seconde décomposition :

$$3.2.8 ;$$
$$3.4.4.$$

Opérant de même sur le facteur 12 (3°), qui donne 2.6 ; 3.4 ; j'aurai pour troisième décomposition :

$$4.2.6 ;$$
$$4.3.4.$$

Opérant enfin de même sur le facteur 8 (4°), qui donne 2.4 ; j'aurai pour quatrième décomposition :

$$6.2.4.$$

On voit qu'il n'y a que quatre décompositions différentes en trois facteurs, savoir :

$$2.2.12 ;$$
$$2.3.8 ;$$
$$2.4.6 ;$$
$$3.4.4.$$

Si l'on voulait obtenir la décomposition en quatre facteurs, on décomposerait de nouveau les facteurs 12, 8, 6, 4 en deux autres, et l'on ne prendrait que les facteurs différents.

174. *Pour simplifier une fraction, on divise ses deux termes par un même nombre, que l'on reconnaît, d'après les caractères de divisibilité, devoir les diviser exactement, et l'on réitère cette opération autant qu'il est possible de le faire.*

Soit la fraction $\frac{4800}{7200}$. Je divise les deux termes par 100, ce qui donne $\frac{48}{72}$.

Les deux termes de cette nouvelle fraction étant divisibles par 8, je les divise par ce nombre et j'obtiens $\frac{6}{9}$.

Cette fraction, déjà beaucoup plus simple que la proposée, peut être encore simplifiée, puisque ses deux termes sont divisibles par 3.

Opérant cette division, j'obtiens $\frac{2}{3}$ qui exprime, en effet, d'une manière beaucoup plus simple la même portion de l'unité représentée par la fraction proposée.

175. Lorsqu'une fraction a été simplifiée autant qu'il est possible, on dit qu'elle est *réduite à sa plus simple expression*, et la fraction qu'on obtient s'appelle *irréductible*.

Ainsi la fraction précédente $\frac{4800}{7200}$ est réduite à sa plus simple expression sous la forme $\frac{2}{3}$, qui est irréductible.

176. On serait certain de réduire une fraction à sa plus simple expression, si l'on connaissait le plus grand nombre qui pût diviser exactement ses deux termes et qu'on appelle pour cette raison le *plus grand commun diviseur* des deux termes de la fraction.

177. La recherche du plus grand commun diviseur est basée sur les définitions et les principes suivants.

Définitions. On appelle *diviseur commun* de deux nombres, tout nombre qui divise exactement l'un et l'autre.

Ainsi, les nombres 48 et 60 ont pour diviseurs : le premier 1, 2, 3, 4, 6, 8, 12, 16, 24, 48 ; le deuxième, 1, 2, 3, 4, 5, 6, 10, 12, 15, 20, 30, 60.

Les diviseurs communs à l'un et à l'autre sont : 1, 2, 3, 4, 6, 12 ; 12 est le plus grand de tous ; il est par conséquent le plus grand commun diviseur de 48 et 60.

178. PRINCIPE III. — *Tout nombre qui divise deux autres nombres divise aussi leur différence.*

En effet, chacun de ces nombres valant un certain nombre de fois le diviseur, leur différence vaudra ce même diviseur un nombre de fois exprimé par la différence des quotients.

Ainsi, 60 et 48 étant divisibles par 6, leur différence 12 est aussi divisible par 6; et le quotient 2 est égal à la différence des quotients 10 et 8.

179. PRINCIPE IV. — *Tout nombre qui divise deux autres nombres divise le reste de leur division.*

En effet, le reste de la division de deux nombres n'est autre chose que la différence entre le plus grand de ces nombres, qui a servi de dividende, et le produit du second par le quotient de leur division, c'est-à-dire un multiple de ce nombre.

Ainsi 234 et 65 étant divisibles par 13, si l'on divise le plus grand par le plus petit, on obtiendra pour quotient 3, et pour reste 39 qui est aussi divisible par 13.

180. RÈGLE. — *Pour trouver le plus grand commun diviseur entre deux nombres, on divise le plus grand par le plus petit. Si la division se fait exactement, c'est le plus petit nombre qui est le plus grand commun diviseur.*

Si cette première division donne un reste, on divise le plus petit nombre par ce reste. Si la division réussit, ce reste est le plus grand commun diviseur.

Si cette seconde division donne encore un reste, on divise le premier reste par le second, et ainsi de suite, jusqu'à ce que la division se fasse exactement.

Le dernier diviseur employé est le plus grand commun diviseur cherché.

EXEMPLE. — Soit proposé de chercher le plus grand commun diviseur entre 1643 et 371.

Je dispose les deux nombres comme pour la division, puis je tire une ligne horizontale au-dessus des deux nombres pour séparer le diviseur du quotient que j'écrirai au-dessus, ce qui permettra de réunir dans un même tableau toutes les divisions successives, ainsi qu'on le voit ci-dessous :

	4	2	3
1643	371	159	53
159	53	0	

Je divise 1643 par 371, ce qui donne 4 pour quotient et 159 pour reste.

Je divise 371 par 159, ce qui donne 2 pour quotient et 53 pour reste. Je divise enfin 159 par 53 et la division réussit.

53 est le plus grand commun diviseur demandé.

181. DÉMONSTRATION. — En effet, je divise le plus grand des deux nombres 1643 par le plus petit 371, pour m'assurer si 371 peut le diviser exactement. J'obtiens pour quotient 4 et pour reste 159; et par conséquent

$$1643 = 371 \times 4 + 159;$$

371 n'est donc pas le plus grand commun diviseur ; mais, d'après le principe IV, tout nombre qui divisera 1643 et 371 devra aussi diviser 159; et par conséquent, tous les diviseurs communs à 1643 et 371 seront aussi communs à 371 et 159.

Réciproquement tous les diviseurs communs à 159 et 371 divisent 159 et 371×4 et par conséquent leur somme 1643 ; donc tous les diviseurs communs à 159 et 371 sont aussi communs à 1643 et 159; donc ils sont les mêmes ; donc le plus grand commun diviseur entre 1643 et 371 est le même que le plus grand commun diviseur entre 371 et 159.

La question est donc ramenée à chercher le plus grand commun diviseur entre 371 et 159. Je divise donc 371 par 159, ce qui donne pour quotient 2 et pour reste 53. Je démontrerais de même que le plus grand commun diviseur entre 371 et 159 est le même que le plus grand commun diviseur entre 159 et 53. Je cherche donc le plus grand commun diviseur entre 159 et 53. La division réussit; par conséquent 53 est le plus grand commun diviseur entre 159 et 53, et par suite entre 371 et 159, et enfin entre 1643 et 371.

Remarquez que les divisions successives finiront toujours par réussir ; car les restes étant des nombres entiers de plus en plus petits, on arrivera nécessairement à un dernier reste égal à zéro.

Le nombre de divisions ne peut dépasser le quintuple du nombre des chiffres du plus petit des deux nombres sur lesquels on opère.

182. RÈGLE. — *Pour trouver le plus petit nombre divisible à la fois par deux nombres donnés, tels que 60 et 48, on cherche le plus grand commun diviseur entre ces deux nombres, qui est ici 12. On divise le plus petit des deux nombres 48 par le plus grand commun diviseur 12, ce qui donne 4 pour quotient; enfin, multipliant le plus grand des deux nombres 60 par le quotient 4, on obtient 240, qui est le plus petit nombre cherché divisible à la fois par les deux nombres donnés 60 et 48.*

DÉMONSTRATION. — En effet, cela revient à faire le produit des deux nombres 60 et 48, et à diviser ce produit par le plus grand commun diviseur de ces deux nombres.

240 est dit *le plus petit multiple* des deux nombres 60 et 48.

183. RÈGLE. — *Pour trouver le plus petit multiple de plusieurs nombres donnés, on cherche le plus petit multiple des deux premiers; puis le plus petit multiple entre ce premier plus petit multiple et le troisième nombre, et ainsi de suite jusqu'au dernier nombre proposé. Le dernier moindre multiple trouvé est le plus petit nombre divisible à la fois par tous les nombres proposés.*

La démonstration n'offre aucune difficulté d'après ce qui précède.

184. *Réduction des fractions au plus petit dénominateur.* Soit à réduire les fractions suivantes au même dénominateur qui soit le plus petit possible,

$$\frac{5}{8}, \quad \frac{17}{20}, \quad \frac{147}{192}, \quad \frac{317}{1440}.$$

Je cherche le plus grand commun diviseur entre 8 et 20, qui est 4. Je divise 8 par 4, ce qui donne 2, et je multiplie 20 par 2, ce qui donne 40, qui est le moindre multiple de 8 et 20.

Je cherche le plus grand commun diviseur entre 40 et 192, lequel est 8; 40 divisé par 8 donne 5 pour quotient; 5 fois 192 donne 960, moindre multiple de 8, 20 et 192.

Cherchant de même le plus grand commun diviseur entre 960 et 1440, je trouve 480; 960 divisé par 480 donne pour quotient 2 ; 2 fois 1440 $=$ 2880 est le plus petit dénominateur cherché auquel on réduira, d'après la méthode du n° **175**, les fractions proposées. Voici le tableau du calcul

$$2880$$

	360	144	15	2
Fractions proposées	$\frac{5}{8},$	$\frac{17}{20},$	$\frac{147}{192},$	$\frac{317}{1440}.$
Fractions réduites	$\frac{1800}{2880},$	$\frac{2448}{2880},$	$\frac{2205}{2880},$	$\frac{634}{2880}.$

185. Lorsque dans la recherche du plus grand commun diviseur le dernier diviseur est 1, on en conclut que les deux nombres proposés n'ont pas d'autre diviseur commun que l'unité.

On dit alors que les deux nombres sont premiers entre eux.

186. RÈGLE. — *Pour réduire une fraction à sa plus simple expression, on divise ses deux termes par leur plus grand commun diviseur.*

Soit la fraction $\frac{815}{1304}$. Je cherche le plus grand commun diviseur qui est 163; divisant les deux termes par 163, j'obtiens $\frac{5}{8}$, fraction irréductible.

187. *Enfin, lorsque la fraction ne peut être simplifiée, qu'elle est irréductible, on peut en obtenir une valeur ap-*

*prochée par un moyen bien simple, qui consiste à diviser
ses deux termes par le numérateur.*

Soit, par exemple, la fraction $\frac{3125}{14297}$. Cette fraction ne
peut être réduite à une forme plus simple ; car si l'on
cherche le plus grand commun diviseur des deux termes,
on trouve 1 pour résultat : le numérateur et le dénominateur sont donc des nombres premiers entre eux. Divisant les deux termes par le numérateur, je trouve 1 pour
le numérateur, et pour le dénominateur un quotient compris entre 4 et 5 ; la fraction proposée est donc comprise
entre $\frac{1}{4}$ et $\frac{1}{5}$.

Questionnaire.

Qu'entend-on par simplifier une frac-tion ? (157)

Dans quel but simplifie-t-on une frac-tion ? (157)

Comment simplifie-t-on une fraction ? (158)

Qu'entend-on par *diviseur* d'un nom-bre ? (159)

Qu'est-ce qu'un nombre *premier ab-solu* ? (161)

Démontrer qu'un nombre qui divise exactement deux ou plusieurs nom-bres divise leur somme. (162)

émontrer qu'un nombre qui divise un autre nombre divise tous les multi-ples de ce nombre. (163)

Comment reconnaît-on qu'un nombre est divisible par 2 ? (164) La preuve ?

Comment reconnaît-on qu'un nombre est divisible par 3 ? (166) La preuve ?

Comment reconnaît-on qu'un nombre est divisible par 5 ? (167) La preuve ?

Comment reconnaît-on qu'un nombre est divisible par 4 ? (169) La preuve ?

Comment reconnaît-on qu'un nombre est divisible par 6 ? (170) La preuve ?

Comment reconnaît-on qu'un nombre est divisible par 8 ? (171) La preuve ?

Comment reconnaît-on qu'un nombre est divisible par 10, 100.... ? (172) La preuve ?

Comment décompose-t-on un nombre en deux, trois, etc., facteurs ? (173)

Quand est-ce qu'une fraction est ré-duite à sa plus simple expression ? (175)

Comment réduit-on une fraction à sa plus simple expression ? (176)

Qu'entend-on par diviseur commun de deux nombres ? (177)

Qu'entend-on par le plus grand com-mun diviseur de deux nombres ? (176)

Démontrer que tout nombre qui divise deux autres nombres divise leur dif-férence. (178)

Démontrer que tout nombre qui divise deux autres nombres divise le reste de leur division. (179)

Comment trouve-t-on le plus grand commun diviseur entre deux nom-bres ? (180)

Comment trouve-t-on le plus petit multiple de deux ou plusieurs nom-bres ? (182, 183)

Comment réduit-on des fractions au plus petit dénominateur ? (189)

Qu'entend-on par nombres premiers entre eux ? (184)

Quand une fraction dont les deux ter-mes sont des nombres considérables ne peut être simplifiée, comment peut-on en trouver une expression fractionnaire approchée ? (187)

Exercices (IX).

1). Simplifier les fractions suivantes :
$$\frac{2}{4}, \quad \frac{30}{48}, \quad \frac{210}{630}, \quad \frac{324}{540}, \quad \frac{1280}{6400}.$$

2.) Donner une forme plus simple aux fractions

$$\frac{320}{540}, \quad \frac{1690}{2600}, \quad \frac{3000}{4320}, \quad \frac{18000}{129600}.$$

3). Réduire à leur plus simple expression les fractions

$$\frac{58}{174}, \quad \frac{888}{962}, \quad \frac{2403}{2492}, \quad \frac{6566}{7772}, \quad \frac{30281}{45563}.$$

4). Entre quelles fractions sont comprises

$$\frac{31}{64}, \quad \frac{127}{445}, \quad \frac{3348}{17963}, \quad \frac{62350}{548963}, \quad \frac{639685}{73698451}.$$

§ II. CALCUL DES FRACTIONS ORDINAIRES.

1. ADDITION DES FRACTIONS ORDINAIRES.

188. RÈGLE. — *Pour additionner deux ou plusieurs fractions, si elles ont le même dénominateur, on fait la somme de tous les numérateurs et on lui donne pour dénominateur le dénominateur commun;*

Si elles n'ont pas le même dénominateur, on commence par les y réduire et l'on opère comme dans le premier cas.

1er EXEMPLE. Soit à additionner les fractions

$$\frac{1}{9}, \quad \frac{4}{9}, \quad \frac{5}{9}, \quad \frac{7}{9}.$$

Je fais la somme de tous les numérateurs :

$$1 + 4 + 5 + 7 = 17,$$

et par conséquent, le résultat sera $\frac{17}{9}$, et extrayant les entiers, $1\frac{8}{9}$.

2e EXEMPLE. Soit encore à additionner les fractions

$$\frac{1}{2}, \quad \frac{2}{3}, \quad \frac{4}{5}, \quad \frac{6}{7}.$$

Je réduis au même dénominateur, ce qui donne

$$\frac{105}{210}, \quad \frac{140}{210}, \quad \frac{168}{210}, \quad \frac{180}{210}.$$

Ensuite, additionnant les numérateurs et donnant à la somme le dénominateur commun, j'obtiens $\frac{593}{210} = 2\frac{173}{210}$ après l'extraction des entiers.

189. DÉMONSTRATION. — En effet, l'addition est une opération qui a pour but de former avec deux ou plusieurs nombres donnés un seul nombre qui renferme autant d'unités qu'il y en a dans tous les nombres proposés. Or, quand il s'agit des fractions, l'unité est exprimée par le dénominateur, ce qui explique la première partie de la règle et motive la préparation à faire dans le second cas, préparation par laquelle on est certain que la somme renferme toutes les unités des fractions proposées.

190. Afin de simplifier les calculs, on prendra pour dénominateur commun le plus petit nombre divisible à la fois par tous les dénominateurs des fractions qu'on doit additionner.

Exemple. Soit à additionner les fractions suivantes :

$$\frac{1}{2}, \quad \frac{3}{4}, \quad \frac{5}{6}, \quad \frac{7}{8}, \quad \frac{11}{12}, \quad \frac{17}{24}, \quad \frac{31}{36}.$$

Je prends pour dénominateur commun 72, qui est divisible à la fois par tous les dénominateurs, et opérant ainsi qu'il est indiqué nº **175**, j'obtiens :

$$\frac{36}{72} + \frac{54}{72} + \frac{60}{72} + \frac{63}{72} + \frac{66}{72} + \frac{51}{72} + \frac{62}{72} = \frac{392}{72} = 5\,\frac{32}{72} = 5\,\frac{4}{9}$$

après simplification de la fraction.

191. *Pour additionner entre eux des nombres entiers accompagnés de fractions, on fait d'abord la somme de toutes les fractions et l'on extrait les entiers, s'il y a lieu, pour les porter à la somme des entiers que l'on fait ensuite.*

Exemple. — Soit à additionner $3\,\frac{1}{2}$, $15\,\frac{2}{3}$, $41\,\frac{3}{4}$, $123\,\frac{7}{12}$, $35\,\frac{7}{20}$.

Disposition du calcul.

$3\,\frac{1}{2}$	30		
$15\,\frac{2}{3}$	40		
$41\,\frac{3}{4}$	45	60	
$123\,\frac{7}{12}$	35		
$35\,\frac{7}{20}$	21		
$219\,\frac{17}{20}$	171	60	
	51	2	

Je prends 60 pour dénominateur commun et je fais la somme des numérateurs 171; je la divise par 60, ce qui donne 2 pour quotient et 51 pour reste. Je porte 2 de retenue à la colonne des unités, et j'obtiens pour la somme demandée $219\,\frac{51}{60} = 219\,\frac{17}{20}$.

192. On pourrait aussi réduire les entiers et les fractions, le tout en fraction, et opérer sur les nombres fractionnaire d'après la règle générale, mais le calcul serait beaucoup plus long.

Questionnaire.

Comment se fait l'addition des fractions ordinaires? (188)

Pourquoi est-on obligé de réduire les fractions au même dénominateur avant de les additionner entre elles? (189)

Comment fait-on l'addition des nombres composés d'une partie entière et d'une fraction ordinaire? (191, 192)

Exercices (X).

1). Additionner les fractions suivantes :

$$\frac{3}{4}+\frac{2}{3}\;;\;\frac{5}{7}+\frac{6}{11}\;;\;\frac{11}{20}+\frac{31}{47}\;;\;\frac{17}{60}+\frac{48}{53}\;;\;\frac{219}{451}+\frac{347}{530}.$$

2). Faire les additions suivantes :

$$\frac{1}{2}+\frac{1}{3}+\frac{1}{4}\;;\;\frac{2}{3}+\frac{2}{5}+\frac{2}{7}\;;\;\frac{1}{2}+\frac{2}{3}+\frac{3}{4}+\frac{4}{5}\;;\;\frac{5}{6}+\frac{9}{16}+\frac{13}{24}+\frac{21}{48}\;;$$
$$\frac{3}{10}+\frac{17}{20}+\frac{33}{40}+\frac{19}{64}+\frac{51}{80}.$$

3). Quel est le total des fractions

$$\frac{1}{2}+\frac{1}{3}+\frac{1}{4}+\frac{1}{5}+\frac{1}{6}+\frac{1}{7}+\frac{1}{8}+\frac{1}{9}?$$

4) Additionner les nombres suivants : $2\frac{1}{2}+3\frac{1}{3}+4\frac{1}{4}+5\frac{1}{5}$; $48\frac{2}{3}+57\frac{3}{4}$; $158\frac{3}{5}+215\frac{5}{6}+31\frac{7}{8}$; $443\frac{1}{2}+516\frac{2}{3}+649\frac{2}{5}+1740\frac{3}{4}.$

Problèmes sur l'addition des fractions (VI).

1). Quelle est la fraction qui surpasse $\frac{2}{3}$ de $\frac{5}{7}$?

2). On a fait à deux reprises les $\frac{2}{3}$ et les $\frac{3}{10}$ d'un ouvrage ; quelle partie de l'ouvrage a-t-on faite en tout ?

3). Deux ouvriers peuvent faire le même ouvrage ; le premier en 5 heures et le deuxième en 8 heures ; quelle portion de l'ouvrage ces deux ouvriers pourront-ils faire en 1 heure s'ils travaillent ensemble?

4). Deux fontaines peuvent remplir un bassin, la première en 9 heures et la deuxième en 8 heures : quelle portion du bassin rempliront-elles en 1 heure si on les laisse couler ensemble ?

5). Trois personnes travaillent à un même ouvrage ; la première pourrait l'achever en 12 jours, la deuxième en 10 jours et la troisième en 8 jours; quelle portion de l'ouvrage feront-elles en 1 jour en travaillant ensemble?

6). Trois fontaines coulent ensemble dans un bassin; quelle portion du bassin rempliront-elles en 1 heure, sachant que la première pourrait le remplir en 3 heures, la deuxième en 4 heures et la troisième en 5 heures?

7). On estime que dans une armée la cavalerie doit être le 6ᵉ de l'infanterie et l'artillerie le 10e ; quelle portion de l'infanterie ces deux dernières armes réunies doivent-elles faire?

8). Le premier jour une machine fait les $\frac{3}{20}$ d'une pièce d'étoffe; le deuxième jour les $\frac{4}{30}$; le troisième jour les $\frac{5}{60}$: quelle portion de la pièce d'étoffe fera-t-elle dans ces trois jours ?

9). Deux courriers partent en même temps de deux villes différentes et vont à la rencontre l'un de l'autre : le premier pourrait parcourir la distance en 8 jours et le deuxième en 7 jours ; de quelle portion de la distance se seront-ils rapprochés en 1 jour?

10). Quatre fontaines coulent ensemble dans un réservoir : la première pourrait le remplir en 20 heures, la deuxième en 24 heures, la troisième en 30 heures et la quatrième en 36 heures ; quelle portion du réservoir remplissent-elles en 1 heure?

2. SOUSTRACTION DES FRACTIONS ORDINAIRES.

193. RÈGLE. — *Pour soustraire une fraction d'une autre fraction, si les deux fractions ont le même dénominateur, on retranche le plus petit numérateur du plus grand, et l'on donne au reste le dénominateur commun ; si elles n'ont pas le même dénominateur, on les y réduit et l'on opère ensuite comme dans le premier cas.*

1er EXEMPLE. — Soit à soustraire de $\frac{17}{39}$ la fraction $\frac{4}{39}$; je retranche 4 de 17, ce qui donne 13, et par conséquent le reste demandé sera $\frac{13}{39} = \frac{1}{3}$ après simplification.

2e EXEMPLE. — Soit à soustraire de $\frac{5}{8}$ la fraction $\frac{5}{9}$; je réduis au même dénominateur, ce qui donne $\frac{45}{72}$, $\frac{40}{72}$ et ensuite pour résultat demandé $\frac{5}{72}$.

194. Quand on a à soustraire d'un nombre entier accompagné d'une fraction un autre nombre entier accompagné d'une fraction, on commence par soustraire les fractions entre elles, et ensuite on fait la soustraction des nombres entiers, en ayant égard à la modification qu'on a été obligé de faire si la fraction qui accompagne le petit nombre est plus grande que celle qui accompagne le plus grand.

Soit à retrancher de 31 $\frac{2}{3}$ le nombre 14 $\frac{7}{8}$. Réduisant les fractions au même dénominateur, j'aurai 31 $\frac{16}{24}$ et 14 $\frac{21}{24}$.

Commençant la soustraction par les fractions, j'observe que je ne puis retrancher $\frac{21}{24}$ de $\frac{16}{24}$; mais j'ajoute $\frac{24}{24}$ à cette dernière fraction, ce qui donne $\frac{40}{24}$, de laquelle retranchant $\frac{21}{24}$, je trouve $\frac{19}{24}$; maintenant j'ajoute 1, qui vaut $\frac{24}{24}$, au plus petit nombre 14, et je retranche 15 de 31, ce qui donne 16. Le reste demandé est 16 $\frac{19}{24}$.

Si l'on avait 3 $\frac{5}{7}$ à retrancher de 8, on ajouterait $\frac{7}{7}$ à ce dernier nombre, ensuite 1 à 3, et l'on aurait pour reste 4 $\frac{2}{7}$.

195. On pourrait aussi réduire les entiers et les fractions le tout en fractions, et opérer selon la règle générale ; mais le calcul serait plus long.

Questionnaire.

Comment se fait la soustraction des fractions ordinaires ? (193) Quand il s'agit de soustraire un nombre entier accompagné d'une fraction d'un autre nombre entier accompagné ou non d'une fraction, quelles sont les différentes manières de faire l'opération ? (194, 195)

Exercices (XI).

1). De $\frac{3}{4}$ ôter $\frac{5}{7}$; de $\frac{7}{8}$ ôter $\frac{2}{3}$; de $\frac{31}{35}$ ôter $\frac{18}{37}$; de $\frac{48}{121}$ ôter $\frac{34}{195}$; de $\frac{69}{310}$ ôter $\frac{45}{657}$; de $\frac{118}{200}$ ôter $\frac{114}{360}$.

2.) Quelle est la différence entre $\frac{3}{5}$ et $\frac{6}{11}$; entre $\frac{7}{9}$ et $\frac{8}{11}$; entre $\frac{16}{17}$ et $\frac{17}{20}$?

3). Quel est l'excès de $\frac{1}{2}$ sur $\frac{2}{7}$; de $\frac{5}{9}$ sur $\frac{4}{11}$; de $\frac{3}{4}$ sur $\frac{12}{25}$?

4). Effectuer les soustractions suivantes : $2\frac{1}{2} - 1\frac{3}{7}$; $15\frac{1}{3} - 10\frac{2}{9}$; $41\frac{3}{4} - 27\frac{8}{11}$; $148\frac{2}{5} - 96\frac{1}{2}$.

5). Effectuer les soustractions indiquées : $2\frac{1}{2} - \frac{4}{5}$; $3\frac{2}{3} - 2\frac{5}{8}$; $21\frac{1}{4} - 17\frac{3}{5}$, $249\frac{2}{7} - 186\frac{3}{4}$; $6348\frac{1}{5} - 5429\frac{3}{7}$; $13\frac{49}{51} - 10\frac{5}{60}$.

Problèmes sur la soustraction des fractions (VII)

1). En ajoutant un nombre à 3 $\frac{5}{7}$, on a obtenu 8 $\frac{2}{3}$; quel était ce nombre ?

2). Au lieu de la fraction $\frac{15}{31}$ on a pris la fraction $\frac{15}{30}$; quelle est l'erreur qu'on a commise ?

3). Une machine fait 25 tours de roue en 8 heures, une autre 36 tours de la même roue en 10 heures ; quelle est celle des deux machines qui a le plus de puissance ?

4). On a fait en 2 fois les $\frac{2}{7}$ et les $\frac{3}{10}$ d'un ouvrage ; quelle portion de l'ouvrage reste-t-il à faire pour l'achever ?

5). Une fontaine remplirait seule en 3 heures un réservoir qu'une soupape viderait en 5 heures ; au bout de 1 heure, quelle portion du réservoir sera-t-elle remplie si la fontaine et la soupape sont ouvertes en même temps ?

6). Deux courriers vont à la suite l'un de l'autre et parcourent une même route ; le premier la parcourrait en 6 jours et le deuxième en 5 jours ; après le premier jour, en supposant qu'ils soient partis en même temps, de quelle portion de toute la distance se seront-ils éloignés ?

7). On a partagé 348 en deux parties dont l'une est $179\frac{3}{4}$; quelle est l'autre ?

8). Quelle est la fraction moindre que $\frac{3}{5}$ de $\frac{2}{7}$?

9). La somme de deux nombres est 5, et le plus petit $3\frac{1}{2}$; quel est l'autre ?

10). Que faut-il ajouter à $3\frac{1}{2}$ pour faire $4\frac{2}{3}$;

3. MULTIPLICATION DES FRACTIONS ORDINAIRES.

196. RÈGLE. — *Pour multiplier une fraction par un nombre entier, on multiplie le numérateur par le nombre entier, sans toucher au dénominateur, ou bien on divise, si la division est possible exactement, le dénominateur par le nombre entier, sans toucher au numérateur.*

EXEMPLE. — Soit $\frac{4}{15}$ à multiplier par 5. Je multiplie 4 par 5, et donnant au produit 20 le dénominateur de la fraction, j'obtiens $\frac{20}{15} = 1\frac{5}{15} = 1\frac{1}{3}$, après extraction des entiers et simplification ; ou bien divisant 15 par 5, sans toucher au numérateur, je trouve $\frac{4}{3} = 1\frac{1}{3}$, même résultat qu'auparavant.

DÉMONSTRATION. — En effet, d'après la définition de la multiplication, il s'agit de trouver un nombre qui se compose de 5 fois la fraction $\frac{4}{15}$; le produit sera donc 5 fois plus grand que cette fraction. La règle est donc parfaitement conforme à ce qu'on a vu n° **146**.

REMARQUE. — Comme on n'est pas toujours certain que la division réussisse, il vaut mieux avoir recours à la multiplication.

197. RÈGLE. — *Pour multiplier un nombre entier par une fraction, on multiplie l'entier par le numérateur, et l'on donne au produit le dénominateur de la fraction.*

EXEMPLE. — Soit à multiplier 8 par $\frac{3}{5}$. Je multiplie 8 par 3 et donnant au produit 24 le dénominateur de la fraction, j'obtiens $\frac{24}{5} = 4\frac{4}{5}$.

DÉMONSTRATION. — En effet, d'après la définition de la multiplication, il s'agit de trouver un nombre qui soit composé avec le multiplicande 8 de la même manière que le multiplicateur $\frac{3}{5}$ est composé avec l'unité. Or $\frac{3}{5}$ exprime les $\frac{3}{5}$ de l'unité, ou 3 fois le cinquième de l'unité ; le produit demandé sera donc les $\frac{3}{5}$ de 8, ou 3 fois le $\frac{1}{5}$ de 8. Or le $\frac{1}{5}$ de 8 est $\frac{8}{5}$, et prenant 3 fois $\frac{8}{5}$, j'aurai $\frac{8\times3}{5} = \frac{24}{5}$.

198. Règle. — *Pour multiplier une fraction par une autre fraction, on multiplie les numérateurs entre eux et les dénominateurs entre eux.*

Ce qui signifie que le produit demandé est une fraction qui a pour numérateur le produit des deux numérateurs, et pour dénominateur le produit des deux dénominateurs des fractions proposées.

Exemple. — Soit $\frac{5}{8}$ à multiplier par $\frac{3}{4}$. Je multiplie les deux numérateurs entre eux, ce qui donne 15 ; et donnant à ce produit, pour dénominateur, le produit $8 \times 4 = 32$ des deux dénominateurs, je trouve $\frac{15}{32}$.

Démonstration. — En effet, multiplier $\frac{5}{8}$ par $\frac{3}{4}$, c'est trouver un nombre qui soit composé avec le multiplicande $\frac{5}{8}$ de la même manière que le multiplicateur $\frac{3}{4}$ est composé avec l'unité, il s'agit de prendre les $\frac{3}{4}$ de $\frac{5}{8}$, ou 3 fois le $\frac{1}{4}$ de $\frac{5}{8}$.

Or le $\frac{1}{4}$ de $\frac{5}{8}$ sera évidemment 4 fois plus petit que $\frac{5}{8}$, et s'obtient par conséquent en multipliant le dénominateur par 4, sans toucher au numérateur (n° **147**) ; $\frac{5}{8\times4}$ exprime donc le $\frac{1}{4}$ de $\frac{5}{8}$, et pour le prendre 3 fois, il faut multiplier cette fraction par 3, ce qui se fait en multipliant le numérateur sans toucher au dénominateur et donne $\frac{5\times3}{8\times4} = \frac{15}{32}$.

Le résultat $\frac{5\times3}{8\times4}$ s'énonce ainsi : 5 que multiplie 3 divisé par 8 que multiplie 4 ; ou 5 multiplié par 3 *sur* 8 multiplié par 4.

199. Remarque I. — Il suit de là que le produit de deux fractions ne change pas, dans quelque ordre qu'on les multiplie entre elles.

200. Remarque II. — Il est évident que $\frac{15}{32}$ est plus petit que $\frac{5}{8}$, puisqu'il n'en est que les $\frac{3}{4}$, et en même temps plus petit que $\frac{3}{4}$, puisqu'il n'en est que les $\frac{5}{8}$, ce qu'on énonce en général en disant que le *produit de deux frac-*

tions PROPREMENT DITES *est plus petit que chacune des fractions qui en sont les facteurs.*

201. REMARQUE III. — Si l'on retranche le produit $\frac{15}{32}$ de $\frac{5}{8}$, on trouvera une fraction encore plus petite que $\frac{5}{8}$ et qui n'en sera plus que le $\frac{1}{4}$, car $\frac{15}{32}$ sont les $\frac{3}{4}$ de $\frac{5}{8}$.

202. Si l'on avait un nombre entier joint à une fraction à multiplier par un nombre entier joint à une fraction, on réduirait les entiers et les fractions le tout en fraction, et l'on opérerait d'après la règle générale.

Ainsi $3\frac{2}{5} \times 7\frac{3}{8} = \frac{17}{5} \times \frac{59}{8} = \frac{1003}{40} = 25\frac{3}{40}$.

203. On pourrait opérer encore de la manière suivante, qui est souvent plus expéditive :

$$
\begin{array}{r}
3\,\frac{2}{5} \\
7\,\frac{3}{8} \\
\hline
23\,\frac{4}{5} \\
1\,\frac{11}{40} \\
\hline
25\,\frac{3}{40}
\end{array}
$$

Je prends d'abord 7 fois $3\frac{2}{5}$, en multipliant par 7 d'abord la fraction et ensuite l'entier, ce qui donne $23\frac{4}{5}$; ensuite, je prends le $\frac{1}{8}$ de $3\frac{2}{5}$, en disant : le $\frac{1}{8}$ de 3 est 0, il reste 3 qui valent $\frac{15}{5}$, et $\frac{2}{5}$ font $\frac{17}{5}$ dont le $\frac{1}{8}$ est $\frac{17}{40}$, et répétant ce $\frac{1}{8}$ 3 fois, j'obtiens $\frac{51}{40} = 1\frac{11}{40}$. J'ai donc à additionner $23\frac{4}{5}$ et $1\frac{11}{40}$. Additionnant les deux fractions, réduites d'abord au dénominateur 40, j'obtiens $23\frac{32}{40} + 1\frac{11}{40} = 25\frac{3}{40}$, comme précédemment.

On a soin de biffer le produit $0\frac{17}{40}$, qui ne doit pas être compris dans l'addition.

Usage de la multiplication des fractions.

204. La multiplication des fractions s'emploie dans toutes les questions qui conduisent à prendre d'un nombre quelconque une portion, ou en général un nombre de parties exprimé par un autre nombre, ce qu'on désigne par les mots : *prendre des fractions de fractions.*

205. Règle générale. — *Pour prendre des fractions d'autres fractions en nombre quelconque, on multiplie tous les numérateurs entre eux, et ensuite tous les dénominateurs entre eux.*

Démonstration. — En effet :

Exemple 1er. — Soit à prendre les $\frac{3}{5}$ de $\frac{8}{9}$; c'est la multiplication directe de $\frac{8}{9}$ par $\frac{3}{5}$. On a donc $\frac{8\times3}{9\times5}$; et supprimant le facteur 3, commun au numérateur et au dénominateur, ce qui revient à diviser ces deux termes par 3, on a $\frac{8}{3\times5} = \frac{8}{15}$.

Exemple 2. Soit à prendre les $\frac{2}{3}$ de $\frac{4}{5}$. Les $\frac{2}{3}$ de $\frac{4}{5}$ ou $\frac{4}{5} \times \frac{2}{3} = \frac{4\times2}{5\times3}$.

Les $\frac{8}{9}$ de cette fraction seront $\frac{4\times2}{5\times3} \times \frac{8}{9} = \frac{4\times2\times8}{5\times3\times9} = \frac{64}{135}$.

Exemple 3. — Prendre les $\frac{3}{4}$ des $\frac{8}{9}$ des $\frac{11}{12}$ de 36 ; les $\frac{11}{12}$ de 36 ou $36 \times \frac{11}{12} = \frac{36\times11}{12}$.

Les $\frac{8}{9}$ de ce premier résultat ou $\frac{36\times11}{12} \times \frac{8}{9} = \frac{36\times11\times8}{12\times9}$. Et enfin les $\frac{3}{4}$ de ce deuxième résultat seront $\frac{36\times11\times8\times3}{12\times9\times4} = 22$.

Supprimant les facteurs 36 et 12, communs au numérateur et au dénominateur, on trouve pour résultat 22.

Questionnaire.

Comment multiplie-t-on une fraction par un nombre entier ? (196)

Des deux manières de faire l'opération, laquelle est le plus souvent préférable ? (196)

Quelle est la règle pour multiplier une fraction ordinaire par une autre fraction ordinaire ? (198)

Prouver que le produit de deux fractions proprement dites est toujours plus petit que chacune d'elles (200)

Si l'on avait à multiplier entre eux des nombres entiers joints à des fractions, comment ferait-on ? (202, 203)

Dans quel cas la multiplication des fractions s'emploie-t-elle ? (204)

Comment prend-on des fractions d'autres fractions ? (205)

Exercices (XII).

1). Multiplier $\frac{3}{4}$ par 56 ; $\frac{7}{8}$ par 9 ; $\frac{10}{2}$ par 6 ; $\frac{13}{18}$ par 12 ; $\frac{64}{759}$ par 25.

2). Prendre les $\frac{5}{7}$ de 56 ; les $\frac{5}{9}$ de 126 ; les $\frac{11}{12}$ de 360 ; les $\frac{31}{40}$ de 240 ; les $\frac{123}{250}$ de 1250.

3). Prendre les $\frac{2}{3}$ de 8 ; les $\frac{7}{9}$ de 16 ; les $\frac{15}{23}$ de 136 ; les $\frac{240}{823}$ de 413 ; les $\frac{999}{1966}$ de 35.

4). Quelle est la moitié d'un quart ; le tiers d'un cinquième ; le quart d'un neuvième ; le cinquième d'un demi ; le onzième d'un quart ?

5). Multiplier $\frac{2}{3}$ par $\frac{3}{7}$; $\frac{4}{5}$ par $\frac{6}{11}$; $\frac{3}{19}$ par $\frac{5}{8}$; $\frac{20}{21}$ par $\frac{5}{12}$; $\frac{30}{47}$ par $\frac{13}{28}$.

6). Effectuer les multiplications suivantes : $\frac{3}{5} \times \frac{8}{9}$; $\frac{4}{7} \times \frac{2}{3}$; $\frac{16}{21} \times \frac{13}{40}$; $\frac{29}{57} \times \frac{18}{23}$; $\frac{148}{549} \times \frac{97}{163}$.

7). Prendre les $\frac{5}{8}$ de $\frac{3}{7}$; les $\frac{8}{9}$ de $\frac{1}{2}$; les $\frac{10}{11}$ de $\frac{12}{13}$; les $\frac{20}{41}$ de $\frac{2}{3}$; les $\frac{52}{67}$ de $\frac{29}{41}$.

8). Prendre les $\frac{2}{3}$ des $\frac{3}{4}$ de 8 ; les $\frac{5}{6}$ des $\frac{2}{3}$ de 9 ; les $\frac{7}{8}$ des $\frac{4}{5}$ de 20 ; les $\frac{3}{5}$ des $\frac{7}{8}$ de 80 ; le $\frac{1}{4}$ des $\frac{3}{5}$ des $\frac{8}{9}$ de 252 ; le $\frac{1}{3}$ de $\frac{2}{5}$ des $\frac{7}{8}$ de $\frac{20}{41}$.

Problèmes sur la multiplication des fractions (VIII).

1). Quels sont les $\frac{3}{4}$ de 80 francs ?

2). Quels sont les $\frac{5}{6}$ de 3 $\frac{4}{7}$?

3). Quels sont les $\frac{17}{25}$ de 750 ?

4). On a donné à une personne les $\frac{5}{8}$ de 720 francs ; combien lui a-t-on donné ?

5). Un ouvrier peut faire en 1 heure les $\frac{5}{9}$ d'un ouvrage ; un autre ne peut faire que les $\frac{3}{4}$ de ce que fait le premier ; quelle partie de l'ouvrage fera-t-il en 1 heure ?

6). Quels sont les $\frac{3}{4}$ de 20 francs ajoutés avec les $\frac{7}{10}$ de la même somme ?

7). Une fontaine peut remplir un bassin en 8 heures ; une autre fontaine donne 3 fois moins d'eau ; quelle partie du bassin remplirait-elle en 1 heure ?

8). Que sont les $\frac{2}{3}$ des $\frac{2}{5}$ de 240 ?

9). Calculer les $\frac{3}{5}$ de 29 $\frac{2}{7}$?

10). On doit payer un ouvrage 2140 francs ; combien payera-t-on pour les $\frac{17}{20}$ de cet ouvrage ?

4. DIVISION DES FRACTIONS ORDINAIRES.

206. RÈGLE. — *Pour diviser une fraction par un nombre entier, on multiplie le dénominateur par le nombre entier sans toucher au numérateur ; ou bien on divise*, SI LA DIVISION PEUT SE FAIRE EXACTEMENT, *le numérateur par le nombre entier, sans toucher au dénominateur.*

EXEMPLE. — Soit $\frac{6}{7}$ à diviser par 3. Je multiplie le dénominateur par 3 sans toucher au numérateur, ce qui donne $\frac{6}{21}$, qui se réduit à $\frac{2}{7}$.

Ou bien, comme la division peut se faire exactement, je divise le numérateur par 3 sans toucher au dénominateur, ce qui donne immédiatement le même résultat $\frac{2}{7}$.

REMARQUE. — Comme on n'est pas toujours certain que la division réussira, il vaut mieux avoir recours à la multiplication.

DÉMONSTRATION. — En effet, diviser $\frac{6}{7}$ par 3, c'est chercher un nombre qui, multiplié par le diviseur 3, reproduise le dividende $\frac{6}{7}$. Ce nombre inconnu est donc 3 fois plus petit que $\frac{6}{7}$. Il n'y a donc qu'à rendre cette fraction 3 fois plus petite, ce qui est conforme à la règle du n° **147**.

207. RÈGLE. — *Pour diviser un nombre entier par une fraction, on multiplie le nombre entier par la fraction diviseur renversée.*

EXEMPLE. — Soit 9 à diviser par $\frac{5}{7}$. Je renverse la fraction diviseur, c'est-à-dire que je prends le dénominateur pour numérateur et le numérateur pour dénominateur, ce qui donne $\frac{7}{5}$; ensuite je multiplie 9 par $\frac{7}{5}$ et j'obtiens $\frac{9\times7}{5} = \frac{63}{5} = 12\frac{3}{5}$.

DÉMONSTRATION. — En effet, d'après la définition de la division, diviser 9 par $\frac{5}{7}$, c'est chercher un nombre qui, multiplié par le diviseur $\frac{5}{7}$, reproduise le dividende 9 ; or, multiplier un nombre par $\frac{5}{7}$ ou en prendre les $\frac{5}{7}$, c'est la même chose. C'est donc comme si l'on disait : les $\frac{5}{7}$ d'un nombre sont 9, quel est ce nombre ? Alors 1 seul septième de ce nombre sera le $\frac{1}{5}$ de 9 ou $\frac{9}{5}$, et les $\frac{7}{7}$ du nombre inconnu ou ce nombre lui-même sera $\frac{9}{5} \times 7 = \frac{9\times7}{5}$, qu'on peut mettre sous la forme $9 \times \frac{7}{5}$, ce qui est conforme à la règle ci-dessus.

208. RÈGLE. — *Pour diviser une fraction par une fraction, on multiplie la fraction dividende par la fraction diviseur renversée.*

EXEMPLE.—Soit $\frac{3}{7}$ à diviser par $\frac{4}{5}$. Je renverse la fraction diviseur, ce qui donne $\frac{5}{4}$, puis je multiplie $\frac{3}{7}$ par $\frac{5}{4}$, ce qui donne $\frac{3\times5}{7\times4} = \frac{15}{28}$.

DÉMONSTRATION.—En effet, diviser $\frac{3}{7}$ par $\frac{4}{5}$, c'est chercher un nombre qui, multiplié par le diviseur $\frac{4}{5}$, reproduise le dividende $\frac{3}{7}$. Or, multiplier un nombre par $\frac{4}{5}$, ce n'est autre chose que prendre les $\frac{4}{5}$ de ce nombre. C'est donc comme si l'on disait : les $\frac{4}{5}$ de ce nombre inconnu sont $\frac{3}{7}$, quel est ce nombre ? Dès lors $\frac{1}{5}$ de ce nombre ne sera plus que le quart de $\frac{3}{7}$ ou $\frac{3}{7\times4}$, et les $\frac{5}{5}$ de ce nombre inconnu ou ce nombre lui-même sera 5 fois plus grand, et par conséquent $\frac{3 \times 5}{7 \times 4}$, qui peut se mettre sous la forme $\frac{3}{7} \times \frac{5}{4}$, ce qui reproduit la règle énoncée.

209. REMARQUE. — Il suit de là que lorsqu'on divise un nombre quelconque par une fraction proprement dite, le quotient est toujours plus grand que le dividende. En effet, dans l'exemple précédent, par exemple, le dividende $\frac{3}{7}$ n'est que les $\frac{4}{5}$ du quotient $\frac{15}{28}$.

Et si l'on retranchait $\frac{3}{7}$ de $\frac{15}{28}$, le reste ne serait plus que le $\frac{1}{5}$ de $\frac{15}{28}$.

210. Si l'on avait un nombre entier joint à une fraction à diviser par un autre nombre entier joint à une fraction, on réduirait le tout en fraction, au dividende et au diviseur, et on opérerait suivant la règle générale.

EXEMPLE. — Ainsi, $2\frac{4}{5} : 3\frac{7}{8} = \frac{14}{5} : \frac{31}{8} = \frac{14}{5} \times \frac{8}{31} = \frac{14 \times 8}{5 \times 31} = \frac{112}{155}$.

211. REMARQUE. — Il faudrait bien se garder de diviser le dividende $2\frac{4}{5}$ d'abord par 3, ensuite par $\frac{7}{8}$ et d'additionner les deux quotients, le résultat serait tout à fait faux ; car, en divisant le dividende par deux nombres tous deux plus petits que le diviseur, on obtiendrait deux quotients trop grands l'un et l'autre, et par conséquent leur somme serait trop grande. Mais on pourrait diviser d'abord 2 par $3\frac{7}{8}$, ensuite $\frac{4}{5}$ par $3\frac{7}{8}$, et additionner les deux quotients, seulement le calcul serait plus long.

Usage de la division des fractions.

212. La division des fractions s'emploie dans toutes les questions qui ont pour but de trouver un nombre dont on connaît une portion ou plus généralement un nombre donné de parties égales.

Questionnaire.

Comment divise-t-on une fraction ordinaire par un nombre entier ? (206)

Laquelle des deux manières de faire cette opération devra-t-on le plus souvent préférer ? (206)

Comment divise t-on un nombre entier par une fraction ordinaire, et quelle idée doit-on se faire de cette opération? (207).

Quelle est la règle pour la division des fractions ordinaires ? (208)

Comment divise-t-on un nombre entier auquel est joint une fraction par un autre nombre entier joint à une fraction ? (210)

Quelles sont les questions dans lesquelles la division des fractions doit être employée? (212)

Exercices (XIII).

1). Diviser $\frac{4}{5}$ par 2 ; $\frac{3}{7}$ par 6 ; $\frac{5}{8}$ par 10 ; $\frac{7}{9}$ par 11 ; $\frac{10}{11}$ par 12.

2). Diviser 3 par $\frac{1}{2}$; 5 par $\frac{2}{3}$; 7 par $\frac{5}{6}$; 8 par $\frac{8}{9}$; 9 par $\frac{10}{12}$.

3). Effectuer les divisions suivantes :

$$\frac{3}{5} : \frac{4}{7} ; \ \frac{4}{7} : \frac{3}{5} ; \ \frac{1}{2} : \frac{1}{3} ; \ \frac{1}{4} : \frac{3}{5} ; \ \frac{2}{3} : \frac{1}{7} ; \ \frac{3}{5} : \frac{7}{9} ; \ \frac{4}{9} : \frac{3}{7} ; \ \frac{10}{11} : \frac{11}{12} ; \ \frac{17}{22} : \frac{30}{61} ; \ \frac{131}{260} : \frac{486}{795}$$

4). Effectuer les divisions suivantes : $2\frac{1}{2} : 3\frac{1}{3}$; $4\frac{2}{5} : 7\frac{2}{3}$; $18\frac{1}{5} : 2\frac{1}{4}$; $5 : 2\frac{1}{2}$; $3\frac{1}{2} : 7$; $31\frac{1}{2} : 12\frac{2}{3}$; $148\frac{4}{5} : 29\frac{2}{7}$.

Problèmes sur la division des fractions.

1). Quel est le nombre dont les $\frac{3}{4}$ sont 27 ?

2). Quel est le nombre tel qu'en le multipliant par $2\frac{2}{5}$ le résultat soit 52 ?

3). Le nombre 36 est le produit de deux nombres dont l'un est $10\frac{5}{6}$; quel est l'autre ?

4). On a payé 40 francs pour les $\frac{4}{7}$ d'un ouvrage ; combien payera-t-on pour l'ouvrage entier ?

5). Une société d'hommes et de femmes a dépensé une certaine somme dont les hommes seuls ont payé les $\frac{2}{3}$ et ont donné 42 fr. ; quelle était la dépense totale ?

6). Par quel nombre faut-il multiplier $29\frac{1}{2}$ pour obtenir $67\frac{1}{2}$?

7). Pour 27 journées et demie un ouvrier a reçu 110 fr. ; quel est le prix de la journée ?

8). En 5 heures $\frac{3}{4}$ une roue fait 11500 tours ; combien cette roue fait-elle de tours en 1 heure ?

9). Un ouvrier qui s'était engagé à faire un travail est forcé de l'interrompre après en avoir fait les $\frac{10}{11}$, et il reçoit 70 francs ; combien devait être payé l'ouvrage entier ?

10). Les $\frac{2}{5}$ des $\frac{3}{7}$ d'une somme sont 24 francs ; quelle est cette somme ?

FRACTIONS DÉCIMALES.

§ I. NUMÉRATION.

1. NOTIONS PRÉLIMINAIRES.

213. *On entend par fractions décimales, une ou plusieurs parties de l'unité partagée en parties égales de dix en dix fois plus petites ; ou, plus simplement, une ou plusieurs parties sous-décuples de l'unité.*

Ainsi l'on suppose l'unité que l'on considère, partagée en dix parties égales ou *dixièmes* ; puis le dixième partagé de même en dix parties égales ou *centièmes* ; le centième en dix *millièmes*, et ainsi de suite, *dix-millièmes, cent-millièmes, millionièmes,* etc.

Le dixième est l'unité sous-décuple du premier ordre ; le centième, du deuxième ; le millième, du troisième, etc., en sens inverse de la numération des nombres entiers, dont ces unités suivent le système.

214. *Par conséquent, les dixièmes s'écrivent à la droite des unités simples dont on les séparera par une virgule les centièmes à la droite des dixièmes, les millièmes à la droite des centièmes, et ainsi de suite. S'il n'y a point d'unités entières, on écrira un zéro pour en tenir la place.*

Ainsi, trois unités sept dixièmes s'écriront 3,7 ; deux dixièmes et huit centièmes 0,28 ; quatre centièmes et cinq millièmes 0,045 ; et réciproquement, 0,3 s'énonce trois dixièmes ; 4,25, quatre unités deux dixièmes et cinq centièmes ; 0,436, quatre dixièmes trois centièmes six millièmes.

215. Tout nombre, tel que 4,25, qui renferme un nombre entier accompagné d'une fraction décimale, s'appelle *nombre fractionnaire décimal,* ou simplement *nombre décimal.*

Tout nombre décimal tel que 4,25, peut s'énoncer encore de deux manières ; ou 4 entiers et 25 centièmes, ou 425 centièmes.

En effet, le dixième valant 10 centièmes, 2 dixièmes vaudront 20 centièmes ; l'unité valant 100 centièmes, 4 unités vaudront 400 centièmes.

216. Règle générale. — *Pour énoncer une fraction décimale ou un nombre décimal quelconque, on énonce le nombre comme s'il n'y avait pas de virgule, en lui donnant le nom de l'unité sous-décuple représenté par le dernier chiffre à droite.*

217. Le nom de la dernière unité sous-décuple se reconnaît facilement au rang qu'occupe, par rapport à la virgule, le dernier chiffre à droite. On remarquera que chaque unité sous-décuple occupe, à la droite de la virgule, un rang de moins que l'unité décuple de nom analogue, à la gauche de cette même virgule. Ainsi, les dixièmes sont au premier rang à droite, les dizaines au second rang à gauche, les centièmes au deuxième rang à droite, les centaines au troisième rang à gauche, et ainsi des autres.

Le nombre des chiffres décimaux indiquera donc sur-le-champ le nom de la dernière unité sous-décuple.

218. La forme des fractions décimales est plus simple que celle des fractions à deux termes, puisque dans les premières le dénominateur n'est exprimé que par le rang du dernier chiffre à la droite de la virgule. Voilà pourquoi on préfère écrire les fractions décimales ainsi qu'on vient de le voir au lieu de les écrire sous la forme de fractions à deux termes.

219. RÈGLE GÉNÉRALE. — *Réciproquement, pour écrire une fraction décimale, ou, en général, un nombre décimal énoncé, on l'écrit comme s'il s'agissait d'un nombre entier en ayant soin de placer la virgule de manière que le dernier chiffre à droite soit au rang qui convient à l'unité sous-décuple énoncée.*

Ainsi, pour écrire trente-cinq millièmes, j'écris d'abord 35 ; mais pour que le chiffre 5 occupe le troisième rang après la virgule, il faut que j'écrive 0 à la gauche du 3, puis la virgule, puis enfin 0 pour les unités entières, et j'aurai ainsi 0,035.

De même pour écrire deux cent neuf cent-millièmes, je commence par écrire 209 ; mais comme pour exprimer des cent-millièmes il faut 5 chiffres décimaux, et que le nombre n'a que 3 chiffres, j'écris 2 zéros à la gauche, puis la virgule, et enfin 0 pour les unités simples, et j'ai 0,00209.

Si l'on demandait d'écrire trois cent mille cinquante-deux centièmes, j'écrirais 300052, et comme les centièmes occupent le deuxième rang, je séparerais par la virgule les deux derniers chiffres à droite, et j'aurais 3000,52, qu'on énoncerait mieux trois mille unités et cinquante-deux centièmes.

220. *On ne change pas la valeur d'une fraction décimale quand on écrit à sa droite autant de zéros que l'on veut.*

En effet, puisque le dixième vaut 10 centièmes, 100 millièmes, etc., 0,3, par exemple, vaudront 0,30 0,300, etc.

On peut encore dire que les zéros écrits à la droite de 0,2 expriment qu'il n'y a pas de centièmes, de millièmes, etc., ce qu'exprime également l'absence des zéros.

221. Règle. — *Pour rendre un nombre décimal 10, 100, 1000 fois plus grand, etc., il suffit de transporter la virgule décimale de 1, 2, 3, etc., rangs, vers la droite.*

Exemple. Soit le nombre décimal 2,348 ; si je porte la virgule de deux rangs vers la droite, j'aurai 234,8 qui s'énonce 2348 dixièmes, tandis que le nombre proposé s'énonce 2348 millièmes ; or chaque dixième vaut 100 millièmes, donc 2348 dixièmes valent 100 fois 2348 millièmes.

222. Règle. — *Pour rendre un nombre décimal, 10, 100, 1000 fois, etc., plus petit, il suffit de transporter la virgule de 1, 2, 3, etc., rangs vers la gauche.*

Ainsi, pour rendre le nombre 435,28, 1000 fois plus petit, j'écris 0,43528. En effet, le nombre proposé s'énonce 43528 centièmes, et celui-ci 43528 cent-millièmes, qui valent mille fois moins que les centièmes.

223. Les deux règles précédentes s'appliquent également aux nombres entiers, dans lesquels la virgule est sous-entendue après le chiffre des unités simples et supposée suivie d'autant de zéros qu'on voudra.

De plus, comme on peut écrire à la gauche d'un nombre entier ou décimal autant de zéros qu'on voudra sans en changer la valeur, on pourra toujours, en transportant la virgule, soit à droite, soit à gauche, rendre un nombre écrit dans le système décimal, 10, 100, 1000....plus grand ou plus petit, d'après ce principe général :

Dans tout nombre écrit suivant le système décimal, une unité d'un ordre quelconque est 10, 100, 1000.... fois plus grande ou plus petite que celle qui la suit ou la précède de 1, 2, 3.... rangs.

Questionnaire.

Qu'entend-on par fraction décimale ? (213)

Pour quelle raison les dixièmes s'écrivent-ils à la droite des unités simples ? (214)

Comment a-t-on fait pour distinguer les dixièmes des unités entières ? (214)

Qu'arriverait-il si on ne mettait pas la virgule ? (214)

Que fait-on quand il n'y a pas d'unités entières ? (214)

Qu'arriverait-il si l'on ne mettait pas le zéro pour tenir la place des unités entières ? (214)

Quelle est la règle générale pour énoncer une fraction décimale ou un nombre décimal ? (216)

Qu'entend-on par nombre décimal ? (215)

A quoi reconnait-on le nom de la dernière unité sous-décuple ? (117)

Quelle est la règle générale pour écrire une fraction décimale, ou un nombre décimal énoncé ? (219)

Démontrez qu'on ne change pas la valeur d'un nombre décimal quand on écrit à sa droite autant de zéros qu'on veut. (220)

Comment fait-on pour rendre un nombre décimal 10, 100, 1000 fois plus grand ou plus petit ? (221, 222)

Exercices (XIV).

1). Quel est le rang des centièmes après la virgule décimale ? le rang des millièmes ? des cent-millièmes ?

2). Comment nommez-vous l'unité sous-décuple qui occupe le 1er rang, le 3e, le 6e, le 10e rang ?

3). Quand il y a 2 chiffres décimaux, quelle est la dernière unité sous-décuple ?

4). Quelle est la dernière unité sous-décuple quand il y a 3 chiffres décimaux ? 4 chiffres décimaux ?

5). Combien faut-il de chiffres décimaux pour que la dernière unité sous-décuple soit le centième ? le millième ? le cent-millième ?

6). Énoncer les nombres décimaux suivants : 0,1 ; 0,02 ; 0,003 ; 0,0004 ; 0,00005.

7). 0,3 ; 0,45 ; 0,07 ; 0,073 ; 0,40.

8). 0,439 ; 1,7564 ; 45,3 ; 28,004 ; 7,490.

9). 0,0008 ; 3,0780 ; 17,0090 ; 0,45973 ; 42,75640.

10). 0,00007 ; 1,450709 ; 0,0004700 ; 0,0000097 ; 0,00000001.

11). Écrire les nombres décimaux suivants : trois *unités* cinq *dixièmes* ; sept *dixièmes* ; trente *unités* un *dixième* ; quatre *centièmes* ; cinquante *centièmes* ; quatre-vingt-dix *centièmes*.

On les fera d'abord écrire en toutes lettres ; puis on les fera écrire en chiffres.

12). Cinq *unités* vingt *centièmes* ; cinquante *unités* soixante-cinq *centièmes* ; quarante-huit *unités* sept *centièmes* ; cinq cent sept *unités* neuf *dixièmes* ; vingt *unités* soixante *centièmes*.

13). Trente-quatre *millièmes* ; deux *unités* cinq *millièmes* ; trois *unités* cinq cents *millièmes* ; sept *unités* quatre-vingts *millièmes* ; quarante-huit *unités* cinq cent deux *millièmes*.

14). Cent trente-quatre *dix-millièmes* ; deux *entiers* deux *dix-mil* *lièmes*; trente *entiers* trente *dix-millièmes*; cinq *entiers* neuf mille quarante-cinq *dix-millièmes*; cinq cents *dix-millièmes*.

15). Deux cent trente-sept *unités* vingt-quatre *centièmes*; quatre mille sept *unités* quarante-cinq *millièmes*; dix-huit mille sept cent trois *unités* soixante-sept *dix-millièmes*; cinq millions trois *unités* vingt *centièmes*; cinq cent mille *unités* cinq cents *dix-millièmes*.

Écrire les nombres décimaux suivants et les énoncer de deux manières.

16). Trente-neuf *dixièmes*; cinq cent quarante-huit *dixièmes*; neuf mille quatre *centièmes*; dix-sept cent trois *millièmes*; quarante mille vingt-sept *dix-millièmes*.

17). Cinq millions sept mille neuf *millièmes*; quatre cent trente millions quarante *dix-millièmes*; cinq cents millions quatre mille huit *cent-millièmes*; deux billions quatre mille cinq *millionièmes*; trente billions huit millions sept cent mille huit *dix-millionièmes*.

18). Rendre 10 fois plus grand 3,5 ;

19). Rendre 100 fois plus petit 49,2 ;

20). Rendre 1000 fois plus petit 4893,7 ;

21). Rendre 100 fois plus grand 0,7 ;

22). Rendre 1000 fois plus petit 84,8 ;

23). Rendre 1000 fois plus grand 29,42 ;

24). Rendre 1000 fois plus petit 0,7 ;

25). Rendre 10000 fois plus petit 47,39 ;

26). Rendre 100000 fois plus grand 4,278 ;

27). Rendre 1000000 fois plus grand 0,347 ;

28). Rendre 100 fois plus petit 24 ;

29). Rendre 1000 fois plus grand 2,70 ;

30). Rendre 1000 fois plus petit 0,09 ;

31). Rendre 1000 fois plus grand 0,08 ;

32). Rendre 10000 fois plus petit 48,2937 ;

33). Rendre 10000 fois plus grand 0,00075 ;

34). Rendre 100000 fois plus grand 0,000049 ;

35). Rendre 10000 fois plus petit 487,593 ;

36). Rendre 1000000 fois plus grand 0,084 ;

37). Rendre 10000000 fois plus grand 487,3967 ;

et énoncer les nombres résultants.

38). Combien la dizaine vaut-elle de dixièmes? la centaine de centièmes? le mille de dixièmes? le million de centaines? la centaine de mille de centièmes ?

39). Quelle est l'unité cent fois plus grande que la dizaine? mille fois plus petite que la dizaine de mille? cent fois plus petite que le dixième? mille fois plus grande que le centième? cent mille fois plus petite que la centaine?

40). Quel rang occupe avant le chiffre des centaines le chiffre qui représente des unités cent fois plus grandes? à quel rang sont placés l'un par rapport à l'autre les chiffres qui représentent des unités mille fois plus grandes? dix mille fois plus petites? cent mille fois plus grandes? un million de fois plus petites?

2. RECHERCHE DU QUOTIENT COMPLET OU APPROCHÉ AU MOYEN DES DÉCIMALES.

224. Lorsque la division de deux nombres entiers donne un reste, on peut compléter le quotient à l'aide des fractions décimales, ainsi qu'il suit :

Soit à diviser 35 par 4.

$$\begin{array}{c|l} 35 & 4 \\ \hline 30 & 8{,}75 \\ 20 & \\ 0 & \end{array}$$

Après avoir obtenu pour quotient 8 et pour reste 3, je réduis les 3 unités en dixièmes, ce qui se fait en écrivant un zéro à la droite de 3 ; en effet, puisque l'unité vaut 10 dixièmes, 3 unités vaudront 30 dixièmes. Je divise 30 dixièmes par 4, ce qui donne 7 dixièmes, que j'écris au quotient à la droite du chiffre des unités que je sépare par la virgule décimale. Je réduis de même les 2 dixièmes de reste en centièmes, en écrivant un zéro à la droite de 2, et divisant 20 centièmes par 4, j'obtiens 5 centièmes pour quotient et 0 pour reste ; le quotient complet est par conséquent 8,75.

225. Il arrive souvent que la division continuée en décimales ne réussit pas ; dans ce cas, le quotient ne peut s'exprimer par un nombre décimal fini, mais on peut l'obtenir avec tel degré d'approximation qu'on voudra.

Soit, par exemple, à diviser 42 par 13.

$$\begin{array}{c|l} 42 & 13 \\ \hline 30 & 3{,}230769 \quad 230769\ldots \\ 40 & \\ 100 & \\ 90 & \\ 120 & \\ 3 & \end{array}$$

La division ne se termine pas et donne lieu à un quotient dans lequel les chiffres 230679 se produisent continuellement et périodiquement dans le même ordre.

Et remarquez qu'il doit en être toujours ainsi ; car les restes, dans toute division, étant toujours plus petits que le diviseur, on ne peut obtenir pour reste que 1, ou 2, ou 3... ou 12, et par conséquent, dès qu'un de ces restes reparaît dans la division, les mêmes chiffres doivent se reproduire au quotient. Ainsi dans l'exemple précédent, dès que le reste 3, qui s'est déjà présenté une fois, se reproduit dans la division, les mêmes chiffres 230769 se reproduisent au quotient. Dans ce cas, on obtient ce qu'on appelle une *fraction décimale périodique;* la période est la suite des chiffres qui se reproduisent dans le même ordre.

Lorsque, le dividende et le diviseur étant premiers entre eux, le diviseur est un nombre premier autre que 2 et 5, le nombre des chiffres de la période est toujours un diviseur exact du diviseur diminué de 1. Dans cet exemple, le nombre des chiffres de la période est 6 qui divise exactement 12 égal à 13 — 1.

Lorsque, le dividende et le diviseur étant premiers entre eux, le diviseur ne contient que les facteurs 2 et 5, la division donne toujours lieu à un quotient fini, dans lequel il y a autant de chiffres décimaux que celui des deux facteurs 2 ou 5 est contenu le plus de fois dans le diviseur.

226. Si l'on s'arrête au premier, deuxième, troisième, etc., chiffre, on aura un quotient de plus en plus approché du véritable ; ainsi 3,2 ; 3,23 ; 3,2307, etc., sont exacts à moins d'un dixième, d'un centième, d'un dix-millième près, etc.

Si l'on voulait avoir le quotient à moins d'un dix-millième près, on forcerait le dernier chiffre 7 ; et l'on prendrait 3,2308 ; en effet, en prenant pour quotient 3,2307, on commettrait *en moins* une erreur qui serait plus grande que celle qu'on commettrait *en plus* en augmentant le quotient de 1 dix-millième.

En général, lorsque le chiffre décimal qui suit celui auquel on veut s'arrêter est plus grand que 5, on augmente le dernier chiffre d'une unité; si c'est un 5 ou un chiffre plus petit que 5, on n'altère point le dernier chiffre.

Questionnaire.

Lorsque la division donne un reste, comment fait-on pour compléter le quotient? (224)
Et si la division par les décimales ne finit point, que faut-il faire ? (225)
Qu'entend-on par un quotient exact à moins de 0,1, 0,01, 0,001 près ? (226)

Lorsque le chiffre décimal auquel on s'arrête est suivi d'un chiffre plus grand que 5, quelle précaution doit-on prendre? (226)
Qu'entend-on par fraction décimale périodique? (225)
De quoi se compose la période? (225)

Exercices (XV).

1). Compléter le quotient, à l'aide des décimales, dans les divisions suivantes : 3 : 4 ; 27 : 8 ; 49 : 16 ; 174 : 24 ; 448 : 32 ; 360 : 48 ; 1296 : 64 ; 5493 : 125 ; 79638 : 625.

Effectuer les divisions suivantes et compléter le quotient.

2). 34857 : 640 ; 145063 : 3200 ; 477329 : 12500 ; 589325 : 25600.

3). 3740006 : 312500.

4). Trouver à 0,1	près le quotient de la division de 64 par		7.
5).	0,01	128	13.
6).	0,001	349	57.
7).	0,0001	8947	235.
8).	0,01	3	29.
9).	0,001	2	153.
10).	0,0001	13	475.
11).	0,001	347	6293.
12).	0,01	4896	7498.
13).	0,0000001	347	534.

Problèmes sur la recherche du quotient complet ou approché au moyen des décimales (X).

1). Quel est le nombre 8 fois plus petit que 36?

2). Quel nombre faut-il multiplier par 18 pour faire 60?

3). Partager 360 fr. entre 16 personnes.

4). Un jardinier fleuriste a payé 104 fr. pour 80 pieds d'églantier ; à combien revient chaque pied d'églantier?

5). On a payé 16 fr. pour 500 bouteilles ; à combien revient la bouteille ?

6). Un vitrier a posé 640 carreaux pour 512 fr. ; à combien revient le carreau ?

7). A 180 fr. les 100 bouteilles, combien coûte la bouteille ?

8). Un bottier a reçu pour une commande de 750 paires de souliers la somme de 4350 fr. ; à combien revient la paire de souliers?

9). 48 balles de coton de Cayenne se sont vendues 3480 fr. ; à combien revient la balle de coton?

10). L'éclairage d'une ville a coûté, pendant toute l'année, 42728 fr.; à combien revient, à moins d'un centime près, la dépense pour un jour, en supposant l'année de 365 jours?

§ II. CALCUL DES NOMBRES DÉCIMAUX.

1. ADDITION DES NOMBRES DÉCIMAUX.

227. RÈGLE. — *L'addition des nombres décimaux se fait exactement comme celle des nombres entiers, après que tous les nombres ont été écrits les uns sous les autres, de manière que les unités d'un même ordre soient dans une même colonne verticale, ce qui arrivera toujours, si toutes les virgules décimales se correspondent.*

La virgule décimale doit se trouver à la même colonne dans le résultat.

EXEMPLE. — Soit proposé d'additionner les nombres suivants : 3,25 ; 42,348 ; 748,4 ; 29,32.

Disposition du calcul :

```
        3,25      Nombre mis à part 3,25.
       42,348                   Preuve   42,348
      748,4                              748,4
       29,32                              29,32
      ________                          ________
Somme  823,318                           820,068
                                           3,25
                                         ________
                          Somme égale     823,318
```

En effet, la somme se compose de toutes les unités des nombres proposés, et par conséquent de toutes les unités sous-décuples de la plus petite espèce.

228. Il est inutile de compléter par des zéros le nombre des chiffres dans les nombres qui en ont le moins, puisque, dans l'addition, on ne tiendrait pas compte de ces zéros.

229. S'il y avait, parmi les nombres à additionner, des nombres entiers non accompagnés de fractions décimales, on les écrirait de même, en ayant soin de placer les unités simples à leur rang.

Questionnaire.

Comment se fait l'addition des nombres décimaux ? (227)

Est-il nécessaire de compléter par des zéros le nombre des chiffres décimaux ? (228)

Si l'on avait à additionner entre eux des nombres entiers et des nombres décimaux, comment faudrait-il disposer les nombres pour faire l'addition ? (226)

Exercices (XVI).

Faire les additions suivantes :

1). 0,5+0,7+0,3+0,5+0,8; 2,4+3,5+4,9+7,6+1,8+0,7;

2). 4,35+0,40+2,60+3,29+5,32+0,75+7,80 ;

3). 0,457+2,43+8,756+0,76+8,25+1,765+2,458 ;

4). 54,3+7,29+0,743+6,13+75,6+0,3+7,25+48,29 ;

5). 437,25+72,48+45,347+173,4+18,139+180,4+329,5+72,6 ;

6). 3,4397+0,2547+13,75+183,52+439,7+67,29+75 ;

7). 18,359+2,763+79,43+136,575+43,5946+13,5 ;

8). 4,39675+0,25943+2,13496+144,75+187,328 ;

9). 35,62487+493,752+175,458+3,9546+0,00754.

Écrire les nombres suivants et les additionner.

10). Trois *unités* sept *dixièmes* + neuf *unités* huit *dixièmes* + quatre *unités* cinq *dixièmes* + sept *unités* + quatre *dixièmes*.

11). Vingt-cinq *centièmes* + quarante-trois *centièmes* + deux *unités* trois *dixièmes* + dix-huit *centièmes* + soixante-quinze *centièmes*.

12). Trois *millièmes* + quarante-deux *millièmes* + vingt-cinq *dix-millièmes* + soixante-quinze *millièmes* + vingt-neuf *millièmes*.

13). Dix-sept *unités* trente-quatre *centièmes* + cinq *unités* huit *centièmes* + quarante *unités* cinquante *centièmes* + trente-sept *unités* dix-sept *centièmes* + quarante *centièmes*.

14). Cinquante-deux *unités* + vingt-cinq *millièmes* + trois *unités* quarante *centièmes* + soixante *unités* trois cent cinq *millièmes* + douze *unités* neuf *dixièmes* + quarante-trois *unités* six *millièmes* + vingt *unités* soixante-douze *centièmes* + quinze *dix-millièmes* + quarante *millièmes* + sept *unités* neuf *dixièmes* + cinquante-trois *unités* quatre-vingt-sept *dix-millièmes* + cent quatorze *millièmes*.

15). Cinq *dix-millièmes* + sept *millièmes* + huit *dixièmes* + vingt-cinq *millièmes* + quatre *centièmes* + deux *millièmes*.

16). Trente-quatre *cent-millièmes* + soixante-deux *millièmes* + deux cent *dix-millièmes* + huit *dix-millièmes* + dix-sept *cent-millièmes*.

17). Quarante-deux *dixièmes* + cent vingt-neuf *millièmes* + trois cent soixante-neuf *centièmes* + cinquante *dix-millièmes* + soixante-douze *centièmes*.

18). Trois mille cinq *centièmes* + quarante-cinq *dixièmes* + trois cent cinquante-cinq mille vingt-neuf *centièmes* + deux cent mille douze *millièmes* + quarante-neuf mille soixante-sept *dixièmes*.

Problèmes sur l'addition des nombres décimaux (XI).

1). On a fait une quête pour les pauvres dans les trois classes d'une école : la grande classe a donné 17 fr. 50 c.; la classe moyenne, 14 fr. 60 ; la petite classe, 10 fr. 80 c. Le maître y ajoute 20 fr. de sa bourse. Quel est le total de la quête?

Le franc vaut 10 *décimes* ou dixièmes de franc, le décime 10 *centimes*, ou centièmes de franc, et par conséquent le franc vaut 100 centimes.

2). Un marchand de vin a payé, pour l'achat de 18 pièces de vin, 1980 fr.; pour les frais de transport, 107 fr. 50 c. ; pour droit d'entrée, 540 fr. 60 c. Combien a-t-il payé en tout?

3). Un marchand de drap a fait trois ventes qui lui ont rapporté : la première, 451 fr. 70 c.; la deuxième, 189 fr. 30 c.; la troisième, 768 fr. 50 c. Quelle est la recette totale?

4). Un fermier a retiré les sommes suivantes de la vente de ses produits : blé, 314 fr.; légumes, 49 fr. 60 c.; fruits, 25 fr. 45 c.; volailles, 35 fr. 70 c.; œufs, 17 fr. 80 c. Combien a-t-il retiré de sa vente?

5). Un négociant a inscrit sur son livre les sommes suivantes : 480 fr.; 1360 fr. 50 c.; 2069 fr. 80 c.; 3145 fr. 20 c. Dites le total.

6). D'un sac qui contenait de l'argent, j'ai retiré : une première fois, 37 fr. 50 c.; une deuxième fois, 28 fr.; il reste encore dans le sac 175 fr. 50 c. Combien y avait-il d'argent dans le sac?

7). Pour faire la preuve d'une addition de nombres décimaux, on a mis à part le premier nombre, qui est 348,25; la somme des nombres restants est 1829,678. Quelle est la somme des nombres proposés?

8). Une personne a de l'argent dans trois sacs : dans le premier, 148 fr. 75 c.; dans le deuxième, 260 fr. 50 c.; dans le troisième, 89 fr. 45 c. Elle remet le tout dans un quatrième sac où il y avait déjà 60 fr. Combien y a-t-il maintenant dans le quatrième sac?

9). La dépense courante d'une famille, pendant la journée, a consisté en : lait, 30 c.; pain, 1 fr. 20 c.; viande, 2 fr. 45 c.; légumes, 60 c.; vin, 75 c. A combien s'est élevée la dépense de la journée?

10). Une maison de commerce a fait, pendant une semaine, les recettes suivantes : le lundi, 3683 fr. 45 c.; le mardi, 679 fr. 20 c.; le mercredi, 1847 fr. 35 c.; le jeudi, 2569 fr. 15 c.; le vendredi, 538 fr. 40 c.; le samedi, 1967 fr. 5 c. Quel est le total des recettes de la semaine?

2. SOUSTRACTION DES NOMBRES DÉCIMAUX.

230. Règle. — *La soustraction des nombres décimaux se fait exactement comme celle des nombres entiers.*

Si les deux nombres n'ont pas autant de chiffres décimaux l'un que l'autre, on y supplée par des zéros dans celui qui en a le moins.

EXEMPLE. — Soit à soustraire de 34,295

le nombre 18,720

Reste 15,575

Preuve 34,295

Afin qu'il y ait le même nombre de chiffres décimaux dans l'un et l'autre nombre, j'écris un zéro à la droite du plus petit, ce qui ne change en rien la valeur du nombre décimal, et je fais ensuite la soustraction selon la règle.

AUTRE EXEMPLE. — De 9,300

Soustraire 8,425

Reste 0,875

Preuve 9,300

J'écris deux zéros à la droite du plus grand des deux nombres, afin de rendre le nombre des chiffres décimaux égal de part et d'autre. Il est nécessaire, dans le résultat, d'écrire le zéro à la gauche de la virgule.

231. On voit facilement comment on devrait opérer sur l'un des deux nombres, si ce nombre était un nombre entier.

Questionnaire.

Comment se fait la soustraction des nombres décimaux ? (230)

Que doit-on faire lorsqu'il n'y a pas le même nombre de chiffres décimaux dans les deux nombres ? (230)

Et si l'un des nombres est entier ? (231)

Exercices (XVII).

Effectuer les soustractions indiquées :

1). 3,7 — 1,4 ; 4,9 — 2,5 ; 8,9 — 2,7 ; 9,6 — 4,3.

2). 42,4 — 13,2 ; 71,8 — 27,4 ; 83,5 — 75,2 ; 148,9 — 76,7.

3). 0,8 — 0,4 ; 0,45 — 0,27 ; 0,429 — 0,236 ; 0.4395, — 0,2485.

4). De 8,75 ôter 8,47 ; de 9,36 ôter 8,79 ; de 13,4 ôter 12,7.

5). De 25,35 ôter 14,18 ; de 135,9 ôter 75,24 ; de 248,15 ôter 129,18.

6). De 48,737 ôter 47,738 ; de 0,4598 ôter 0,447 ; de 1,456 ôter 0,9285.

7). De 0,0583 ôter 0,0495 ; de 3,4075 ôter 3,4069 ; de 134,74 ôter 86,74.

8). De 29,12 ôter 15,37 ; de 148,453 ôter 79,485.

9). De 283,435 soustraire 195,76 ; de 1489,3 soustraire 673,25.

10). De 729,87 soustraire 54,348 ; de 12,2057 soustraire 8,49352.

11). De 3,4578 soustraire 2,69784.

12). De 0,4859 retrancher 0,4837 ; de 0,0015 retrancher 0,0008.

13). De 0,04597 retrancher 0,045968.

14). De 0,000495 retrancher 0,000493.

15). De 0,0000001 retrancher 0,00000003.

Problèmes sur la soustraction des nombres décimaux (XII).

1). Quel nombre faut-il ajouter à 2,3 pour faire le nombre 8?

2). Quel nombre faut-il retrancher de 70 pour avoir le nombre 45,769?

3). En vendant 36 fr. 50 c. ce qui a coûté 29 fr., combien a-t-on gagné?

4). La somme de deux nombres est 38,40, et le plus petit 15,957; quel est le plus grand?

5). Le reste d'une soustraction est 436,40, et en faisant la preuve par l'addition, on a trouvé 849,675; quel est le plus petit nombre?

6). La différence entre deux sommes d'argent est 48 fr. 60 c., et la plus grande 75 fr. 90 c., quelle est la plus petite?

7). Une société composée d'hommes et de femmes a dépensé en tout 38 fr. 50 c.; les hommes seuls ont payé 21 fr. 80 c.: combien les femmes?

8). Deux personnes ont fait bourse commune : elles avaient à elles deux 47 fr. 60 c.; l'une d'elles avait 29 fr. 45 c.; combien l'autre avait-elle?

9). Un propriétaire a retiré dans une année, de la location d'une de ses maisons, 14665; il a dépensé 5768 fr. 75 c. en réparations et autres frais : quel a été le revenu net de sa maison?

10). La recette d'une maison de commerce, pendant toute l'année, a été de 235783 fr. 50 c., et la dépense 198397 fr. 85 c. : quel est l'excédant de la recette sur la dépense?

3. MULTIPLICATION DES NOMBRES DÉCIMAUX.

232. Règle. — *Pour multiplier un nombre décimal par un nombre entier, on multiplie comme si le multiplicande était un nombre entier, c'est-à-dire sans faire attention à la virgule ; ensuite on sépare sur la droite du produit autant de chiffres décimaux qu'il y en a dans le multiplicande.*

Exemple. — Soit à multiplier 24,349
par 48

```
    194792
     97396
```
Produit   1168,752

DÉMONSTRATION. — En effet, la multiplication, dans ce cas, n'est qu'une addition abrégée dans laquelle on aurait à additionner 48 nombres égaux à 24,349. La somme devrait avoir 3 chiffres décimaux.

255. RÈGLE. — *Pour multiplier entre eux deux nombres décimaux, on opère comme s'il s'agissait de nombres entiers, c'est-à-dire sans faire attention à la virgule ; mais on sépare sur la droite du produit autant de chiffres décimaux qu'il y en a dans le multiplicande et le multiplicateur.*

EXEMPLE. — Soit à mu'tiplier 12,35   Preuve   2,7

par	2,7	12,35
	8645	135
	2470	81
Produit	33,345	54
		27
		33,345

En effet, multiplier 12,35 par 2,7, c'est prendre 2 fois le multiplicande 12,35, ensuite les 7 dixièmes de ce même multiplicande et additionner les deux produits : ou bien, ce qui revient au même, c'est prendre les 27 dixièmes ou 27 fois le dixième de 12,35.

Or, pour prendre le dixième de 12,35, ou, ce qui est la même chose, pour le rendre 10 fois plus petit, il faut porter la virgule d'un rang vers la gauche, ce qui donnera 1,235, et ensuite, il faudra multiplier ce nombre par 27 ; il y aura donc au produit 3 chiffres décimaux, c'est-à-dire autant qu'il y en avait dans le multiplicande et dans le multiplicateur.

234. La règle précédente comprend le premier cas aussi bien que celui où le multiplicande étant un nombre entier, le multiplicateur serait un nombre décimal. En effet, s'l'on avait 148 à multiplier par 4,23, ou, ce qui revient au même, à prendre 423 fois la centième partie de 148, il faudrait d'abord rendre 100 fois plus petit le nombre 148, et, pour cela, séparer deux chiffres décimaux sur la droite de ce nombre, ce qui donnerait 1,48, et ensuite multiplier ce nombre par 423. Le produit aurait donc deux chiffres décimaux, c'est-à-dire autant qu'il y en a dans le multiplicateur.

235. Si le produit n'avait pas un nombre suffisant de chiffres pour qu'on pût séparer le nombre de chiffres décimaux voulus, on y suppléerait par des zéros, ainsi qu'il suit :

$$
\begin{array}{r}
\text{Soit à multiplier} \quad 0,034 \\
\text{par} \quad 0,008 \\
\hline
0,000272
\end{array}
$$

Je multiplie comme s'il s'agissait de 34 à multiplier par 8 ; mais le produit 272 n'ayant que 3 chiffres, comme il faut en séparer 6, j'écris trois zéros à la gauche de 272, ensuite la virgule, puis enfin 0 pour tenir la place des unités entières.

Questionnaire.

Comment se fait la multiplication d'un nombre décimal par un nombre entier ? (232)	Quelle est la règle générale pour faire la multiplication des nombres décimaux ? (233)

Exercices (XVIII).

Effectuer les multiplications suivantes :

1). $34,5 \times 9$; $28,35 \times 15$; $319,9 \times 28$; $423,65 \times 349$; $4,5 \times 28$.

2). $16,72 \times 45$; $0,345 \times 29$; $0,097 \times 42$; $0,00045 \times 854$.

3). $0,000476 \times 4365$; $172 \times 3,2$; $348 \times 0,25$; $459 \times 0,003$.

4). $6547 \times 0,0008$; $42 \times 0,001$; $348 \times 0,000009$; $2,1 \times 3,2$.

5). $4,5 \times 6,4$; $31,8 \times 14,5$; $0,561 \times 0,6981$; $0,3 \times 0,5$; $0,8 \times 0,6$.

6). $0,6 \times 0,5 \times$; $0,72 \times 0,4$; $0,48 \times 0,36$; $5,3 \times 0,28$; $6,9 \times 0,07$.

7). $12,7 \times 0,085$; $0,073 \times 82,9$; $0,0045 \times 0,036$; $0,048 \times 0,0075$.

8). $3,45 \times 0,07504$; $32,65 \times 0,0769$; $0.3607 \times 0,00005$.

9). $0,000095 \times 0,000042$; $34,025 \times 8,2057$; $42,200 \times 0,00400$.

10). $3242,693 \times 658,0407$; $4250,004 \times 7,800057$; $8,9637 \times 35,208$.

Problèmes sur la multiplication des nombres
décimaux (XIII).

1). Pour 25 journées d'ouvrier, on a payé 90 fr. ; si la journée d'ouvrier eût été augmentée de 25 centimes, combien aurait-on payé ?

2). La recette, pendant 18 jours, a été constamment la même, et de 245 fr. 75 c. ; quelle est la recette totale pour ce 18 jours?

3). Combien coûtent 35 sacs de café à 115 fr. 80 c. le sac?

4). Quel est le nombre qui est égal à 7 fois la millième partie de 0,003?

5). Quel est le produit de 3,5 par 0,016?

6). On a pris la centième partie de 14,5 et l'on a additionné 48 nombres égaux à celui qu'on a trouvé; quelle a été la somme totale?

7). Trouver les 35 centièmes de 48 fr.

8). Quel est le nombre 75 fois plus grand que 3,6?

9). On a partagé une somme entre 25 personnes, de manière que chacune d'elles a reçu 3 fr. 75 c.; quelle était la somme?

10). Une machine fabrique pour 148 fr. 35 c. d'étoffe par jour; quel sera le produit total pour 86 jours de travail?

4. DIVISION DES NOMBRES DÉCIMAUX.

236. RÈGLE. — *Pour diviser un nombre décimal par un nombre entier, on opère comme si le dividende était un nombre entier, en ayant soin, quand on a achevé de diviser la partie entière et qu'on a abaissé à la droite du reste le premier chiffre décimal, de mettre la virgule au quotient : et l'on continue la division jusqu'à ce qu'on ait épuisé tous les chiffres du dividende.*

EXEMPLE. — Soit à diviser 1710,31 par 53.

```
1 7 1 0,3 1 | 53          Preuve      32,27
    1 2 0   | 32,27                     53
                                      ─────
      1 4 3                            9681
        3 7 1                         16135
            0                       ─────────
                                    1710,31
```

DÉMONSTRATION. — Il s'agit en effet de partager 1710,31 en 53 parties égales, ce qui se fait en commençant par les plus hautes espèces d'unités entières. Or, après avoir divisé la partie entière et obtenu pour quotient **32**, il reste encore 14 qui valent 140 dixièmes, et 3 que contient le dividende font 143 dixièmes, qu'il s'agit encore de partager en 53 parties égales. J'obtiens ainsi 2 dixièmes, mais, avant d'écrire le chiffre **2** au quotient, je dois mettre la virgule pour que ce chiffre exprime réellement des dixièmes. Ensuite la division continue comme précédemment.

Quand la division ne réussit pas exactement, on continue la division aussi loin qu'il est nécessaire, selon le degré d'approximation qu'on veut avoir.

237. RÈGLE. — *Pour diviser un nombre décimal par un autre nombre décimal, on transporte la virgule dans le dividende d'autant de rangs vers la droite qu'il y a de chiffres décimaux dans le diviseur, puis on fait abstraction de la virgule dans le diviseur, et l'on opère sur les deux nombres ainsi modifiés.*

EXEMPLE ET DÉMONSTRATION. — En effet, soit, par exemple, 9,45 à diviser par 3,5. D'après la définition de la division il s'agit de trouver un nombre qui, multiplié par le diviseur 3,5, reproduise le dividende 9,45. Mais multiplier un nombre par 3,5, c'est prendre les 35 dixièmes de ce nombre ; 9,45 représentent donc les 35 dixièmes de ce nombre inconnu. Un seul dixième de ce nombre sera donc 35 fois plus petit que 9,45, et je l'obtiendrais en divisant 9,45 par 35 ; puis, quand j'aurais obtenu le quotient de cette division, *lequel ne serait que le dixième du nombre cherché*, je devrais le multiplier par 10 pour avoir le nombre cherché lui-même. Or, j'obtiendrais tout d'un coup le même résultat en rendant le dividende de cette division 10 fois plus grand, sans toucher au diviseur, ce qui revient à diviser 94,5 par 35 en transportant la virgule d'un rang vers la droite.

Effectuant la division

9 4,5	35	Preuve	3,5
2 4 5	2,7		2,7
0			245
			70
			9,45

j'obtiens pour quotient 2,7.

On trouverait de même que la recherche du quotient

$$191,25 : 0,09$$

revient à celle du quotient de la division 19125 : 9, dans laquelle le diviseur est un nombre entier ; on trouve pour résultat 2125.

238. Si le dividende n'avait pas assez de chiffres décimaux, on y suppléerait par des zéros.

Ainsi, la division de 3,6 par 0,128 revient à celle de 3600 par 128.

La division de 49 par 2,56 revient à celle de 4900 par 256.

239. AUTRE RÈGLE GÉNÉRALE. — *Pour diviser un nombre décimal par un autre nombre décimal, on rend le nombre des chiffres décimaux égal de part et d'autre, en suppléant par des zéros à celui des deux qui en a le moins, puis on supprime la virgule et l'on divise les deux nombres comme des nombres entiers.*

En effet, l'addition des zéros ne change rien au nombre décimal à la suite duquel on les écrit, et la suppression de la virgule revient à la multiplication du dividende et du diviseur par un même nombre.

La première règle est préférable ; et l'on peut remarquer que la seconde revient à la première quand le diviseur a plus de décimales que le dividende.

Questionnaire.

Comment divise-t-on un nombre décimal par un nombre entier ? (236)

Quelle est la règle générale pour la division des nombres décimaux ? (237)

Que ferait-on s'il n'y avait pas au dividende assez de chiffres décimaux pour qu'on pût transporter la virgule vers la droite, comme l'indique la règle générale ? (238)

Lorsque la division des nombres décimaux ne réussit pas, que doit-on faire ? (239, 224)

Exercices (XIX).

1). Diviser 48,3 par 4. Diviser 163,2 par 15.
2). Diviser 43,29 par 16. Diviser 3,628 par 80.
3). Diviser 0,6 par 32. Diviser 0,048 par 64.
4). Diviser 0,4629 par 125. Diviser 0,00039 par 25.
5). Diviser 0,00007 par 640. Diviser 0,000428 par 1280.
6). Diviser 0,6 par 0,2 Diviser 0,28 par 0,7.
7). Diviser 4,32 par 2,4. Diviser 17,1 par 0,19.
8). Diviser 1,84 par 0,023. Diviser 0,973 par 1,39.

9). Diviser 57,88   par 1,447. Diviser 7,737   par 0,2579.

10). Diviser 269,39 par 0,341. Diviser 2,6957   par 0,03851.

Problèmes sur la division des nombres décimaux (XIV).

1). En prenant les 25 millièmes d'un nombre on a trouvé 7,5; quel est ce nombre?

2). Quel est le nombre tel que si l'on en prend les 3 centièmes, le résultat soit 2,4?

3). Quel est le nombre dont les 24 dixièmes font 12?

4). Si l'on retranchait 0,04 de 3,6; puis du reste obtenu, si l'on retranchait encore 0,04, et ainsi de suite, autant qu'on pourrait le faire, combien ferait-on de soustractions?

5). Quel est le quotient de 0,00024 par 0,008?

6). On a multiplié 3,5 par un certain nombre, et l'on a obtenu pour produit 7,35; quel est ce nombre?

7). On a divisé 0,0048 par un certain nombre et l'on a trouvé pour quotient 0,00016; quel est le diviseur?

8). Combien de fois le nombre 16,21 est-il contenu dans 2755,7?

9). On a payé 67 fr. 50 c. à un certain nombre d'ouvriers dont chacun a reçu 2 fr. 50 c.; combien y avait-il d'ouvriers?

10). Un peintre a reçu 4 fr. 05 c. pour un certain nombre de lettres à raison de 15 c. par lettre; combien a-t-il peint de lettres?

5. CONVERSION DES FRACTIONS DÉCIMALES EN FRACTIONS ORDINAIRES ET RÉCIPROQUEMENT.

240. Lorsqu'on a des nombres décimaux à combiner avec des fractions ordinaires, par addition ou soustraction, on met les nombres décimaux sous forme fractionnaire.

On peut s'en dispenser par la multiplication et la division.

241. RÈGLE. — *Pour convertir un nombre décimal en fraction ordinaire, on écrit pour numérateur le nombre décimal, abstraction faite de la virgule, et pour dénominateur 1 suivi d'autant de zéros qu'il y avait de chiffres décimaux.*

Ainsi,   0,23   s'écrit $\frac{23}{100}$

4,5 $\frac{45}{10}$

43,857 $\frac{43857}{1000}$

L'énoncé est, en effet, parfaitement le même.

242. Réciproquement, $\frac{37}{10}$, $\frac{428}{100}$, $\frac{3}{1000}$ s'écrivent en décimales 3,7 ; 4,28 ; 0,003.

243. Toutes les règles de calcul des nombres décimaux pourraient se démontrer par ce moyen.

En effet, pour l'addition :

$$3,4 + 41,25 + 0,348 = \frac{34}{10} + \frac{4125}{100} + \frac{348}{1000} ;$$

et réduisant au même dénominateur 1000

$$= \frac{3400}{1000} + \frac{41250}{1000} + \frac{348}{1000} = \frac{3400+41250+348}{1000} = \frac{44998}{1000} = 44,998.$$

Pour la soustraction :

$$25,4 - 13,65 = \frac{254}{10} - \frac{1365}{100} = \frac{2540}{100} - \frac{1365}{100} = \frac{2540-1365}{100} = 11,75.$$

Pour la multiplication :

$$4,5 \times 0,07 = \frac{45}{10} \times \frac{7}{100} = \frac{45\times7}{1000} = 0,315.$$

Pour la division :

$$4,8 : 0,006 = \frac{48}{10} : \frac{6}{1000} = \frac{48}{10} \times \frac{1000}{6} = \frac{48000}{60} = \frac{4800}{6}.$$

244. D'après ce qui précède, pour l'addition on aura

$$0,5 + \frac{2}{3} = \frac{5}{10} + \frac{2}{3} = \frac{15}{30} + \frac{20}{30} = \frac{35}{30} = 1\frac{1}{6} ;$$

pour la soustraction :

$$2,3 - 1\frac{5}{7} = \frac{23}{10} - \frac{12}{7} = \frac{161}{70} - \frac{120}{70} = \frac{41}{70} ;$$

pour la multiplication :

$$0,25 \times \frac{3}{4} = \frac{0,25\times3}{4} = \frac{0,75}{4} = 0,1875 ;$$

pour la division :

$$3,7 : \frac{5}{8} = 3,7 \times \frac{8}{5} = \frac{3,7\times8}{5} = \frac{29,6}{5} = 5,92.$$

245. On peut aussi convertir les expressions fractionnaires en nombres décimaux.

RÈGLE. — *Pour convertir une fraction ordinaire en fraction décimale, on divise le numérateur par le dénominateur.*

En effet, soit $\frac{5}{8}$ à convertir en fraction ordinaire. Les $\frac{5}{8}$ de l'unité étant la même chose que le huitième de 5 unités, je divise 5 par 8 en réduisant successivement

$$
\begin{array}{r|l}
50 & 8 \\
\hline
20 & 0,625 \\
40 & \\
0 &
\end{array}
$$

les restes en dixièmes, centièmes, millièmes, et je trouve pour résultat 0,625.

246. Mais il arrive souvent que la division ne s'arrête pas ; dans ce cas on pousse l'approximation autant qu'il est nécessaire, et on complète, si l'on veut, le quotient à l'aide des fractions ordinaires.

On peut reconnaître avant tout calcul si la division doit réussir ou non, et si le quotient doit être périodique, simple ou mixte, c'est-à-dire si la période des chiffres qui se reproduisent sans cesse doit commencer immédiatement après la virgule ou à quel rang. Voyez notre *Traité d'Arithmétique*, où l'on trouvera tout ce qui concerne les fractions périodiques.

Ainsi, $\frac{5}{7} = 0,714285\,714285....$ Si l'on ne veut le résultat qu'à moins d'un centième près, on prendra 0,71, lequel pourrait être complété à l'aide de la fraction $\frac{3}{7}$; le résultat serait donc 0,71 $\frac{3}{7}$ de *centième*.

247. On voit par là que si le calcul par les nombres décimaux est plus facile, il donne lieu souvent à des résultats qui ne sont pas tout à fait exacts, tandis que le calcul par les fractions ordinaires donne toujours, par des moyens plus longs, il est vrai, des résultats exacts et complets.

Questionnaire.

Comment fait-on pour convertir une fraction décimale en fraction ordinaire ? (241)

Comment opère-t-on quand on a des nombres decimaux à combiner avec des fractions ordinaires ? (244)

Comment fait-on pour convertir une fraction ordinaire en fraction décimale ? (245)

Est-il toujours possible de convertir une fraction ordinaire en une fraction décimale finie ? (246)

Exercices (XX).

1). Convertir en fractions ordinaires les fractions décimales suivantes : 0,3 ; 0,45 ; 3,26; 48,739 ; 6,7432 ; 0,00038.

2). Effectuer les calculs suivants : $0,5 + \frac{2}{3}$; $3,2 + 5\frac{3}{7}$; $0,04 + \frac{21}{40}$; $0,3 + 1\frac{1}{3}$; $3\frac{5}{8} + 0.45$; $3\frac{1}{7} - 2,7$; $4\frac{2}{3} - 0,50$; $3,7 - 1\frac{3}{4}$; $48\frac{1}{9} - 37,2$; $0,3 \times \frac{1}{2}$; $\frac{2}{3} \times 2,5$; $3\frac{3}{7} : 2,4$; $8,25 : 3\frac{1}{7}$.

3). Convertir les fractions ordinaires suivantes en fractions décimales : $\frac{3}{5}$, $\frac{3}{4}$, $\frac{5}{8}$, $\frac{11}{25}$, $\frac{13}{40}$, $\frac{257}{500}$, $\frac{1829}{2560}$.

4). Évaluer à moins de 0,1 près la fraction $\frac{3}{7}$.

5). Évaluer à moins de 0,01 près la fraction $\frac{8}{13}$.

6). Évaluer à moins de 0,001 près la fraction $\frac{11}{17}$.

7). Évaluer à moins de 0,0001 près la fraction $\frac{17}{23}$.

8). Évaluer à moins de 0,00001 près la fraction [illegible].

LIVRE III.

SYSTÈME MÉTRIQUE.

DÉFINITIONS PRÉLIMINAIRES.

248. Les objets ne sont pas seulement considérés sous le rapport du nombre ; on a aussi souvent besoin de les considérer en eux-mêmes, sous le rapport de leur étendue, de leur prix ou valeur commerciale, de leur poids ; sous le rapport du temps, etc., toutes choses qui peuvent être plus ou moins grandes et qui doivent être déterminées exactement si l'on veut avoir une idée juste des objets que l'on considère.

249. Le mot *grandeur* se dit de tout ce qui est grand ; mais en arithmétique on donne particulièrement le nom de grandeur à tout ce qui peut être comparé et déterminé exactement.

Cette distinction est nécessaire, à moins qu'on ne veuille appeler grandeurs la joie, la douleur, etc.

Tels sont l'étendue et par conséquent la longueur, la surface, le volume ; le poids, le prix, le temps, etc.

250. Le mot *quantité*, dont la signification est à peu près la même, s'applique plus particulièrement aux grandeurs composées de parties distinctes et qui peuvent être séparées les unes des autres, comme les *nombres*, un tas de blé, un amas de liquide, etc.

On les appelle quelquefois *discontinues* pour les distinguer des autres grandeurs qui ne sont pas composées de parties distinctes et qu'on appelle *continues*, comme la longueur d'une route, la superficie d'un champ.

251. *Évaluer une grandeur, c'est la déterminer, c'est-à-dire la faire connaître d'une manière exacte et précise.*

Pour évaluer une grandeur il faut la mesurer.

252. *Mesurer une grandeur, c'est la comparer à une autre grandeur de même espèce, qui prend alors le nom d'unité de mesure.*

Le résultat de cette comparaison s'appelle *rapport*.

Ainsi, pour mesurer la longueur d'une table, on prend une autre longueur, celle d'une règle par exemple, à laquelle on la compare, en portant la règle le long de la table autant de fois qu'on peut le faire. Si l'on trouve que la règle peut être portée 8 fois, de manière à arriver précisément à l'extrémité de la table, on dit que la longueur de la table vaut 8 fois celle de la règle, qu'elle est de 8 règles ; car il est évident que ce que l'on a fait revient exactement à joindre bout à bout 8 règles de la même longueur que celle dont on s'est servi.

Les dénominations de *continues*, *discontinues*, qu'on attribue aux grandeurs, ne sont pas nécessaires, comme on le voit par cet exemple. En effet, la longueur, qu'on appelle une grandeur continue, devient réellement une grandeur discontinue, si l'on considère les huit règles placées bout à bout, l'une à la suite de l'autre.

La règle est ici *l'unité de mesure* et l'on comprend comment le mot unité doit se trouver dans cette dénomination, puisque l'on n'a employé qu'*une seule* règle.

253. Les nombres servent à exprimer le rapport entre deux grandeurs dont l'une est prise pour terme de comparaison.

En effet, si la grandeur que l'on veut mesurer est plus grande que l'unité de mesure, et qu'elle la contienne un nombre exact de fois, le résultat de la comparaison, ou autrement dit, le rapport entre ces deux grandeurs sera exprimé par un nombre entier.

Si elle ne la contient pas exactement, qu'il y ait un reste, on partagera l'unité de mesure en un certain nombre de parties égales, et l'on verra combien le reste contient de ces parties égales. Le résultat de la comparaison sera alors exprimé par un nombre entier plus une fraction, qui sera à deux termes ou décimale, selon le nombre de parties égales dans lesquelles on aura partagé l'unité de mesure.

Enfin si la grandeur que l'on veut mesurer est plus petite que l'unité de mesure, elle ne contiendra qu'un certain nombre de parties de cette unité, et le rapport sera exprimé par une fraction.

254. Une grandeur double, triple, etc., est exprimée par le même nombre, lorsque l'unité de mesure est double, triple, etc.

255. Une même grandeur est exprimée par un nombre deux fois, trois fois, etc., plus grand ou plus petit, selon que l'unité de mesure est deux fois, trois fois, etc., plus petite ou plus grande.

Il est donc nécessaire d'avoir une idée exacte des unités de mesure pour se faire une idée juste des grandeurs qu'elles ont servi à mesurer, et ces unités de mesure doivent être constantes, c'est-à-dire invariables.

256. *Le système métrique est l'ensemble des unités de mesure usitées en France.*

On l'appelle encore *système légal des poids et mesures :* *légal,* parce que depuis le 1er janvier 1840 il est le seul reconnu par la loi ; *des poids et mesures,* à cause des unités de longueur et de poids qui sont les plus importantes du système.

257. Les multiples et sous-multiples décimaux des unités de mesure sont désignés par les mots *déca,* qui signifie dix ; *hecto,* cent ; *kilo,* mille ; *myria,* dix mille ; *déci,* qui signifie dixième ; *centi,* centième ; *milli,* mil-lième, que l'on place devant le nom de l'unité. Ils peuvent servir eux-mêmes à mesurer.

258. La plupart de ces mesures sont réelles et servent aux usages du commerce ; quelques-unes n'ont qu'une existence fictive, mais on peut facilement les réaliser ou en concevoir la grandeur.

259. Outre ces multiples ou sous-multiples, la loi per-met l'emploi des doubles et des moitiés de ces mesures, et de leurs multiples et sous-multiples autant que cela peut être utile aux besoins du commerce.

Questionnaire.

Qu'entend-on par le mot *grandeur?*(249)

Que signifie le mot *évaluer* une grandeur? (251)

Quelles sont les grandeurs que l'on a besoin d'évaluer? Nommez-en quelques-unes. (248, 249)

De quelle manière évalue-t-on une grandeur? (251)

Que signifie le mot *mesurer?* (252)

Qu'est ce qu'une unité de mesure?(252)

Comment les nombres peuvent-ils servir à exprimer le résultat de la comparaison, autrement dit le rapport entre deux grandeurs de même espèce? (253)

Est il nécessaire que les unités de mesure soient parfaitement connues et constantes? (255)

Qu'est-ce que l'on entend par le système métrique ? (256)

Pourquoi l'appelle-t-on système légal des poids et mesures? (256)

Comment désigne t-on les multiples et sous-multiples ? (257)

§ I. MESURES DE LONGUEUR.

LE MÈTRE, SES MULTIPLES ET SES SOUS-MULTIPLES.

260 *Le mètre, unité de mesure des longueurs, et base du système métrique, est la dix-millionième partie du quart du méridien terrestre,* c'est-à-dire de la distance comprise entre le pôle et l'équateur.

La distance du pôle à l'équateur est par conséquent de 10 millions de mètres et le méridien terrestre de 40 millions.

261. La terre étant ronde à peu près comme une sphère, tous les méridiens sont considérés comme des cercles dont la circonférence, comme toute circonférence, est supposée partagée en 360 parties égales, appelées *degrés.* Il a donc suffi de mesurer un certain nombre de degrés pour en conclure la distance du pôle à l'équateur, qui est de 90 degrés, et par suite la longueur du méridien rectifié, c'est-à-dire supposé déroulé en ligne droite.

262. Les multiples du mètre sont :

Le décamètre valant 10 mètres ;

L'hectomètre, 100 mètres ;

Le kilomètre, 1000 mètres ;

Le myriamètre, 10000 mètres.

Les sous-multiples du mètre sont :

Le décimètre, dixième partie du mètre,
Le centimètre, centième partie du mètre ;
Le millimètre, millième partie du mètre.

263. Le mètre est représenté par une règle en bois dur d'une longueur parfaitement égale à celle du modèle ou *étalon* en platine conservé aux Archives et provenant de la mesure du méridien opérée par les savants français.

La règle en platine conservée aux Archives ne représente réellement le mètre qu'à la température de 0°.

Cette règle est partagée en 10 parties égales, qui sont des décimtres, chacune d'elles en dix parties égales qui sont des centimètres, les centimètres en millimètres.

On a aussi des mètres de différentes substances, en fer, en cuivre, en ivoire, et même en rubans; mais ces derniers ne sont pas reconnus par la loi, parce qu'ils peuvent s'étendre ou se raccourcir.

264. Le mètre sert à mesurer les longueurs usuelles des étoffes, des appartements, etc.

Le décamètre, représenté par une chaîne de la longueur de dix mètres, sert à mesurer les distances agraires (des champs); on l'appelle *chaîne métrique*.

L'hectomètre, le kilomètre et le myriamètre n'existent pas en réalité; mais on peut se figurer aisément leur grandeur; l'hectomètre est peu usité.

Le kilomètre est l'unité de mesure pour les distances itinéraires. Sur les routes, les kilomètres sont indiqués par des bornes.

Le myriamètre est l'unité de mesure pour les grandes distances géographiques.

Pour mesurer les petites longueurs, on se sert du demi-mètre, du double décimètre, divisés en centimètres et millimètres.

265. Après avoir mesuré une longueur, si l'on trouvait par exemple 3 décimètres et 8 centimètres, on dirait : 38 centimètres; mais il est bon de conserver dans l'esprit la décomposition primitive, qui permet mieux d'apprécier la longueur indiquée.

266. Au surplus, quelle que soit l'unité de mesure dont on s'est servi, on peut rapporter le nombre qui indique la longueur mesurée à toute autre unité de même nature d'après la règle suivante :

RÈGLE. — *Pour rapporter un nombre d'une espèce d'unités à une autre, on multiplie le nombre par le rapport de l'ancienne unité à la nouvelle et on lui donne le nom de la nouvelle unité.*

Ainsi, pour rapporter $138^m,25$ au décamètre, comme le mètre est $\frac{1}{10}$ du décamètre, je multiplie le nombre par $\frac{1}{10}$, c'est-à-dire que j'en prends le dixième, en portant la virgule d'un rang vers la gauche, en changeant le nom de l'ancienne unité en celui de la nouvelle, j'obtiens $13^{déc},825$.

Rapporté au centimètre, le nombre serait 13825 centimètres; au kilomètre $8^{kilom},13825$.

Questionnaire.

Quelle est l'unité de mesure de longueur? comment l'a-t-on choisie? (260)

Quels sont les multiples du mètre? (262)

Quels sont les sous-multiples du mètre? (262)

Que mesure-t-on avec le mètre? (264)

Que mesure-t-on avec le décamètre? avec le kilomètre? avec le myriamètre? (264)

Pour les petites longueurs, quelles mesures emploie-t-on? (264)

Quelle est la règle générale pour rapporter un nombre d'une unité à une autre unité de même espèce? (266)

Exercices et questions sur le mètre (XXI).

1). Combien le mètre vaut-il de centimètres? le décamètre de millimètres? l'hectomètre de décimètres?

2). Combien le méridien de la terre vaut-il de mètres, de kilomètres? de myriamètres?

3). Qu'est-ce que le décamètre par rapport au myriamètre? le centimètre par rapport au décamètre? le millimètre par rapport à l'hectomètre?

4). Écrivez en chiffres : 1° trois mètres cinq décimètres; 2° dix-huit mètres vingt-quatre centimètres; 3° cent trente mètres cinq cent huit millimètres; 4° trois mille mètres sept centimètres; 5° deux mètres quarante-neuf millimètres.

5). Écrivez en chiffres : 1° quatre décimètres; 2° trente centimètres; 3° cent vingt-huit millimètres; 4° vingt-neuf millimètres; 5° trente-huit décimètres.

6). Lire les nombres suivants : 1° $5^m,6$; 2° $82^m,7$; 3° $15^m,16$; 4° $382^m,08$; 5° $7^m,348$.

7). 1° 0^m,25; 2° 3^m,008; 3° 0^m,0095; 4° 0^m,7289; 5° 0^m,85974.

8). Rapporter au mètre les nombres suivants : 1° 6 myriamètres; 2° 25 kilomètres; 3° 7 hectomètres; 4° 137 décamètres; 5° 25 décimètres.

9). 1° 42^{kilom},38; 2° 5^{myriam},37; 3° 148^{kilom},3596; 4° 0^{kilom},38; 5° 0^{myriam},29.

10) Rapporter successivement : (*a*) au décimètre; (*b*) au centimètre; (*c*) au millimètre; (*d*) au décamètre; (*e*) à l'hectomètre (*f*) au myriamètre, les nombres de mètres suivants : 1° 3^m; 2° 2^m,4; 3° 75^m,6; 4° 32^m,48; 5° 7598^m,2369.

Problèmes sur le mètre (XV).

1). Un marchand a acheté 4 pièces de toile dont les longueurs suivent : 1° 84 mètres; 2° 90 mètres; 3° 75 mètres; 4° 81 mètres; combien a-t-il acheté de toile en tout?

2). Un marchand de drap a 5 pièces de trap d'Elbeuf dont la première est de 46 mètres, la deuxième de 45, la troisième de 49, la quatrième de 42, la cinquième de 48; combien a-t-il de mètres de drap d'Elbeuf en tout.

3). Le mètre d'un certain drap coute 9 fr. 50 c.; combien coûteront 18 mètres?

4). D'une pièce de calicot de 85 mètres, on a vendu 37 mètres 50 centimètres; combien en reste-t-il?

5). Un voyageur avait 487 kilomètres à parcourir; il en a fait 345; combien de chemin lui reste-t-il à faire?

6). A 3 fr. 75 c. le mètre, combien coûteront 48 centimètres?

7). On a payé la pièce d'étoffe de 80 mètres 144 fr.; à combien revient le mètre de cette étoffe?

8). Une personne a payé 32 fr. 40 c. pour 3 mètres 6 décimètres d'étoffe; à combien le mètre revient-il?

9). La montagne la plus élevée du globe terrestre se trouve dans les monts Himalayas en Asie. On estime qu'elle a 7821 mètres de hauteur, La plus haute montagne d'Europe est le Mont-Blanc, qui a 4810 mètres; combien de fois l'une et l'autre de ces montagnes est-elle plus élevée que la colonne de la place Vendôme à Paris, qui a 40^m,5?

10). Un train de chemin de fer parcourt, vitesse commune, 5 myriamètres en une heure; combien de myriamètres parcourra-t-il en 6 heures?

11). Un menuisier a fourni 35 mètres 45 centimètres de planches à raison de 75 c. le mètre; combien lui revient-il?

12). Un marchand de drap a vendu dans l'année 590 pièces de drap, chacune de 45 mètres 80 centimètres, à raison de 10 fr. le mètre; pour quelle somme en tout?

13). La route de Paris à Marseille passe par Lyon; la distance de

Lyon à Paris est de 507 kilomètres et celle de Lyon à Marseille est de 356 kilomètres; quelle est la distance de Paris à Marseille?

14). Sur une route de 32 kilomètres, il y a deux rangées d'arbres placés à la distance les uns des autres de cinq mètres; combien y a-t-il d'arbres en tout?

15). Que sont les $\frac{5}{9}$ de 1728 mètres?

16). En 1843, la France n'avait que 913 kilomètres de chemin de fer, ayant coûté 280 millions de francs; à combien revient le kilomètre, à moins de 1000 fr. près?

17). La France compte aujourd'hui en chemins et autres voies de communication de toutes sortes : routes nationales, 34512 kilomètres : routes départementales, 36579; canaux, 4400; chemins de fer, 12527; combien de kilomètres en tout?

18). On a employé pour la fourniture des troupes 3725 pièces de drap mesurant en tout 169860 mètres; quelle est la longueur de chaque pièce?

19). On monte au sommet d'une tour élevée de 172 mètres 8 décimètres par un escalier dont les marches égales sont de 24 centimètres; combien y a-t-il de marches à monter ?

20). Le rayon du globe terrestre étant de 6366200 mètres environ, combien de fois cette longueur est-elle plus grande que la hauteur de la plus haute montagne du globe terrestre, qui n'a que 7821 mètres?

§ II. MESURES DE SURFACE.

1. LE MÈTRE CARRÉ.

267. On nomme *carré* une figure de géométrie, qui a quatre côtés égaux et quatre angles droits, comme on le voit ci-contre.

Le mètre carré est un carré dont chaque côté a un mètre de longueur.

Le décimètre carré est un carré dont chaque côté a un décimètre de longueur.

Le centimètre carré et le millimètre carré sont des carrés dont chaque côté à un centimètre, un millimètre de longueur.

268. *L'unité de mesure des surfaces est la surface du carré qui a pour côté l'unité de mesure de longueur.*

La géométrie enseigne comment on trouve le rapport d'une surface quelconque à celle d'un carré. Ce rapport dépend de la longueur de certaines lignes qu'on nomme les *dimensions* de la figure. Telles sont la longueur et la largeur, c'est-à-dire deux des côtés contigus d'un rectangle; le diamètre ou le rayon d'une circonférence, etc., etc.

Si l'on a pris le mètre pour mesure de longueur, le mètre carré sera l'unité de surface; si l'on a choisi le décimètre, le décimètre carré sera l'unité de surface, etc.

269. *Le mètre carré vaut* 100 *décimètres carrés.*

En effet, en supposant que le carré ci-dessus ait 1 mètre de côté, je partage un des côtés quelconques, le côté inférieur par exemple, en 10 parties égales, dont chacune sera un décimètre. Je puis ranger sur ce côté 10 décimètres carrés; mais cette rangée n'atteindra que le dixième de la hauteur du carré; il faudra donc avoir dix rangées semblables à la première pour remplir le mètre carré, et par conséquent le mètre carré renfermera 10×10 petits carrés ou 100 décimètres carrés.

270. On prouverait de même que le décimètre carré vaut 100 centimètres carrés, que le centimètre carré vaut 100 millimètres carrés, etc.

Et pareillement que le décamètre carré vaut 100 mètres carrés, etc.

271. Il suit de là que :

Le mètre carré $= 100$ décimètres carrés ;
$$= 100 \times 100 = 10000 \text{ centimètres carrés ;}$$
$$= 100 \times 100 \times 100 = 1000000 \text{ millimè-}$$
$$\text{tres carrés.}$$

272. Et réciproquement, le décimètre carré est la centième partie du mètre carré; le centimètre carré, la dix-millième partie; le millimètre carré, la millionième partie du mètre carré.

Si donc on avait représenté par un nombre décimal une surface exprimée en mètres carrés, telle que 15$^{\text{m. car}}$,348905, on lirait15 mètres carrés, 34 décimètres carrés, 89 centimètres carrés et 5 millimètres carrés.

273. Si l'on voulait rapporter ce nombre au décimètre carré on écrirait 1534 $^{\text{décim. car}}$,8905 qu'on énoncerait 1534 décimètres carrés 89 centimètres carrés 5 millimètres carrés.

274. REMARQUE. — Quand les chiffres décimaux ne sont pas en nombre pair, on écrit 0 à la droite de la partie décimale : ainsi, 2$^{\text{m. car}}$,048, s'énonce 2 mètres carrés 4 décimètres carrés 80 centimètres carrés.

275. Le mètre carré et ses sous-multiples s'emploient pour l'évaluation des petites surfaces, comme celles des murs, des parquets, des feuilles de verre, de carton, de papier, etc.

Questionnaire.

Qu'est-ce qu'un carré ? (267)

Qu'est-ce qu'un mètre carré? (267)

Qu'est-ce qu'un décimètre carré, un centimètre carré ? (267)

Quelle est en général l'unité de mesure des surfaces ? (268)

Démontrer que le mètre carré vaut 100 décimètres carrés ? (269)

Quelles surfaces mesure-t-on au mètre carré, au décimètre carré? (275)

Quelle différence y a-t-il entre un centimètre carré et un dixième de mètre carré ? (272)

Quelle différence y a-t-il entre un décimètre carré et un centième de mètre carré? (272)

Exercices et questions sur le mètre carré (XXII).

1). 1° Combien le décamètre carré vaut-il de mètres carrés ? 2° Combien le décimètre carré vaut-il de millimètres carrés? 3° Combien l'hectomètre carré vaut-il de décimètres carrés ? 4° Combien le kilomètre carré vaut-il de décamètres carrés? 5° Combien vaut-il de décimètres carrés?

2). 1° Qu'est-ce que le décimètre carré par rapport au mètre carré? 2° le mètre carré par rapport au décimètre carré? 3° le centimètre carré par rapport au mètre carré? 4° le décimètre carré par rapport au kilomètre carré? 5° le centimètre carré par rapport au kilomètre carré ?

3). Écrire en chiffres : 1° trois mètres carrés six décimètres carrés ; 2° vingt mètres carrés treize centimètres carrés; 3° trois décimètres carrés cinq centimètres carrés ; 4° cent vingt-six centimètres carrés ; 5° quatre cent neuf millimètres carrés.

4). Lire les nombres suivants : 1° 4$^{\text{m. car}}$.25 : 2° 16$^{\text{m. car}}$,3 ; 3° 19$^{\text{m. car}}$,0849; 4° 0$^{\text{m. car}}$,0009; 5° 73$^{\text{m. car}}$,45378.

5). Rapporter au mètre carré les nombres suivants : 1° 75$^{\text{decam.car}}$,35 ; 2° 8$^{\text{kilom.car}}$; 3° 158$^{\text{myriam.car}}$; 4° 12$^{\text{decam.car}}$,7 ; 5° 28$^{\text{kilom.car}}$,6.

6). 1° 3$^{\text{decim.car}}$; 2° 275$^{\text{centim.car}}$; 3°28$^{\text{centim.car}}$; 4° 375$^{\text{millim.car}}$; 5° 7$^{\text{millim.car}}$.

7). Rapporter successivement : (*a*) au décimètre carré ; (*b*) au centimètre carré ; (*c*) au millimètre carré ; (*d*) au décamètre carré ; (*e*) à l'hectomètre carré ; (*f*) au myriamètre carré, les nombres de mètres carrés suivants : 1° 6$^{\text{m.car}}$; 2° 15$^{\text{m.car}}$,2 ; 3° 131$^{\text{m.car}}$,75 ; 4° 1482$^{\text{m.car}}$,875 ; 5° 13789 $^{\text{m.car}}$,35648.

Problèmes sur le mètre carré (XVI).

1). Les quatre cloisons d'une chambre sont égales deux à deux ; les deux cloisons contiguës ont, l'une 16 mètres carrés 40 décimètres carrés, et l'autre 15 mètres carrés 20 décimètres carrés ; quelle est la surface totale des quatre cloisons ?

2). Une planche de 5 mètres carrés 60 décimètres carrés a été payée 8 fr. ; à combien revient le mètre carré ?

3). La superficie d'un parterre de 324 mètres carrés a été partagée en 16 parties égales ; combien de mètres carrés dans chaque partie ?

4). Un parquet de 24 mètres carrés 60 décimètres carrés a été carrelé avec des carreaux de 5 décimètres carrés ; combien entre-t-il de carreaux ?

5). S'il faut 13 décimètres carrés de fer-blanc pour faire un entonnoir, combien fera-t-on d'entonnoirs avec 26 mètres carrés de fer-blanc ?

6). La superficie d'un potager est de 124 mètres carrés ; les plantations en prennent 98 mètres carrés 60 décimètres carrés ; combien reste-t-il pour les sentiers ?

7). La surface d'une cour est de 145 mètres carrés ; combien payera-t-on le pavage de la cour avec des pavés de 14 décimètres carrés, si le pavé coûte tout posé 65 centimes ?

8). La surface d'une feuille de carton est de 24 décimètres carrés ; combien pourra-t-on en découper de morceaux de 16 centimètres carrés ?

9). Quelle est la surface égale aux $\frac{4}{7}$ de 42 centimètres carrés ? Quels sont les $\frac{5}{6}$ de 3 mètres carrés ?

10). La population spécifique d'un pays s'exprime par le nombre d'habitants qu'il renferme par kilomètre carré. La surface du département de la Seine, en 1841, était de 475 kilomètres carrés 48 hectomètres carrés, et sa population de 1 953 660 habitants ; quelle était la population spécifique du département de la Seine à cette époque ?

2. L'ARE.

276. Pour évaluer la superficie des terrains, on prend pour unité de mesure l'*are*, qu'on peut se figurer facilement puisqu'il est la surface d'un carré dont chaque côté aurait un décamètre de longueur.

L'are, unité de mesure des surfaces agraires, est donc *le décamètre carré;* c'est encore, comme on voit, le carré qui a pour côté l'unité de mesure de longueur. Car pour la mesure des distances agraires on se sert de la chaîne métrique qui a un décamètre de longueur.

277. Le seul multiple usité de l'are est *l'hectare*, qui vaut 100 ares.

278. Le seul sous-multiple de l'are est le *centiare*, qui est la centième partie de l'are.

279. Le décamètre carré valant 100 mètres carrés, l'are vaut aussi 100 mètres carrés, et le centiare n'est autre chose que le mètre carré.

280. Puisque l'hectare vaut 100 ares ou 100 décamètres carrés, l'hectare n'est autre chose que l'hectomètre carré.

281. Le nombre suivant exprimé en mètres carrés, 3489754 mètres carrés, s'il était rapporté à l'hectare, s'écrirait 348^{hectares},9754, et s'énoncerait 348 hectares 97 ares 54 centiares.

En effet, l'hectare vaut 10000 mètres carrés.

Questionnaire.

Quelle est l'unité de mesure de surface pour les terrains? (276)

Qu'est-ce que l'are? (276)

Combien vaut-il de mètres carrés? (279)

Quels sont les multiples et les sous-multiples de l'are? (277, 278)

Qu'est-ce que l'hectare? (280)

Qu'est-ce que le centiare? (279)

Exercices (XXIII).

1). 1° Combien l'hectare vaut-il de mètres carrés? 2° Combien l'are vaut-il de décimètres carrés? 3° Combien l'are vaut-il de centimètres carrés? 4° l'hectare de décimètres carrés? 5° de millimètres carrés?

2). Écrivez : 1° vingt ares cinq centiares; 2° trente-deux hectares cinquante ares; 3° vingt-huit hectares soixante-quinze centiares; 4° treize hectares deux ares vingt centiares; 5° deux hectares trois centiares.

3). Lire les nombres suivants : 1° 37^{ares},05; 2° 3^{hectar},45; 3° 7^{hectar},6; 4° 175^{ares},4; 5° 48^{hectar},007.

4). Rapporter les nombres de mètres carrés suivants : (*a*) au centiare ; (*b*) à l'are ; (*c*) à l'hectare : 1° 345$^{\text{m car}}$; 2° 4567$^{\text{m.car}}$; 3° 48$^{\text{m.car}}$,3 ; 4° 145$^{\text{decim.car}}$,8 ; 5° 4$^{\text{centim.car}}$.

Problèmes sur l'are (XVII).

1). On a mesuré la surface d'un terrain partagé en 3 lots, le premier de 3 hectares 25 ares, le deuxième de 2 hectares 79 ares, et le troisième de 1 hectare 45 ares ; quelle est la surface totale du terrain ?

2). La superficie d'un parc est de 5 hectares 28 ares ; les arbres et les plantations en prennent 4 hectares 36 ares ; combien reste-t-il de mètres carrés pour les allées ?

3). L'hectare d'un terrain vaut 3600 fr. ; combien coûteront 67 hectares 28 ares ?

4). Une propriété de 48 hectares 25 ares renferme un étang dont on veut connaître la surface. Pour cela on a mesuré la surface des terres et l'on a trouvé 47 hectares 38 ares ; quelle est en mètres carrés l'étendue de l'étang ?

5). On a partagé par parties égales entre 4 enfants une terre patrimoniale de 128 hectares 60 ares ; combien chaque enfant a-t-il eu de terrain pour sa part ?

6). Le jardin public d'une ville est de 2 hectares 50 ares ; combien de fois le jardin est-il contenu dans l'étendue de la ville, qui a 230 hectares de superficie ?

7). A 45 fr. l'are, combien valent 16 hectares ?

8). Exprimer en mètres carrés les $\frac{5}{9}$ de 8 hectares 37 ares.

9). Un propriétaire a un terrain de 3 hectares 40 ares qui lui a coûté 12 500 fr. ; il voudrait gagner 1100 fr. en le revendant ; à quel prix doit-il vendre l'hectare ?

10). Une ferme de 85 hectares qui avait coûté 250 000 fr. est revendue en 2 lots, l'un de 59 hectares 40 ares à raison de 4000 fr. l'hectare, et l'autre de 25 hectares 60 ares, au prix de 3500 fr. l'hectare ; a-t-on perdu ou gagné à la vente, et combien ?

§ III. MESURE DE VOLUME.

1. LE MÈTRE CUBE.

282. On nomme *cube* un solide qui a la forme d'un dé à jouer et dont les six faces sont des carrés égaux.

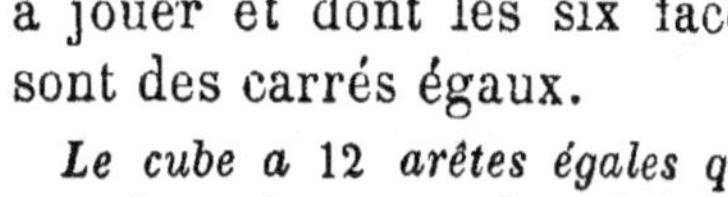

Le cube a 12 arêtes égales qui sont les mêmes que les côtés des carrés qui lui servent de faces.

283. Le mètre cube est un cube dont le côté a un mètre de longueur , et par conséquent dont les six faces sont des mètres carrés.

Le décimètre cube, le centimètre cube et le millimètre cube sont des cubes dont le côté a un décimètre, un centimètre, un millimètre de longueur, et dont les six faces sont des décimètres carrés, des centimètres carrés, des millimètres carrés.

284. *Le mètre cube vaut 1000 décimètres cubes.*

Pour le prouver, je suppose une grande boîte cubique creuse, d'un mètre de côté, qui sera un mètre cube ; le fond de cette boîte sera un mètre carré que je puis partager en 100 décimètres carrés. J'imagine donc 100 petits décimètres cubes, occupant le fond de la boîte, chacun d'eux coïncidant par une de ses faces avec chacun des décimètres carrés du fond. Mais cette couche de 100 décimètres cubes n'occupera que la dixième partie de la hauteur de la boîte; donc, si je place 10 couches semblables les unes au-dessus des autres, la boîte, entièrement remplie, contiendra $100 \times 10 = 1000$ décimètres cubes.

On ferait voir de même que le décimètre cube vaut 1000 centimètres cubes, et que le centimètre cube vaut 1000 millimètres cubes.

285. Le mètre cube vaut donc :

1000 décimètres cubes ;

$1000 \times 1000 = 1000000$ centimètres cubes ;

$1000 \times 1000 \times 1000 = 1000000000$ millimètres cubes.

Et réciproquement, le décimètre cube vaut la millième partie du mètre cube ;

Le centimètre cube vaut la millionième partie du mètre cube ;

Le millimètre cube vaut la billionième partie du mètre cube.

Par conséquent, dans un nombre décimal rapporté au mètre cube, les décimètres cubes occuperont le troisième rang après la virgule, les centimètres cubes le sixième rang, et les millimètres cubes le neuvième rang.

286. *L'unité de mesure de volume est le cube qui a pour côté l'unité de mesure de longueur.*

La mesure des volumes est enseignée par la géométrie. Le volume d'un corps dépend de certaines lignes de sa surface qu'on appelle les dimensions du corps. Ainsi le volume d'une chambre, c'est-à-dire l'espace qu'elle occupe, dépend de sa longueur, de sa largeur et de sa hauteur ; le volume d'une sphère dépend de son diamètre, etc.

Si donc l'unité de longueur est le mètre, le décimètre, le centimètre, l'unité de volume sera le mètre cube, le décimètre cube, le centimètre cube.

Au surplus, on pourra toujours passer d'une unité cubique à une autre à l'aide du principe général, n° **264**, connaissant le rapport que ces unités ont entre elles.

Le mètre cube et ses sous-multiples s'emploient pour évaluer le volume des blocs de pierre, la capacité, c'est-à-dire le volume intérieur des bassins, des chambres, etc.

Questionnaire.

Qu'est-ce qu'un cube ? (282)

Qu'est-ce que le mètre cube ? (283)

Qu'est-ce que le décimètre cube ? (283)

Qu'est-ce que le centimètre cube ? (283)

Qu'est-ce que le millimètre cube ?(283)

Démontrer que le mètre cube vaut 1000 décimètres cubes. (284)

Combien le mètre cube vaut-il de décimètres cubes ? Démontrez-le. (284)

Quelle est l'unité de mesure pour les volumes ? (286)

Exercices (XXIV).

1). Combien 1° le mètre cube vaut-il de centimètres cubes? 2° le décimètre cube de centimètres cubes? 3° le centimètre cube de millimètres cubes ? 4° le mètre cube de millimètres cubes? 5° le décimètre cube de millimètres cubes ?

2). 1° Qu'est-ce que le décimètre cube par rapport au mètre cube ? 2° le centimètre cube par rapport au décimètre cube? 3° le millimètre cube par rapport au centimètre cube ? 4° le centimètre cube par rapport au mètre cube? 5° le millimètre cube par rapport au mètre cube ?

3). Écrire en chiffres : 1° deux mètres cubes cent quarante décimètres cubes ; 2° trois mètres cubes vingt-huit décimètres cubes ; 3° quarante-cinq décimètres cubes ; 4° cinq décimètres cubes vingt-neuf centimètres cubes ; 5° trente décimètres cubes huit centimètres cubes.

4). Écrire en chiffres : 1° trois centimètres cubes cent quarante millimètres cubes ; 2° cinq décimètres cubes huit cent neuf millimètres cubes ; 3° soixante centimètres cubes douze millimètres cubes ; 4° deux décimètres cubes trois centimètres cubes quatre millimètres cubes ; 5° un décimètre cube cinq centimètres cubes vingt millimètres cubes.

5). Lire les nombres suivant : (a) 1° $3^{m.cub},248$; 2° $6^{m.cub},075$; 3° $0^{m.cub},29415$; 4° $0^{m.cub},003019$; 5° $2^{m.cub},5$.

6). (b) 1° $0^{m.cub},48$; 2° $0^{m.cub},0005$, 3° $0^{m.cub},00006$; 4° $0^{m.cub},000008$; 5° $0^{m.cub},0040035$.

7). Rapporter successivement : (a) au décimètre cube ; (b) au centimètre cube ; (c) au millimètre cube, les nombres de mètres cubes suivants : 1° $6^{m.cub}$; 2° $15^{m.cub},32$; 3° $144^{m.cub},358$; 4° $1432^{m.cub},3567$; 5° $0^{m.cub},489562$.

Problèmes sur le mètre cube (XVIII).

1). Un marbrier a acheté trois blocs de marbre, le premier de 3 mètres cubes 748 décimètres cubes, le deuxième de 2 mètres cubes 429 décimètres cubes, et le troisième de 1 mètre cube 940 décimètres cubes ; combien a-t-il acheté en tout de mètres cubes ?

2). Le mètre cube de la pierre à bâtir coûte 25 fr.; combien coûteront 8 mètres cubes 400 décimètres cubes ?

3). Trois ouvriers ont extrait d'une carrière, dans le courant de la journée, les quantités de pierre suivantes : 18 mètres cubes 450 décimètres cubes, 23 mètres cubes 600 décimètres cubes, 19 mètres cubes 135 décimètres cubes ; combien en tout?

4). Pour la construction d'un mur, on a employé 25 mètres cubes 748 décimètres cubes, à 4 fr. 60 c. le mètre cube; à combien revient l'achat de la pierre ?

5). Un bassin contient 4378 mètres cubes 240 décimètres cubes; un autre 3948 mètres cubes 700 décimètres cubes; de combien le premier est-il plus grand que l'autre?

6). Une machine peut extraire 36 mètres cubes de terre par heure, combien en extraira-t-elle en 5 heures $\frac{1}{4}$?

7). Un ouvrier maçon est payé à raison de 28 fr. 60 c. le mètre cube; combien recevra-t-il pour 3 mètres cubes 750 décimètres cubes?

8). On a construit un mur de 83 mètres cubes 70 décimètres cubes, en briques de 2 décimètres cubes 400 centimètres cubes; combien est-il entré de briques?

9). Une pompe peut tirer 3 mètres cubes d'eau par heure; combien faudra-t-il d'heures pour tirer 459 mètres cubes?

10). Dans une caisse de 1 mètre cube 600 décimètres cubes, combien pourrait-on mettre de petites boîtes de 32 centimètres cubes?

2. LE STÈRE.

287. Le *stère*, unité de mesure de volume pour les bois de chauffage et de construction, équivaut au *mètre cube*.

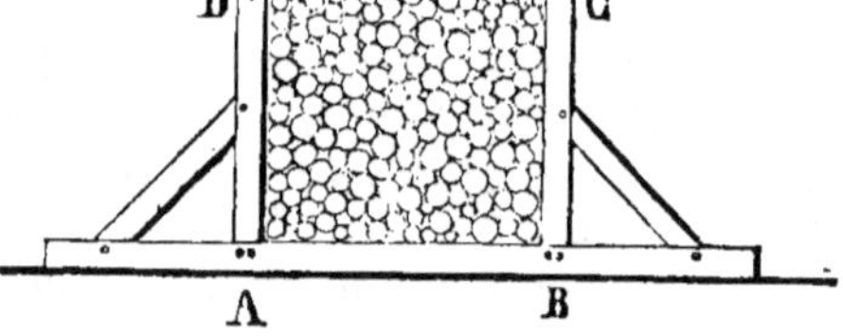

Le seul multiple du stère est le *décastère*, qui vaut 10 stères ou 10 mètres cubes.

Le seul sous-multiple du stère est le *décistère*, dixième partie du stère ou du mètre cube, et valant par conséquent 100 décimètres cubes.

288. Les mesures effectives sont le demi-décastère, le double stère et le stère.

On mesure le bois de chauffage dans des châssis ou assemblages de pièces dont la pièce inférieure AB est appelée *sole*, et les autres AD, BC les *montants*. La longueur de la sole doit être de 1 mètre pour le stère, de 2 mètres pour le double stère, et de 5 mètres pour le demi-décastère. Si les bûches avaient exactement un mètre de longueur, les montants devraient avoir aussi un mètre de hauteur; mais les bûches, dans certaines localités, ayant un peu plus d'un mètre, les montants n'ont pas tout à fait un mètre de hauteur.

On comprend du reste que, à cause des vides que les bûches

laissent entre elles, on n'a réellement pas un mètre cube de bois à brûler, bien que les bûches aient été mesurées avec un stère très-exact.

Questionnaire.

Quelle est l'unité de mesure de volume pour les bois? (287)

Quels sont les multiples et les sous-multiples du stère? (287).

Exercices (XXV).

1). 1° Combien le stère vaut-il de décistères? 2° de mètres cubes? 3° de décimètres cubes? 4° de centimètres cubes? 5° de millimètres cubes?

2). 1° Combien le décastère vaut-il de mètres cubes? 2° de décimètres cubes? 3° de centimètres cubes? 4° Combien le décistère vaut-il de décimètres cubes? 5° de centimètres cubes?

3). Écrire les nombres suivants : 1° vingt stères trois décistères; 2° cinq demi-décastères; 3° huit doubles stères; 4° cent trente stères six décistères; 5° neuf décistères.

4). Écrire les nombres suivants : 1° trois décastères cinq stères; 2° six décastères trois décistères; 3° quarante-huit décistères: 4° vingt-neuf décastères; 5° cent trente-cinq décistères.

5). Lire les nombres suivants : 1° $38^{st},7$; 2° $0^{st},4$; 3° $49^{decast},5$; 4° $38^{decast},24$; 5° $0^{decast},59$.

6). Rapporter successivement (*a*) au décastère; (*b*) au décistère; les nombres de stères suivants : 1° $38^{st},3$; 2° $148^{st},2$; 3° 13st; 4° $0^{st},9$; 5° $1289^{st},8$.

Problèmes sur le stère (XIX).

1). Un marchand de bois a vendu à trois reprises différentes 34 stères 2 décistères, 29 stères 4 décistères, 85 stères 3 décistères; combien a-t-il vendu en tout?

2). Sur 348 stères 2 décistères, on a consommé pendant l'hiver 275 stères 6 décistères; combien en reste-t-il encore?

3). En évaluant à 0,45 décistères la consommation d'une cheminée par jour; combien de bois brûlent 6 cheminées pendant 25 jours?

4). Combien peut durer une provision de bois de 36 stères qui alimente le feu de 5 cheminées, sachant que chaque cheminée consomme 0,45 décistères par jour?

5). Dans un incendie, un chantier qui renfermait 3400 stères de bois a été brûlé entièrement; si le stère coûte 19 fr. 50 c., quelle est la perte du propriétaire?

6). Un voiturier a conduit 34 voitures de bois dont chacune contenait 2 stères 5 décistères; combien a-t-il conduit de stères en totalité?

7). Un voiturier a transporté 48 stères en un certain nombre de voyages ; sa voiture contient 2 stères 4 décistères ; combien a-t-il fait de voyages ?

8). Un propriétaire a fait abattre et débiter 60 arbres d'égale grosseur qui ont donné en tout 162 stères 6 décistères ; combien chaque arbre a-t-il produit ?

9). On a employé un certain nombre d'ouvriers à scier 390 stères de bois de chauffage ; chacun d'eux en a scié 32 stères 5 décistères ; combien a-t-on employé d'ouvriers ?

10). Dans une maison qui a 35 feux, on a brûlé 336 stères ; combien par feu ? Et si le stère coûte 18 fr. 50 c., à combien revient la dépense de chaque feu ?

3. LE LITRE.

289. Le *litre,* unité de mesure de capacité, équivaut au décimètre cube ; c'est-à-dire qu'il contient autant qu'un cube creux dont le côté intérieur est un décimètre.

Mais le litre n'est pas employé sous cette forme, qui serait peu commode pour la mesure des matières sèches et des liquides à laquelle il est destiné.

290. Le litre du commerce a la forme cylindrique. Celui qu'on emploie pour mesurer les matières sèches, telles que le blé, la farine, l'orge, etc., est en bois, et sa hauteur est égale à son diamètre.

291. Celui qu'on emploie pour mesurer les liquides, tels que le vin, l'eau-de-vie, etc., est en étain et sa hauteur est double de son diamètre.

292. Les multiples du litre sont :

Le décalitre, qui vaut 10 litres ou 10 décimètres cubes ;

L'hectolitre, qui vaut 100 litres ou 100 décimètres cubes ;

Le kilolitre, qui vaut 1000 litres ou 1000 décimètres cubes.

293. Les sous-multiples du litre sont :

Le décilitre, dixième partie du litre, et valant par conséquent 100 centimètres cubes ;

Le centilitre, centième partie du litre, et valant 10 centimètres cubes ;

Le millilitre, millième partie du litre, et valant 1 centimètre cube.

Le millilitre n'est pas employé, mais on emploie les doubles et les moitiés, comme le double litre et le demi-litre, le double décalitre et le demi-décalitre, etc.

294. Mesurer avec le litre ou un de ses multiples ou sous-multiples une quantité de liquide ou de matières sèches, c'est comparer cette quantité avec celle que peut contenir la mesure dont on se sert.

295). Les mesures autorisées pour les liquides se divisent en trois classes, savoir : 1° celles qui ne peuvent être qu'en *cuivre*, en *tôle* ou en *fonte;* 2° celles qui ne peuvent être qu'en *étain;* 3° celles qui ne peuvent être qu'en *fer-blanc.*

1° Les mesures en cuivre ou en tôle sont : le demi-hectolitre, le double décalitre, le décalitre et le demi-décalitre.

La hauteur est égale au diamètre.

2° Les mesures en étain sont : le double litre, le litre, le demi-litre, le double décilitre, le décilitre, le demi-décilitre, le double centilitre, le centilitre.

La hauteur est double du diamètre.

3° Les mesures en fer-blanc, exclusivement destinées pour le lait et l'huile sont les mêmes que les mesures en étain, mais la hauteur est égale au diamètre. La série des mesures pour le lait commence au double litre et finit au demi-décilitre. La série des mesures pour l'huile commence au litre et finit au centilitre. Les mesures pour l'huile à manger portent la lettre M sur la face extérieure ; celles qui servent pour l'huile à brûler la lettre B. Elles doivent avoir toutes une anse, comme les mesures en étain.

Les mesures pour les matières sèches doivent être construites en bois de chêne; on peut aussi en fabriquer en cuivre et en tôle, mais alors elles doivent être étamées.

La hauteur est égale au diamètre.

La série des mesures pour les matières sèches commence à l'hectolitre et finit au demi-décilitre.

Toutes les mesures en bois doivent être garnies dans leur partie supérieure d'une bordure de tôle rabattue qui en conserve les dimensions.

Questionnaire.

Quelle est l'unité de mesure de capacité ? (289)

Qu'est-ce que le litre ? (289)

Le litre qui sert à mesurer les matières sèches est-il de la même substance que le litre qui sert à mesurer les liquides ? (290, 291)

Quelle différence remarque-t-on dans leur forme ? (290, 291)

Quels sont les multiples du litre ? (292)

Quels sont ses sous-multiples ? Combien chacun d'eux vaut-il de centimètres cubes ? (293)

Comment comprenez-vous qu'on mesure des matières sèches ou liquides au litre ou à quelque multiple ou sous-multiple du litre ? (294)

Exercices (XXVI).

1). 1° Combien le litre vaut-il de centilitres ? 2° le décalitre de décilitres ? 3° de centilitres ? 4° Combien l'hectolitre vaut-il de décilitres ? 5° de centilitres ?

2). 1° Qu'est-ce que le litre relativement au kilolitre ? 2° le décilitre relativement au décalitre ? 3° le centilitre relativement à l'hectolitre ? 4° le décilitre relativement au kilolitre ?

3). 1° Combien le litre vaut-il de centimètres cubes ? 2° le décalitre de mètres cubes ? 3° l'hectolitre de mètres cubes ? 4° le décalitre de décimètres cubes ? 5° de centimètres cubes.

4). 1° Combien le décalitre vaut-il de millimètres cubes ? 2° le décilitre de centimètres cubes ? 3° le centilitre de centimètres cubes ? 4° de millimètres cubes ? Combien le millilitre vaut-il de millimètres cubes ?

5). 1° Qu'est-ce que le centimètre cube relativement au litre ? 2° le millimètre cube relativement au décilitre ? 3° le décimètre cube relativement au demi-décilitre ? 4° le mètre cube relativement au double décalitre ? 5° le centimètre cube relativement au double centilitre ?

6). Écrivez les nombres suivants : 1° trois litres cinq décilitres ; 2° huit décalitres trente-cinq centilitres ; 3° douze hectolitres huit litres ; 4° vingt-huit centilitres ; 5° sept hectolitres sept décilitres.

7). Lire les nombres suivants : 1° $5^{lit},2$; 2° $42^{hectol},38$; 3° $5^{kilol},09$; 4° $28^{hectol},5$; 5° $7^{decal},3$.

8). 1° $29^{decal},43$; 2° $18^{lit},375$; 3° $13^{kilol},008$; 4° $3^{decil},9$; 5° $0^{lit},848$.

9). Rapporter : (*a*) au décalitre ; (*b*) à l'hectolitre ; (*c*) au kilolitre ; (*d*) au décilitre ; (*e*) au centilitre ; (*f*) au millilitre : (A) les nombres de litres suivants : 1° 18^{lit} ; 2° $3^{lit},5$; 3° $248^{lit},37$; 4° $0^{lit},2$; 5° $0^{lit},45$.

10). (B). Les nombres de mètres cubes suivants : 1° $3^{m.cub}$; 2° $13^{m.cub}4$: 3° $0^{m.cub},8$; 4° $435^{m.cub},923$; 5° $370^{m.cub},49875$.

Problèmes sur le litre (XX).

1). Un marchand a fait un mélange de trois pièces de vins : 40 hectolitres de la première espèce ; 12 hectolitres 25 litres de la deuxième ;

19 hectolitres 4 décalitres de la troisième ; combien le mélange contient-il de litres ?

2). A 240 fr. l'hectolitre, combien coûte le litre ?

3). Le litre de petit pois coûtant 60 c , combien payera-t-on 7 litres de petits pois ?

4). Un marchand avait 178 hectolitres de vin, il en a vendu 139 hectolitres 75 litres ; combien lui en reste-t-il ?

5). L'hectolitre de blé, première qualité, coûtant 18 fr. 25 c. combien payera-t-on 36 hectolitres ?

6). Une laitière a vendu son lait à 40 c. le litre ; elle en a retiré 7 fr. 80 c. ; combien de litres a-t-elle vendus ?

7). Quelle est la quantité de blé contenue dans 3465 sacs dont chacun contient 1 hectolitre 40 litres ?

8). Un propriétaire a récolté 360 hectolitres de vin ; combien faudra-t-il de pièces pour le contenir, si chaque pièce a 2 hectolitres 40 litres de capacité ?

9). On a fait provision de 1185 hectolitres 60 litres de blé ; combien faudra-t-il de sacs pour le renfermer, si chaque sac contient 1 hectolitre 2 décalitres ?

10). Combien faut-il de bouteilles de 60 centilitres de capacité pour contenir 86 litres 40 centilitres de liqueur ?

§ IV. MESURES DE POIDS [1].

LE GRAMME, SES MULTIPLES ET SOUS-MULTIPLES.

296. Le *gramme*, unité de mesure des poids, *est le poids d'un centimètre cube d'eau distillée*, prise au maximum de densité de l'eau et supposée pesée dans le vide.

Toutes ces précautions ont eu pour but de faire du gramme un poids *constant*, qualité que doit avoir nécessairement toute unité de mesure.

1° On a pris de l'eau parce que c'est la substance la plus universellement répandue et la plus facile à obtenir pure ;

2° On a distillé cette eau pour la dégager des matières étrangères qui en augmentent ou diminuent d'une manière irrégulière le poids d'un même volume ;

3° On l'a pesée dans le vide pour la soustraire à la pression de l'air qui, variable de sa nature, aurait pu en faire varier le poids. En effet,

---

1 On entend par *poids* d'un corps, la pression que ce corps exerce sur un obstacle qui s'oppose à sa chute, comme une pierre sur la main qui la soutient, sur le plateau d'une balance, etc.

un corps quelconque pesé dans un liquide ou dans un fluide, comme l'air atmosphérique, y perd une partie de son poids égale au poids du liquide ou du fluide dont il tient la place. Or, le poids de l'air, ou autrement dit la pression atmosphérique, varie continuellement, ainsi qu'on le voit par le baromètre;

4° On a pris de l'eau à son *maximum* de densité, c'est-à-dire au moment où les molécules de l'eau étant le plus rapprochées, il y en a une plus grande quantité dans un même volume. C'est en effet une propriété remarquable de l'eau que ses molécules, que la chaleur écarte et que le froid rapproche, comme celles de toutes les substances, passé la température de 4 degrés, c'est-à-dire quand le froid augmente, tendent à s'écarter au lieu de se rapprocher. Du reste, on aurait pu choisir une autre température déterminée, lorsque le thermomètre centigrade marque 15 degrés, 20 degrés, etc.

Au surplus, on s'est dispensé de faire ces deux dernières opérations : par le moyen de calculs que la physique enseigne, on a pu ramener le poids du centimètre cube d'eau à ce qu'il eût été si on l'eût pesé dans le vide et si l'eau avait été prise au *maximum* de densité.

297. Les multiples du gramme sont :

Le *décagramme*, qui vaut 10 grammes et pèse autant que 10 centimètres cubes d'eau distillée;

L'*hectogramme*, qui vaut 100 grammes et pèse autant que 100 centimètres cubes d'eau distillée ;

Le *kilogramme*, qui vaut 1000 grammes et pèse autant que 1000 centimètres cubes ou 1 décimètre cube d'eau distillée. Ainsi 1 litre d'eau distillée pèse un kilogramme.

Le *myriagramme*, qui vaut 10000 grammes ou 10 kilogrammes, terme par lequel on le désigne ordinairement.

Les expériences des savants français chargés de déterminer l'unité de mesure de poids ont été faites sur un décimètre cube d'eau et non sur un centimètre cube; et l'étalon en platine, métal le plus dense qui existe, conservé aux Archives nationales avec l'étalon du mètre, est le kilogramme, poids d'un décimètre cube d'eau distillée, pesée dans le vide et ramenée au *maximum* de densité. La millième partie de ce poids est le gramme, qu'on a pris pour unité de mesure.

On appelle *quintal métrique* un poids de 100 kilogrammes, et *tonneau de mer*, un poids de 1000 kilogrammes.

298. Les sous-multiples du gramme sont :

Le *décigramme*, dixième du gramme, qui pèse autant

que la dixième partie d'un centimètre cube ou 100 millimètres cubes d'eau distillée ;

Le *centigramme*, centième partie du gramme, poids de 10 millimètres cubes d'eau distillée ;

Le *milligramme*, millième partie du gramme, poids d'un millimètre cube d'eau distillée.

Tous ces poids sont, ou en fer ou en cuivre, et pour la facilité du commerce, on emploie les doubles et les moitiés.

Le gramme se lie au mètre par les dimensions du cube d'eau distillée.

299. Les mesures de poids dont on se sert sont en fer fondu ou en cuivre. Les poids en fer de 50 et 20 kilogrammes ont la forme d'une pyramide tronquée à base rectangulaire. Les autres poids en fonte ont la forme d'une pyramide tronquée dont la base est un hexagone régulier.

La série des poids en fonte comprend les poids de 50 kilogrammes, de 20 kilogrammes, de 10 kilogrammes, de 5 kilogrammes, le double kilogramme, le kilogramme, le demi-kilogramme, le double hectogramme, l'hectogramme, le demi-hectogramme.

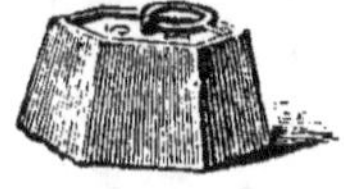

Ils portent l'indication de leur valeur inscrite sur la face supérieure ; ainsi, par exemple, 50 kilogrammes.

300. Les poids en cuivre, depuis 20 kilogrammes jusqu'au gramme, avec les doubles et les moitiés, ont la forme d'un cylindre surmonté d'un bouton. La hauteur du cylindre doit égaler son diamètre, et celle du bouton doit en être la moitié. Cependant les poids d'*un* et de *deux* grammes doivent avoir le diamètre un peu plus grand que la hauteur, afin de donner la place nécessaire pour y graver le nom du poids exprimé en grammes ; ainsi : 200 grammes, 100 grammes, 10 grammes, 1 gramme.

Les poids cylindriques, jusqu'au poids de 200 grammes, peuvent être massifs ou creux ; mais le volume doit être le même pour les poids de même valeur.

301. Les poids d'un demi-gramme et au-dessous sont des lames de cuivre minces et carrées : on les emploie à peser les matières précieuses d'or et d'argent, les perles, les diamants, etc., ainsi que dans les laboratoires de physique et de chimie, et dans la pharmacie.

La série de ces poids commence au demi-gramme et finit, en y comprenant les doubles et les moitiés, au milligramme inclusivement. Ils portent l'indication de leur valeur ainsi qu'il suit : 5 décigrammes, 5 C. G. (centigrammes), 2 M. (milligrammes), 1 M,

302. Il y a aussi des poids en cuivre en forme de godets coniques, qui s'emboîtent les uns dans les autres. Chacun d'eux est égal au poids de tous ceux qu'il renferme; et correspond à l'un des poids cylindriques en cuivre.

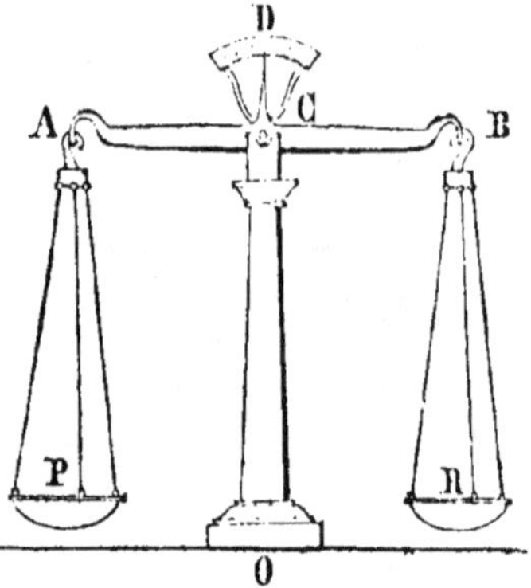

303. Les poids de 50 kilogrammes et au-dessous, jusques et y compris le kilogramme, sont appelés *gros poids*.

Les poids au-dessous du kilogramme, jusqu'au gramme inclusivement, sont appelés *poids moyens*.

Les poids inférieurs au gramme sont appelés *petits poids*.

304. L'instrument dont on se sert le plus communément pour peser les corps est la balance ordinaire, qui se compose de trois parties principales : la *colonne* OC, qui soutient l'instrument ; le *fléau* ACB, dont les deux moitiés AC, CB s'appellent les *bras*, et les *bassins* ou *plateaux* P et R.

La colonne est quelquefois remplacée par une chaîne et un anneau au moyen duquel on suspend la balance.

Mesurer le poids d'un corps, c'est le comparer au poids d'un autre corps. Un corps quelconque placé dans un des plateaux R de la balance presse sur ce plateau et le forcera à s'abaisser, à moins qu'on ne mette dans l'autre plateau P un corps qui presse sur ce second plateau précisément autant que l'autre corps. Alors la balance restera en *équilibre*, et les deux plateaux seront au même niveau, comme avant qu'on mît ces deux corps dans les plateaux.

Pour peser un corps, on le met donc dans un des plateaux de la balance, et l'on met dans l'autre plateau autant de poids qu'il en faut pour que l'équilibre soit établi. S'il a fallu mettre, par exemple, un poids de 1 kilogramme, un poids d'un demi-kilogramme marqué 5 hectogrammes, et un poids de 20 grammes, on dit que le corps pèse 1 kilogramme 520 grammes.

Lorsque l'équilibre est établi, le fléau doit être immobile et dans une position horizontale; alors l'aiguille CD, s'il y en a une, marque zéro.

Les balances, ainsi que les poids, sont vérifiées et contrôlées par les agents du gouvernement; la figure ci-contre représente le poinçon appliqué sous un poids par le vérificateur des poids et mesures.

Questionnaire.

Quelle est l'unité de mesure pour les poids ? (296)

Qu'est-ce que le gramme ? (296)

Qu'est-ce qu'un centimètre cube ? un centimètre cube d'eau ? (296)

Pourquoi a-t-on choisi l'eau ? Pourquoi l'a-t-on prise distillée ? Qu'est-ce que le *miaxmum* de densité de l'eau ?

Pourquoi dites-vous pesé dans le vide ? (296)

Quels sont les multiples du gramme ? (297)

Qu'est-ce que le quintal métrique ? (297)

Qu'est-ce que le tonneau de mer ? (297)

Quels sont les sous-multiples du gramme ? (298)

Exercices (XXVII).

1). 1° Combien le kilogramme vaut-il de grammes ? 2° de décagrammes ? 3° de décigrammes ? 4° d'hectogrammes ? 5° de centigrammes ?

2). 1° Combien le décagramme vaut-il de décigrammes ? 2° l'hectogramme de grammes ? 3° de centigrammes ? 4° Combien le décigramme vaut-il de milligrammes ? 5° le centigramme de milligrammes ?

3). 1° Combien pèse 1 litre d'eau prise dans les conditions du gramme ? 2° un décalitre d'eau ? 3° un hectolitre ? 4° un kilolitre ? 5° un décilitre ?

4). 1° Combien pèse un centilitre d'eau ? 2° un millilitre ? 3° un double litre ? 4° un demi-décilitre ? 5° un double centilitre ? 6° un demi-décalitre ?

5). Écrivez : 1° vingt-cinq grammes trois décigrammes ; 2° trente kilogrammes vingt-cinq grammes ; 3° dix centigrammes trois milligrammes ; 4° dix-huit hectogrammes trois grammes ; 5° quinze kilogrammes huit grammes.

6). Écrivez : 1° quarante kilogrammes cinq décagrammes ; 2° douze kilogrammes neuf décigrammes ; 3° deux hectogrammes sept centigrammes ; 4° huit décagrammes trois centigrammes ; 5° vingt kilogrammes sept milligrammes.

7). Lire les nombres : 1° $3^{kilog},83$; 2° $18^{kilog},759$; 3° $25^{myriag},49$; 4° $32^{gr},48$; 5° $0^{gr},008$.

8). 1° $128^{myriag},4$; 2° $79^{kilog},3$; 3° $9^{gr},005$; 4° $38^{gr},07$; 5° $0^{myriag},0008$.

9). Rapporter : (*a*) au décagramme ; (*b*) à l'hectogramme ; (*c*) au kilogramme ; (*d*) au myriagramme, les nombres de grammes suivants : 1° $3^{gr},2$; 2° $48^{gr},3$; 3° $148^{gr},439$; 4° $0^{gr},3$; 5° $0^{gr},48$.

10). Rapporter : (*a*) au décigramme ; (*b*) au centigramme ; (*c*) au milligramme, les nombres de grammes suivants : 1° 4^{gr} ; 2° $34^{gr},5$; 3° $48^{gr},63$; 4° $0^{gr},49$; 5° $0^{gr},008$.

11). Dire le poids des volumes d'eau (prise dans les conditions du gramme) exprimés par les nombres suivants : 1° 38^{lit} ; 2° $42^{hectol},3$; 3° $0^{lit},39$; 4° $23^{lit},48$; 5° $25^{decalit},3$.

12). 1° $18^{m.cub}$; 2° $3^{m.cub},4$; 3° $0^{m.cub},48$; 4° $0^{m.cub},0005$; 5° $0^{m.cub},000489$.

Problèmes sur le gramme (XXI).

1). Un épicier a trois tonnes d'huile dont la première contient 84 kilogrammes 35 décagrammes; la deuxième, 83 kilogrammes 40 décagrammes; la troisième 90 kilogrammes; combien en tout de kilogrammes d'huile?

2). A 2 fr. 40 c. le kilogramme, combien payera-t-on 3 kilogrammes 25 décagrammes?

3). Combien aura-t-on de kilogrammes de savon pour 340 fr., si le kilogramme coûte 1 fr. 70 c. ?

4). Un orfévre a fondu ensemble trois lingots d'argent : le premier, du poids de 2 kilogrammes 25 décagrammes; le deuxième, de 1 kilogramme 40 décagrammes; le troisième, de 3 kilogrammes 8 décagrammes, combien de kilogrammes dans l'alliage des trois lingots?

5). Si un centimètre cube de fer pèse $7^{gr},788$, combien pèseront 4 mètres cubes 275 décimètres cubes?

6). Un propriétaire de forges a fondu 5637 kilogrammes 50 décagrammes de fer, sur lesquels il a vendu 3780 kilogrammes 75 décagrammes, combien lui en reste-t-il?

7). Pour trouver le poids du savon renfermé dans une caisse, on l'a pesée vide et ensuite pleine. La caisse pleine pesait 78 kilogrammes 70 décagrammes, et vide 5 kilogrammes 36 décagrammes; quel est le poids du savon?

8). Le prix du pain étant à 30 c. le kilogramme, combien de kilogrammes de pain a consommés une famille qui a payé au boulanger 360 fr.?

9). Combien faut-il de caisses pour renfermer 540 kilogrammes de raisin sec, si chaque caisse en contient 18 kilogrammes?

10). Un pain de sucre pesant 9 kilogrammes 40 décagrammes, quel sera le poids de 548 pains de sucre de la même espèce?

§ V. MONNAIES.

LE FRANC.

505. On évalue le prix ou la valeur commerciale des objets par le moyen des monnaies.

On distingue deux sortes de monnaies : les monnaies en métal, or, argent, cuivre, et les monnaies en papier, comme les billets de banque, etc., qui ne sont que la représentation des monnaies métalliques.

Le *franc*, unité de mesure des monnaies, *est une pièce ronde d'argent, portant certains signes déterminés par la loi, pesant 5 grammes et contenant les 835 millièmes de son poids d'argent pur et 165 millièmes de cuivre.*

306. Le tableau suivant donne l'ensemble des pièces qui composent notre système monétaire.

VALEUR, POIDS ET DIAMÈTRE DES MONNAIES.

	VALEUR des pièces.	POIDS en grammes.	DIAMÈTRE en millimètres.
Or.	100 fr.	32^{gr},258	35 mm.
	50	16 ,129	28
	20	6 ,4516	21
	10	3 2,258	19
	5	1 ,6129	17
Argent.	5 fr.	25	37
	2	10	27
	1	5	23
	50 c.	2 ,50	18
	20	1	15
Cuivre.	10 c.	10	30
	5	5	25
	2	2	20
	1	1	15

307. Ces monnaies sont toutes décimales, car l'échelle décimale admettant les diviseurs 5 et 2 de dix, la division des pièces fondamentales :

$$10 \text{ fr. par } \begin{cases} 5 \text{ donne } 2 \text{ fr.} \\ 2 \quad — \quad 5 \end{cases}$$

$$100 \text{ fr. par } \begin{cases} 5 \text{ donne } 20 \text{ fr.} \\ 2 \quad — \quad 50 \end{cases}$$

$$10 \text{ c. par } \begin{cases} 5 \text{ donne } 2 \text{ c.} \\ 2 \quad — \quad 5 \end{cases}$$

$$1 \text{ fr. par } \begin{cases} 5 \text{ donne } 10 \text{ c.} \\ 2 \quad — \quad 50 \end{cases}$$

308. D'après la loi, la monnaie d'or a une valeur 15 fois et $\frac{1}{2}$ plus grande que celle de la monnaie d'argent à poids égal, et par conséquent un poids 15 fois et $\frac{1}{2}$ moindre à valeur égale.

A poids égal, la monnaie de cuivre vaut 20 fois moins que celle d'argent, et par conséquent $15\frac{1}{2} \times 20 = 310$ fois moins que celle d'or.

309. Le diamètre des pièces de monnaie peut être utilisé pour la mesure des longueurs. Ainsi, en plaçant 20 pièces de 2 fr. et 20 pièces de 1 fr. à la suite les unes des autres, on retrouve exactement la longueur du mètre.

27 pièces de 5 fr., placées de la même manière, donnent la longueur du mètre, moins un millimètre.

Au surplus, la loi n'a pas entendu faire des étalons de mesures de longueur des pièces de monnaies d'or ou d'argent; elle a seulement déterminé le poids.

310. On appelle *titre* des monnaies ou de l'orfévrerie le rapport qui existe entre le poids d'or ou d'argent pur contenu dans les monnaies ou dans les objets d'orfévrerie, et leur poids total. Ce rapport est ordinairement exprimé par une fraction décimale évaluée en millièmes.

Le titre des monnaies en France était primitivement de 900 millièmes d'or ou d'argent pur. Mais, en présence de l'énorme exportation de nos monnaies divisionnaires en argent, une loi du 27 juin 1866 a ordonné la fabrication au titre 835 millièmes de fin des pièces de 20 et de 50 cent., de 1 et de 2 fr.

Le cuivre qui entre dans la monnaie sert à lui donner plus de dureté. Son poids est les 100 millièmes ou les 165 millièmes du poids total, selon que le titre est 0,900 ou 0,835.

311. Comme il serait difficile de donner aux pièces de monnaie des poids qui fussent exactement les poids établis par la loi, la loi elle-même tolère une petite erreur selon le poids de chaque pièce.

La *tolérance*, en plus ou en moins, pour les pièces de 5 francs, est des 3 millièmes du poids de la pièce; pour les pièces de 1 franc et de 2 francs des 5 millièmes du poids; des 7 millièmes pour le demi-franc, et d'un centième pour le cinquième de franc.

Pour les pièces d'or, la tolérance n'est que des 2 millièmes du poids de la pièce.

312. Dans l'orfévrerie et la bijouterie, la loi ne reconnaît que deux titres pour les ouvrages d'argent, savoir : le premier titre à 0,950, le deuxième titre à 0,800. — Elle tolère 5 millièmes en plus ou en moins.

313. La loi reconnaît trois titres pour les ouvrages d'or, savoir : le premier titre à 0,920, le deuxième à 0,840 et le troisième à 0,750. — Avec tolérance de 3 millièmes d'erreur.

Tous les objets d'orfévrerie ou de bijouterie sont soumis au contrôle du gouvernement. La marque du poinçon dont ils sont frappés fait connaître leur titre et sert de garantie à l'acheteur.

314. Le franc se lie au mètre par son poids et par son diamètre exprimé en parties du mètre.

315. La valeur de l'or et de l'argent peut varier avec le temps suivant la richesse et le nombre des mines que l'on découvre. Si la production des mines d'or devenait dix fois plus grande, celle des mines d'argent restant constante, le rapport 15 ½ établi par la loi entre les valeurs de l'or et de l'argent, à poids égal, devrait être modifié.

316. L'or et l'argent ne sont pas seulement des signes de valeur, ils sont aussi des marchandises; et c'est par cette qualité qu'ils sont employés dans les achats et les ventes qui ne sont autre chose que des échanges.

317. On peut apprécier l'abaissement de valeur de l'argent en comparant les quantités d'argent nécessaires pour acheter une même quantité de marchandises de première nécessité. Si, par exemple, on a payé dans un temps un hectolitre de blé pour la valeur réelle de 10 fr., et que dans un autre temps un hectolitre de blé coûte 20 fr., l'argent a perdu la moitié de sa valeur. Il faut s'assurer toutefois que le prix des autres marchandises s'est pareillement élevé.

Questionnaire.

Comment évalue-t-on la valeur commerciale des objets? (305)

Qu'est-ce que les monnaies? Combien distingue-t-on d'espèces de monnaies? (305)

Quelle est l'unité monétaire? Qu'est-ce que le franc? (305)

Quels sont les sous-multiples décimaux du franc? (305)

Quels sont les multiples et sous-multiples du franc qui ne suivent pas la numération décimale, autrement dit quelles sont les pièces de monnaie en argent et en or? (306, 307).

Quel est le rapport légal entre la monnaie d'argent et celle d'or? entre la monnaie d'argent et celle de cuivre? entre la monnaie d'or et celle de cuivre? (308)

Serait-il possible de retrouver les mesures de longueur avec les pièces de monnaie? (309)

Dites le diamètre des principales pièces: le franc, la pièce de 5 francs, la pièce de 20 francs? (309)

Qu'est-ce que le titre des monnaies et de l'orfévrerie? (309)

A quoi sert le cuivre que l'on allie aux métaux précieux qui sont la base de la monnaie? (310)

Quel est le rapport du cuivre à l'argent et à l'or dans les monnaies de France? (310)

Combien de titres pour les ouvrages d'orfévrerie et de bijouterie? (312, 313)

Qu'est-ce que le contrôle des pièces d'orfévrerie et de bijouterie? (313)

De quelle manière le franc se lie-t-il au mètre? (314)

Exercices (XXVIII).

1). 1° Combien le franc vaut-il de décimes? 2° le décime de centimes? 3° Combien la pièce de 2 francs vaut-elle de centimes? 4° la pièce de 5 francs de décimes? 5° de centimes?

2). 1° Combien la pièce de 2 francs vaut-elle de pièces de 50 centimes? 2° Combien la pièce de 5 francs vaut-elle de pièces de 50 centimes? 3° Combien faut-il de pièces de 20 centimes pour faire une pièce de 2 francs? 4° Combien de pièces de $\frac{1}{5}$ de franc pour une pièce de 5 francs?

3). Écrire les nombres : 1° trente-huit francs vingt-cinq centimes; 2° deux cent six francs vingt centimes; 3° sept francs cinq centimes; 4° cinquante francs sept décimes; 5° neuf décimes cinq centimes.

4). 1° Quarante-trois décimes; 2° cent trente-cinq centimes; 3° trois francs vingt centimes et cinq millièmes (de franc); 4° trois centimes et demi; 5° quatre mille trente-cinq centimes.

5). Lire les nombres suivants : 1° 148^{fr},30 ; 2° 17^{fr},9; 3° 4^{fr},05; 4° 10^{fr},10; 5° 0^{fr},75.

6). 1° 325^{fr},405 ; 2° 0^{fr},847 ; 3° 1^{fr},01 $\frac{1}{2}$; 4° 18^{fr},005 ; 5° 0^{fr},0105.

7). Rapporter successivement : (a) au décime ; (b) au centime, les nombres de francs suivants : 1° 53^{fr}; 2° 4^{fr},2; 3° 15^{fr},20; 4° 48^{fr},08; 5° 0^{fr},075.

8). Rapporter successivement : (a) au franc; (b) au centime, les nombres de décimes suivants : 1° 456^{décim}, 2° 48^{décim},3; 3° 8^{décim},5 ; 4° 0^{décim},7 ; 5° 0^{décim},085.

9). Rapporter successivement : (a) au franc, (b) au décime, les nombres de centimes suivants : 1° 745^{c}; 2° 48^{c}; 3° 15^{c},3; 4° 8^{c},7; 5° 0^{c},05.

Problèmes sur le franc (XXII).

1). Combien faut-il de pièces de 5 francs pour 1 kilogramme?

2). Combien dépense annuellement une personne qui dépense par mois 134 fr. 80 c. ?

3). Pour 1 fr. on a 2 mètres 5 décimètres de ruban; combien aurait-on de mètres pour 15 fr. 60 c.?

4). Quelle est la quantité d'eau distillée qui pèse autant que 136 fr. 80 c. en argent?

5). Quel est le prix de 8 décagrammes a raison de 25 fr. le kilogramme ?

6). Combien faut-il ajouter bout à bout de pièces de 5 fr. dont le diamètre est de 37 millimètres pour faire la longueur du mètre?

7). Une pièce de 5 fr. usée par le frottement ne pèse plus que 23 grammes ; quelle est sa valeur?

8). Le rapport légal entre la monnaie d'or et celle d'argent étant 15$\frac{1}{2}$, quel est le poids d'une pièce d'or de 20 fr. ?

9). Combien faut-il allier de cuivre à 5 kilogrammes 40 décagrammes d'argent pour faire de la monnaie française, et pour quelle somme en aurait-on sans compter les frais de fabrication?

10). Quel est le poids de 3460 fr. en or?

OBSERVATIONS GÉNÉRALES SUR LE SYSTÈME MÉTRIQUE.

Toutes les mesures et tous les poids à l'usage du commerce doivent porter ostensiblement le nom et la valeur de la mesure et du poids qu'ils représentent, ainsi que le nom ou la marque du fabricant.

Tout acheteur a le droit de s'assurer si les mesures et les poids dont se sert le vendeur sont conformes à la loi.

L'acheteur, après avoir fait choix de la marchandise qu'il veut acheter, ne doit plus s'occuper que des mesures et des poids dont le vendeur se sert pour les évaluer; car il ne paye réellement que les mesures ou les poids.

L'acheteur ne doit jamais demander aucune espèce de marchandise pour une somme fixée, mais bien fixer d'abord la quantité de marchandise qu'il désire, et payer en raison de la mesure ou du poids. Ainsi, il ne demandera pas du pain, de la viande, des légumes, etc., pour 50 c., pour 2 fr., pour 10 c.; mais bien 1, 2,... kilogrammes de pain, 1, 2,... hectogrammes de viande, 1, 2,... litres de légumes selon ses besoins, et s'assurera si on lui fait une bonne mesure ou un poids exact.

LIVRE IV.

NOMBRES COMPLEXES.

1. DÉFINITIONS PRÉLIMINAIRES.

318. Outre ces unités de mesure qui composent le système métrique, on se sert encore en France de deux autres unités de mesure dont les multiples et les sous-multiples ne sont pas assujettis au système décimal ; savoir : les unités de mesure du temps et des circonférences, qui sont le *jour* et le *degré*.

Le temps est l'intervalle entre deux événements, entre deux actes physiques ou intellectuels.

319. Le *jour*, temps que la terre met à tourner sur elle-même, se divise en 24 *heures*, l'heure en 60 *minutes*, la minute en 60 *secondes*.

Les jours solaires *vrais* n'ont pas constamment la même durée ; en hiver ils sont plus longs qu'en été. Il n'est question ici que du jour *moyen*.

320. La *semaine* est une période de 7 jours.
Le *mois* commercial est de 30 jours.

Les mois de l'année civile sont alternativement de 31 et de 30 jours, à l'exception des mois de juillet et d'août qui ont 31 jours, et du mois de février qui est communément de 28 jours, et de 29 jours de 4 ans en 4 ans.

321. L'*année* commune est de 365 jours ; tous les quatre ans on compte une année de 366 jours qu'on nomme *bissextile*.
Le *siècle* est une période de 100 années.

L'année est le temps que la terre met à tourner autour du soleil.

Le rapport entre le temps de la révolution de la terre autour du soleil, et celui de sa rotation autour de son axe, c'est-à-dire entre l'année et le jour, ne peut être exprimé par un nombre fini. L'année se compose de 365 jours 5 heures 48 minutes 51 secondes 6 dixièmes environ.

En ne comptant l'année que de 365 jours on néglige enviroi 6 heures qui, en 4 années, font 24 heures ou 1 jour de plus; voilà pourquoi on compte tous les quatre ans une année de 366 jours. Pour reconnaître si une année est bissextile, il n'y a qu'à voir si le nombre qui l'exprime est divisible par 4. Ainsi, 1844 a été bissextile, 1845 ne l'est pas.

Mais en comptant l'erreur à 6 heures, on commet une nouvelle erreur en plus d'environ 11 minutes. Pour compenser cette erreur, on ne compte comme bissextile qu'une année *séculaire* de 4 en 4 ; on appelle ainsi l'année dont le nombre est terminé par deux zéros au moins à sa droite, telle que 1600, 1700, etc. D'après cela 1600 a été bissextile, mais 1700, 1800, 1900 ne le sont pas.

522. La *circonférence* de cercle est une ligne courbe dont tous les points sont également distants d'un point intérieur qu'on nomme *centre*.

Toute circonférence de cercle, grande ou petite, se divise en 360 parties égales, qu'on nomme *degrés;* le degré en 60 *minutes,* la minute en 60 *secondes,* la seconde en 60 *tierces,* etc. Le degré, la minute, la seconde, la tierce de degré, etc., se marquent ainsi : °, ′, ″, ‴, etc., pour les distinguer de la minute, seconde et tierce du temps.

523. On appelle nombre *complexe,* un nombre composé de deux ou plusieurs nombres entiers, rapportés à des unités qui sont des subdivisions non décimales les unes des autres, et par suite d'une même unité principale.

Ainsi, 25 jours 3 heures 36 minutes est un nombre complexe.

RÈGLE. — *Pour écrire un nombre complexe, on écrit tous les nombres partiels à la suite les uns des autres, par ordre d'unité, en les séparant par de petits traits horizontaux et en indiquant au-dessus de chacun d'eux, par une ou plusieurs lettres initiales ou par des signes de convention, le nom de l'unité.*

Le nombre complexe qui précède, s'écrit 25^j 3^h 36^m; de même 5 degrés 18 minutes 9 secondes, s'écrit 5° 18′ 9″.

524. *On peut réduire un nombre complexe en expression fractionnaire de l'unité principale, et réciproquement, une expression fractionnaire en nombre complexe.*

En effet soit le nombre complexe ,

$$
\begin{array}{r}
25^j\ 3^h\ 36^m \\
24 \\
\hline
100 \\
50 \\
3 \\
\hline
603 \\
60 \\
\hline
36180 \\
36 \\
\hline
36216^m = \dfrac{36216^j}{1440}
\end{array}
$$

Puisque 1 jour vaut 24 heures, 25 jours vaudront 25 fois 24 heures. Je multiplie donc 24 par 25, ou, ce qui revient au même, je multiplie 25 par 24, et j'aurai ainsi réduit les 25 jours en heures ; ajoutant les 3 heures que renferme le nombre proposé, j'obtiens 603 heures.

Je réduis de même 603 heures en minutes, en multipliant 603 par 60, puisque 1 heure vaut 60 minutes, et ajoutant au produit les 36 minutes que renferme le nombre proposé, j'aurai pour résultat demandé 36216 minutes.

Maintenant, puisque 1 jour vaut 24 heures et 1 heure 60 minutes, le jour vaudra 24 fois 60 minutes = 1440 minutes; et par conséquent la minute est la 1440e partie du jour; donc 36216 vaudront $\frac{36216}{1440}$j.

525. Réciproquement, soit l'expression fractionnaire $6\frac{48}{45}$ à réduire en nobmre complexe.

$$
\begin{array}{r|l}
648^{j} & 45 \\
198 & \overline{14^{j}\ 9^{h}\ 36^{m}} \\
18 & \\
24 & \\
\hline
72 & \\
36 & \\
\hline
432^{h} & \\
27 & \\
60 & \\
\hline
1620^{m} & \\
270 & \\
0 &
\end{array}
$$

Je divise le numérateur par le dénominateur, ce qui donne 14 jours et 18 jours de reste, que je réduis en heures, en multipliant par 24; j'obtiens ainsi 432 heures que je divise encore par 45.

J'obtiens 9 heures au quotient et 27 heures de reste que je réduis en minutes, en multipliant par 60, ce qui donne 1620 minutes que je divise pareillement par 45 et j'obtiens 36 minutes au quotient; l'expression fractionnaire $\frac{648}{45}^{j}$ revient donc à $14^{j}\ 9^{h}\ 36^{m}$. Si j'avais arrêté la division après les heures, j'aurais obtenu $14^{j}\ 9^{h}\ \frac{27}{45}$ ou $\frac{3}{5}$.

Le calcul des nombres complexes peut donc être ramené au calcul des fractions ordinaires.

2. ADDITION.

326. On opère plus promptement de la manière suivante.
Soit à additionner les nombres complexes suivants :

$$
\begin{array}{llllc|c}
23^{j} & 3^{h} & 17^{m} & \frac{1}{4}\,(3 & 3 & \\
15^{j} & 11^{h} & 53^{m} & \frac{1}{2}\,(6 & 6 & \\
40^{j} & 21^{h} & 49^{m} & \frac{5}{6}\,(2 & 10 & 12 \\
2^{j} & 15^{h} & 8^{m} & & & \\
\hline
82^{j} & 4^{h} & 8^{m}\ \frac{7}{12} & & 19 & 12 \\
& & & & 7 & 1
\end{array}
$$

Après avoir écrit les nombres proposés les uns sous les autres, de manière que les nombres partiels d'unités de même espèce soient dans une même colonne verticale et souligné le tout, je commence par la droite, et j'additionne les fractions après les avoir réduites au même dénominateur 12 ; la somme $\frac{14}{12}$ renferme un entier et $\frac{2}{12}$; j'écris $\frac{2}{12}$ à la colonne des fractions, et je retiens 1 minute pour la porter à la somme des minutes.

La somme des nombres de minutes donne 128 minutes ou 2 heures et 8 minutes, j'écris 8 minutes à la colonne des minutes et je retiens 2 pour les porter à la somme des heures.

La somme des nombres d'heures donne 52 heures ou 2 jours et 4 heures. J'écris 4 à la colonne des heures et je retiens 2 pour les porter à la somme des jours.

La somme des nombres de jours est 82 que j'écris.

La somme totale est donc $28^j\ 4^h\ 8^m\ \frac{2}{12}$.

3. SOUSTRACTION.

327. Soit à soustraire de $\qquad 49^j\ 3^h\ 12^m\ \frac{2}{5}$ (4 $\qquad$ 8 | 20

le nombre complexe $\qquad 17^j\ 11^h\ 8^m\ \frac{3}{4}$ (5 $\qquad$ 15

$$31^j\ 16^h\ 3^m\ \frac{13}{20}$$

Après avoir disposé les nombres comme pour l'addition, je commence par soustraire $\frac{3}{4}$ de $\frac{2}{5}$ après avoir réduit ces deux fractions au même dénominateur ; mais comme $\frac{15}{20}$ ne peut être soustrait de $\frac{8}{20}$, j'ajoute $\frac{20}{20}$ à celle-ci, ce qui donne $\frac{28}{20}$, et soustrayant $\frac{15}{20}$, j'obtiens $\frac{13}{20}$, que j'écris à la colonne des fractions.

Passant au nombre des minutes, comme j'ai ajouté $\frac{20}{20}$ ou 1 minute au nombre supérieur, j'augmente le nombre inférieur d'une unité en disant 9 de 12 il reste 3, que j'écris à la colonne des minutes.

De même pour la troisième colonne, comme 11 ne peut être soustrait de 3, j'augmente 3 de 24, et je dis 11 ôté de 27 il reste 16, que j'écris à cette colonne.

Et enfin, augmentant le nombre inférieur suivant de 1 unité, 18 ôté de 49 il reste 31, que j'écris.

Le reste est donc $31^j\ 16^h\ 3^m\ \frac{13}{20}$.

4. MULTIPLICATION.

328. Lorsque, le multiplicande étant complexe, le multiplicateur est un nombre entier moindre que 10, on multiplie, en commençant par la droite, successivement chacun des nombres particls du multiplicande, en extrayant de chaque produit les unités d'espèce supérieure qui peuvent y être contenues et les portant au produit suivant.

Soit à multiplier $\qquad 18^j\ 13^h\ 36^m\ \frac{2}{3}$

$$8$$

$$148^j\ 12^h\ 53^m\ \frac{1}{3}$$

En commençant par la droite, je multiplie $\frac{2}{3}$ par 8, ce qui donne $\frac{16}{3}$

$= 5\frac{1}{3}$; j'écris $\frac{1}{3}$ sous la fraction du multiplicande, et je retiens 5 pour les porter au produit suivant des minutes.

$36^m \times 8 = 288^m$, et 5 de retenue font 293^m, qui, divisées par 60, donnent 4 pour quotient et 53 pour reste ; j'écris 53 sous les minutes et je retiens 4 pour les porter au produit suivant des heures.

$13^h \times 8 = 104^h$, et 4 de retenue font 108^h, qui, divisées par 24, donnent 4 pour quotient et 12 pour reste ; j'écris 12 sous les heures et je retiens 4 pour les porter au produit suivant des jours.

$18^j \times 8 = 144^j$, et 4 de retenue font 148, que j'écris sous le nombre de jours.

Le produit est donc $148^j\ 12^h\ 53^m\frac{1}{3}$.

329. Lorsque le multiplicateur est un nombre au-dessus de 10, le calcul serait long et pénible par le moyen précédent, on opère alors de la manière qui suit :

$$
\begin{array}{lllccc}
\text{Soit à multiplier} & & & 36^j\ 19^h\ 17^m\ \tfrac{3}{4} & & \\
\text{par} & & & 148 & & \\
\hline
& & & 288 & & \\
& & & 144 & & \\
& & & 36 & & \\
& & 12^h & 74 & & \\
19^h & \Big\{ & 6 & 37 & & \\
& & 1 & 6 & 4 & \\
& & 10 & 1 & 0 & 40 \\
17^m & \Big\{ & 5 & 0 & 12 & 20 \\
& & 2 & 0 & 4 & 56 \\
\tfrac{3}{4} & \Big\{ & \tfrac{2}{4} & 0 & 1 & 14 \\
& & \tfrac{1}{4} & 0 & 0 & 37 \\
\hline
& & & 5446^j & 23^h & 47^m
\end{array}
$$

Commençant l'opération par la gauche, je multiplie 36 par 148 à la manière ordinaire, mais je n'additionne pas les produits partiels.

Pour multiplier 19 heures par 148, je décompose 19 en parties qui soient des *parties aliquotes*, c'est-à-dire des sous-multiples les unes des autres et la première de 24 ; 12, 6, 1, par exemple, 12 heures étant la moitié de 1 jour, j'observe que si j'avais 1 jour à multiplier par 148, le produit serait 148 jours, par conséquent $\frac{1}{2}$ jour multiplié par 148 donnera la moitié de 148 jours, ce que je trouve en disant : Pour 12 heures je prends la moitié de 148, ce qui donne 74, que j'écris sous les produits partiels déjà obtenus.

Pour 6 heures, je prends la moitié du produit qu'ont donné 12 heures, et je trouve 37 jours.

Pour 1 heure, je prends le sixième de 37, qui est 6 pour 36; il reste 1 jour qui vaut 24 heures, dont le sixième est 4, que j'écris sous les heures du multiplicande.

Je décompose pareillement 17 minutes en parties aliquotes ; la première de 60 et les autres en parties aliquotes les unes des autres, 10, 5, 2.

Pour 10 minutes, je prends le sixième du produit qu'a donné 1 heure, en disant : Le sixième de 6 est 1, le sixième de 4 est 0, et il reste 4 qui valent 4 fois $60 = 240$ dont le sixième est 40, que j'écris sous les minutes du multiplicande.

Pour 5 minutes, je prends la moitié du produit précédent; pour 2 minutes, le cinquième de ce même produit qu'ont donné 10 minutes.

Je partage de même $\frac{3}{4}$ en $\frac{2}{4}$ et $\frac{1}{4}$.

Pour $\frac{2}{4} = \frac{1}{2}$, je prends le quart du produit de 2 minutes, et pour $\frac{1}{4}$, la moitié de ce dernier produit.

Puis faisant la somme, j'obtiens pour produit total $5446^j\ 23^h\ 47^m$.

330. Problème. — Autre exemple : *Un train de chemin de fer parcourt* $21^{kilom},75$ *en 1 heure; combien parcourra-t-il de kilomètres en* $12^h\ 18^m\ 40^s$?

Il parcourra évidemment 12 fois $21^{kilom},75$, plus les $\frac{18}{60}$ du chemin qu'il parcourt en 1 heure, plus les $\frac{40}{60}$ du chemin qu'il parcourt en 1 minute.

Multiplicande $21^{kilom},75$
Multiplicateur $12^h\ 18^m\ 40^s$

$$
\begin{array}{llll}
& 43,50 & & \\
& 217,5 & & \\
10 & 3,62\ \frac{3}{6} = \frac{1}{2}\ (12 & & 12 \\
5 & 1,81\ \ \frac{1}{4}\ (6 & & 6 \\
2 & 0,72\ \ \frac{1}{2}\ (12 & & 12 \\
1 & 0,36\ \ \frac{1}{4}\ (6 & & 6 \\
30 & 0,18\ \ \frac{1}{8}\ (3 & & 3 \\
10 & 0,06\ \ \frac{1}{24}\ (1 & & 1 \\
\hline
& 267,76 & \frac{2}{3} & 16\ |\ 24
\end{array}
$$

Quoique le multiplicateur soit toujours et dans tous les cas un nombre abstrait, on laisse les noms des unités des nombres partiels qui rappellent leur relation mutuelle.

Je multiplie, selon la règle, $21^{kilom},75$ par 12, mais je n'additionne pas les produits partiels.

Je décompose ensuite 18 minutes en 10, 5, 2, 1. Puisque le train parcourt $21^{kilom},75$ en 1 heure, en 10 minutes ou $\frac{1}{6}$ d'heure il parcourra le sixième de ce nombre, c'est-à-dire $3^{kilom},62\ \frac{1}{2}$, que j'écris au-dessous des produits partiels comme pour l'addition.

Pour 5 minutes je prends la moitié de produit; pour 2 minutes, le cinquième du même produit; pour une 1 minute, la moitié du dernier produit.

Je décompose pareillement 40 secondes en 30, 10; pour 30 secondes, je prends la moitié du produit qu'a donné 1 minute; pour 10 secondes, le tiers du produit de 30 secondes.

J'additionne tous ces produits partiels; et je trouve pour produit total $267^{kilom},76\ \frac{2}{3}$.

Remarque. Au lieu de décomposer 18 minutes en 10, 5, 2, 1, on aurait pu faire toute autre décomposition, par exemple, en 15, 3 ; puis 40 secondes en 20, 20 ; pour 20 secondes $= \frac{1}{3}$ de minute, on aurait pris le neuvième du produit de 3 minutes.

5. DIVISION.

331. *Une machine à vapeur, fonctionnant régulièrement, a fait* $248^m,94\,\frac{3}{4}$ *d'étoffe en* $7^j\,16^h\,24^m\,\frac{1}{3}$; *combien a-t-elle fait de mètres par jour ?*

Il faut diviser $248^m,94\,\frac{3}{4}$ par le nombre complexe $7^j\,16^h\,24^m\,\frac{1}{3}$.

$$
\begin{array}{c|c}
248^m,94\,\frac{3}{4} & 7^j\,16^h\,24^m\,\frac{1}{3} \\
4320 & 24 \\ \hline
4960 & 168 \\
744 & 16 \\ \hline
992 & 184 \\
\end{array}
$$

	50	2160		60
	25	1080		11040
0,96	5	216		24
	15	648		11064
	1	43,2		3
$\frac{3}{4}$	$\frac{2}{4}$	21,6		33192
	$\frac{1}{4}$	10,8		1

$$
\begin{array}{c|c}
1075539,6 & \dfrac{33193^m}{3} = \dfrac{33193^j}{4320} \\
86,4 & 33193 \\
\text{Produit} \quad 1075453,2 & 32,40 \\
79663 & \\
132772 & \\
\end{array}
$$

Je réduis le diviseur en fraction ordinaire de l'unité principale, ce qui donne $\dfrac{33193^j}{4320}$; ensuite, pour diviser par cette fraction, je multiplie le dividende par la fraction diviseur renversée.

Je multiplie par 4320, au moyen des parties aliquotes ; pour la facilité du calcul, j'ai pris 96 pour 94, mais ensuite au produit j'ai retranché le double du produit de 0,01 par 4320. Enfin, divisant le produit $1075453^m,2$ par 33193, j'obtiens pour le résultat demandé $32^m,40$.

La machine fait donc $32^m,40$ par jour.

332. La plupart des peuples de l'Europe n'ayant pas adopté le système décimal pour les mesures dont ils se servent, sont obligés le plus souvent d'opérer sur des nombres complexes.

Voici un exemple de ces calculs.

En Angleterre, la *livre* (poids), unité de mesure des poids, se divise en 16 *onces*, l'once en 16 *drachmes*, la drachme en 30 *grains*.

La *livre sterling*, ou *souverain*, unité monétaire, vaut 20 *shillings*; le shilling, 12 *deniers*.

Problème. — Au prix de 4 shillings 8 deniers la livre (poids), combien coûteront 20 livres (poids) 6 onces $\frac{1}{2}$?

Je multiplie $\quad\quad\quad\quad\quad\quad\quad\quad\quad\quad$ 4^{sh} 8^d
par $\quad\quad\quad\quad\quad\quad\quad\quad\quad\quad\quad$ $20^{l\cdot p}$ $6^o \frac{1}{2}$

		$20^{l\cdot p}\cdots$	80^{sh}	
8^d	{	6	10	
	{	2	3	4^d
6°	{	4	1	2
	{	2	0	7
		$\frac{1}{2}$	0	$1\frac{3}{4}$

$$4^{souv}\ 15^{sh}\ 2^d \tfrac{3}{4}$$

Je multiplie d'abord 4 shillings 8 deniers par 20 en commençant par les shillings; puis après avoir décomposé 8 deniers en $6^d + 2^d$, j'observe que $1^{sh} \times 20 = 20^{sh}$; par conséquent $6^d = \frac{1}{2}$ de shilling, multiplié par 20, donnera la moitié de $20^{sh} = 10^{sh}$; pour 2 deniers le tiers de ce qu'ont produit 6 deniers.

Pour 6 onces, que je décompose en $4^o + 2^o$, je prends d'abord le quart de $4^{sh},8^d$ et pour 2 onces la moitié du produit précédent; enfin pour $\frac{1}{2}$ once, je prends le quart de ce qu'ont produit 2 onces.

Faisant la somme totale, j'obtiens pour le prix demandé 4 souverains 15 shillings 2 deniers $\frac{3}{4}$.

333. Comme exemple de division, résoudre la question inverse.

Problème. — Au prix de 4 souverains 15 shillings 2 deniers $\frac{3}{4}$, les 20 livres (poids) 6 onces $\frac{1}{2}$, à combien revient la livre ?

Je divise $\quad\quad\quad$ $4^{souv}\ 15^{sh}\ 2\frac{3}{4}$ $\quad\quad\quad$ par $\quad\quad$ $20^{l\cdot p}\ 6^o \frac{1}{2}$
$\quad\quad\quad\quad\quad\quad\quad$ 32 $\quad\quad\quad\quad\quad\quad\quad\quad\quad\quad\quad\quad$ 16
$\quad\quad\quad\quad\quad\quad\quad$ ——— $\quad\quad\quad\quad\quad\quad\quad\quad\quad\quad\quad\quad$ ———
$\quad\quad\quad\quad\quad\quad\quad$ 128 $\quad\quad\quad\quad\quad\quad\quad\quad\quad\quad\quad\quad$ 320

	10	16				6
sh {	2	3	4			326
	2	3	4			2
	1	1	12			652
	2^d	0	5	4^d		1
$\frac{2}{4}$ {		0	1	4		653° $\quad$ $653^{liv\cdot p}$
$\frac{3}{4}$ {		0	2	8		$\frac{2}{}=$ $\quad$ 32

$$152^{souv}\ 7^{sh}\ 4\ |\ 653$$
$$|\ 0^{souv}\ 1^{sh}\ 8^d$$

$\quad\quad\quad\quad\quad\quad$ 20
$\quad\quad\quad\quad\quad\quad$ ———
$\quad\quad\quad\quad\quad\quad$ 3040
$\quad\quad\quad\quad\quad\quad\quad$ 7
$\quad\quad\quad\quad\quad\quad$ ———
$\quad\quad\quad\quad\quad\quad$ 3047^{sh}
$\quad\quad\quad\quad\quad\quad$ 435
$\quad\quad\quad\quad\quad\quad$ 12
$\quad\quad\quad\quad\quad\quad$ ———
$\quad\quad\quad\quad\quad\quad$ 5220
$\quad\quad\quad\quad\quad\quad\quad$ 4
$\quad\quad\quad\quad\quad\quad$ ———
$\quad\quad\quad\quad\quad\quad$ 5224^d
$\quad\quad\quad\quad\quad\quad\quad$ 0

Pour cela, je commence par réduire le diviseur en expression fractionnaire de l'unité principale, ce qui donne $\frac{653}{32}$ livres (poids) ; pour diviser par cette fraction, je multiplie le dividende par cette fraction renversée, ce qui revient à multiplier par 32 et à diviser le produit par 653.

Le produit du dividende par 32 est, comme on peut le voir par le tableau ci-dessus, 152 souverains, 7 shillings 4 deniers.

Divisant ce nombre complexe par 653, j'obtiens 0 souverains au quotient, et je réduis 152 souverains en shillings, en multipliant par 20 et ajoutant 7 shillings au produit, ce qui donne 3047 shillings qui, divisés par 653, donnent 4 shillings au quotient et 435 shillings pour reste : je réduis ce reste en deniers en multipliant par 12 et ajoutant 4 deniers au produit, ce qui donne 5224, qui, divisés par 653, donnent pour quotient exact 8 deniers.

La livre (poids) revient donc à 4 shillings 8 deniers.

Questionnaire.

Quelles sont les unités de mesure qui ne sont point soumises au système décimal ? (318)

Qu'est-ce que le jour ? (319)

Comment divise-t-on le jour ? (319)

Qu'est-ce que la semaine ? (320)

Qu'est-ce que le mois ? (320)

Qu'est-ce que l'année ? l'année commune ? (321)

Comment divise-t-on les circonférences ? (322)

Qu'est-ce qu'un degré, une minute, une seconde de degré ? (322)

Qu'est-ce qu'un nombre complexe ? (323)

Comment écrit-on un nombre complexe ? (323)

Peut-on réduire un nombre complexe en expression fractionnaire, et une expression fractionnaire en nombre complexe ? (324)

Le calcul des nombres complexes ne peut-il pas être ramené au calcul des fractions ordinaires ? (324)

Y a-t-il un moyen d'abréger le calcul des nombres complexes ? (326, 327, 328, 329, 331).

Problèmes sur le temps (XXIII).

1). Combien d'heures, de minutes et de secondes dans une année commune de 365 jours ?

2). Combien y a-t-il de jours dans 46 ans, en comptant les années bissextiles ?

3). Un élève dissipé perd environ 15 minutes par classe de 4 heures ; estimez la perte de temps de cet élève par an en supposant qu'il y ait dans l'année 280 jours de travail et 2 classes par jour.

4). Une personne est née le 27 octobre 1798 et morte le 3 mars 1845 ; à quel âge est-elle morte en comptant les années bissextiles ?

5). Trois ouvriers ont travaillé : le premier, 23 jours 6 heures $\frac{1}{2}$; le deuxième, 18 jours 9 heures ; le troisième, 20 jours 7 heures $\frac{3}{4}$; combien de temps ces trois ouvriers ont-ils travaillé en comptant la journée de travail de 12 heures?

6). Deux voyageurs ont fait le même chemin, le premier en 28 jours 5 heures 30 minutes; le deuxième en 25 jours 8 heures 50 minutes : ils marchaient tous les deux 14 heures par jour; combien le premier voyageur a-t-il mis plus de temps que le deuxième?

7). Un ouvrier payé à raison de 2 fr. 50 c. la journée a travaillé 15 journées 7 heures 30 minutes; la journée devait être de 12 heures; combien lui revient-il pour son travail?

8). Une machine fait 3 mètres 75 centimètres par heure; combien fera-t-elle en 4 jours 6 heures 40 minutes?

9). Un ouvrier payé à raison de 3 fr. 60 c. la journée de 12 heures a reçu 79 fr. 50 c.; combien de temps a-t-il travaillé?

10). Un train de chemin de fer parcourt, vitesse commune, 5 myriamètres en 1 heure, combien mettra-t-il de temps à parcourir 87 myriamètres 3 kilomètres?

Problèmes sur les degrés (XXIV).

1). La distance de l'équateur au pôle étant de 90 degrés, quelle est en myriamètres : 1° la longueur de 1 degré du méridien; 2° et en mètres la longueur de 1 minute de degré?

2). La longitude d'un lieu est l'arc de l'équateur compris entre le méridien du lieu et le méridien de Paris. La terre tournant sur elle-même en 24 heures présente successivement tous ses méridiens au soleil : 1° combien passe-t-il de degrés devant le soleil en 1 heure; 2° quelle heure est-il en un lieu dont la longitude orientale est de 35 degrés quand il est midi à Paris?

3). Quelle est la différence entre 30 degrés 25 minutes 15 secondes et 26 degrés 17 minutes 48 secondes?

4). La roue d'une machine fait un tour en 8 heures, combien de degrés parcourt en 1 heure chaque point de la circonférence de la roue?

5). En 1 heure, chaque point de la circonférence d'une roue parcourt 3 degrés 20 minutes; combien de temps mettra-t-il à parcourir 72 degrés 30 minutes 20 secondes?

6). L'eau d'un moulin fait monter un poids de 3 mètres 40 centimètres pour chaque degré de la roue; combien de degrés doit parcourir la roue pour que le poids soit monté de 17 mètres?

7). Dans une circonférence de 4 mètres de longueur, quelle est la longueur d'une portion de la circonférence de 35 degrés 20 minutes?

8). La terre, dans son mouvement autour du soleil parcourt environ 92 000 000 de myriamètres en un an : 1° combien par jour, par heure, par minute et par seconde ; 2° et en supposant que le centre de la terre parcoure une circonférence de cette longueur, quelle serait la longueur d'un degré, d'une minute et d'une seconde de cette circonférence ?

9). La distance entre Marseille et Paris exprimée en degrés du méridien est d'environ 5 degrés 30 minutes ; quelle est cette distance en kilomètres ?

10). La distance de deux villes placées sur le même méridien est de 1548 kilomètres ; quelle est la portion du méridien comprise entre ces deux villes ?

LIVRE V.

DES RAPPORTS.

1. DÉFINITIONS PRÉLIMINAIRES.

334. On appelle *rapport* de deux grandeurs de même espèce le nombre qui exprimerait la mesure de la première si la seconde était prise pour unité.

Soit par exemple une longueur qui renferme exactement 7 mètres, le rapport de cette longueur au mètre est égal à 7; il serait 0,5 si la longueur ne renfermait que 5 décimètres.

335. On appelle commune mesure de deux grandeurs de même espèce, une troisième quantité de même espèce qui est contenue exactement dans les deux premières. Un nombre qui divise exactement deux autres nombres, est la commune mesure de ces deux nombres.

336. Lorsque deux grandeurs de même espèce ont été évaluées en nombre, en les comparant à une commune mesure, leur rapport est le même que le quotient des nombres qui les représentent.

Je suppose, par exemple, qu'on ait mesuré deux poids en prenant le kilogramme pour unité et que le premier soit égal à $3^{\text{kilog}},28$ et le second à $5^{\text{kilog}},3$; on pourra prendre le décagramme pour commune mesure des deux poids et dire que le premier vaut 328 décagrammes et le second 530; le rapport du premier poids au second sera alors $\frac{328}{530}$ ou, ce qui est la même chose, $\frac{3,28}{5,3}$.

337. Quand on considère le rapport de deux grandeurs

exprimées en nombres, on appelle *antécédent* celui des deux nombres qu'on énonce le premier; *conséquent*, le second. Les deux nombres pris ensemble s'appellent les deux termes du rapport.

338. Le rapport de deux nombres s'indique en séparant l'antécédent du conséquent par deux points placés l'un sous l'autre ou bien par le trait des fractions.

Ainsi le rapport de 15 à 3 s'indique par 15 : 3 ou $\frac{15}{3}$; si l'on comparait au contraire 3 à 15, le rapport s'indiquerait par 3 : 15 ou $\frac{3}{15}$, et il serait l'inverse du précédent.

Un rapport ne change pas quand on multiplie ou qu'on divise ses deux termes par un même nombre.

En effet, le quotient de deux nombres reste le même quand on les multiplie ou qu'on les divise tous les deux par le même nombre.

339. On simplifie un rapport de même qu'on simplifie une fraction en divisant ces deux termes par un même nombre.

Ainsi le rapport 360 : 370 peut s'exprimer par les nombres plus simples 4 : 3.

340. Pour trouver le rapport entre deux fractions, on les réduit au même dénominateur, et l'on prend le rapport des deux numérateurs.

Ainsi le rapport $\frac{3}{4} : \frac{5}{12}$ ou $\frac{36}{48} : \frac{20}{48}$ est le même que le rapport 36 : 20; en effet, cela revient à multiplier les deux termes du rapport par 48.

Au reste la division des deux fractions aurait donné plus promptement le même résultat; car $\frac{3}{4} : \frac{5}{12} = \frac{3}{4} \times \frac{12}{5} = \frac{36}{20}$ qu'on peut exprimer par 36 : 20.

En simplifiant ce rapport, on trouve 9 : 5.

341. Deux rapports sont égaux lorsqu'ils sont réductibles aux mêmes termes les plus simples.

Ainsi 32 : 40 et 28 : 35 sont deux rapports égaux parce qu'ils peuvent être réduits l'un et l'autre au rapport 4 : 5.

342. Il suit de là que les deux termes d'un rapport non réduit sont les mêmes multiples des termes du rapport irréductible qui lui correspond.

Ainsi $32 = 4 \times 8$ et $40 = 5 \times 8$, de même que $28 = 4 \times 7$ et $35 = 5 \times 7$.

343. Par conséquent, si l'on ajoute terme à terme deux ou plusieurs rapports égaux, les deux sommes formeront encore le même rapport.

Car les deux termes de ce dernier rapport seront encore les mêmes multiples des termes du rapport irréductible qui correspond aux rapports égaux.

Ainsi les rapports $32 : 40$, $28 : 35$, $36 : 45$, donnent par la somme des termes $32 + 28 + 36 = 96 : 40 + 35 + 45 = 120$, qui est réductible pareillement à $4 : 5$ comme les rapports égaux proposés.

344. Lorsqu'un rapport dont les deux termes sont des nombres très-grands ne peut pas être réduit, on peut en obtenir autant de rapports approchés que l'on voudra par la méthode suivante :

Soit le rapport $3425 : 14297$, n° **187** ; je divise les deux termes par le plus petit et j'obtiens à l'aide des décimales le rapport $1 : 4,1743065\ldots$

Multipliant successivement par 1, 2, 3... 9, 10, 100, les deux termes de ce rapport, en ayant égard à la correction du n° **226**, j'obtiendrai les rapports approchés suivants :

$1 : 4$	$10 : 42$	$100 : 417$
$2 : 8$	$20 : 83$	$200 : 835$
$3 : 12$	$30 : 125$	$300 : 1252$
$4 : 16$	$40 : 167$	$400 : 1670$
$5 : 21$	$50 : 209$	$500 : 2087$
$6 : 25$	$60 : 250$	$600 : 2504$
$7 : 29$	$70 : 292$	$700 : 2922$
$8 : 33$	$80 : 334$	$800 : 3339$
$9 : 37$	$90 : 375$	$900 : 3757$

Maintenant ajoutant terme à terme un des rapports de la deuxième colonne avec un rapport de la première, je pourrai former autant de rapports approchés que je voudrai ; je trouve ainsi :

$11 : 46$	$21 : 87$
$12 : 50$	$22 : 91$
$13 : 54$, etc.	$23 : 95$, etc.

de même, les rapports de la troisième colonne avec ceux de ia 'euxième et de la première donneront :

101 : 421	110 : 459
102 : 425	120 : 500
103 : 429	130 : 542
104 : 433, etc.	140 : 584, etc

2. CONVERSION DES ANCIENNES MESURES ET DES MESURES ÉTRANGÈRES EN NOUVELLES MESURES FRANÇAISES.

345. Anciennement chaque province, chaque ville de France avait ses mesures particulières, et c'est pour faire cesser cet inconvénient fâcheux pour les relations entre les habitants des différentes parties de la France qu'on a dû adopter un système uniforme de mesures.

346. Le rapport de ces anciennes mesures et des mesures étrangères avec les mesures métriques est indiqué, soit dans les ouvrages de géographie, soit dans d'autres ouvrages spéciaux. On peut au surplus les trouver facilement par la comparaison avec les mesures françaises. Voici comment on peut obtenir ces rapports pour les monnaies.

Problème. — Soit proposé, par exemple, de déterminer la valeur *intrinsèque* de la livre sterling d'Angleterre, sachant que la livre sterling pesant $7^{gr},97$ est au titre de 0,910.

Je cherche d'abord la quantité d'or pur contenue dans la pièce; cette quantité est $7^{gr},97 \times 0,910 = 7^{gr},2527$.

Mais puisque 4 grammes $\frac{1}{2}$ d'argent pur valent 1 fr., $1^{gr} = 1^{fr}$ divisé par $4\frac{1}{2} = \frac{9}{2}$, et par conséquent $\frac{2}{9}^{fr}$ ou bien $0^{fr},2222...$ L'or pur valant 15 fois $\frac{1}{2}$ la valeur de l'argent à poids égal, 1 gramme d'or vaudra $0,2222... \times 15\frac{1}{2} = 3^{fr}\frac{4}{9}$.

Donc la livre sterling vaudra $3^{fr}\frac{4}{9} \times 7,2527 = 24^{fr},981$.

On ne reçoit pas les pièces étrangères pour leur valeur intrinsèque, parce qu'elles n'ont pas cours en France, et encore parce que, pour en faire de la monnaie française, il faudrait les travailler pour les réduire au titre légal, ce qui diminuerait la valeur de tout le prix de fabrication.

347. Lorsque les rapports entre les mesures ne sont pas donnés directement, on opère d'après la règle suivante, qu'on nomme règle *conjointe*.

3. RÈGLE CONJOINTE.

348. *Pour convertir des mesures en d'autres par le moyen de mesures intermédiaires, on écrit les nombres de même valeur en regard les uns des autres de manière que les mesures de même espèce se trouvent* *alternativement sur deux colonnes, le premier nombre de la 1re colonne est le nombre inconnu qu'on désigne par* x, *et le dernier nombre de la 2e colonne est de la même espèce que* x. *Cela fait, on multiplie entre eux tous les nombres de la 2e colonne, et l'on divise ce produit par le produit de tous les nombres qui se trouvent dans la 1re colonne excepté* x ; *le quotient est la valeur de* x, *que l'on veut obtenir.*

PROBLÈME. Combien le pied anglais vaut-il en mètres, sachant que 19 pieds anglais valent 15 pieds anciens de France, et que 6 pieds anciens de France valent $1^m,949$?

Disposition du calcul.

x mètres	1 pied anglais.
16 pieds anglais	15 pieds de France.
6 pieds de France	$1^m,949$.

$$x = \frac{1^m,949 \times 15 \times 1}{6 \times 16} = 0^m,304.$$

En effet : 1° puisque 6 pieds anciens de France, valent $1^m,949$, 1 pied de France vaut $\dfrac{1^m,949}{6}$; 2° 16 pieds anglais valent 15 pieds anciens de France, un pied anglais vaut $\frac{15}{16}$ pieds de France ; par conséquent 1 pied anglais vaut les

$$\frac{15}{16} \text{ de } \frac{1^m,949}{6} = \frac{1^m,949}{6} \times \frac{15}{16} = \frac{1^m,949 \times 15}{6 \times 16}$$

On voit que ce n'est qu'une application des fractions de fractions.

On abrégera les calculs en supprimant le facteur 3 au numérateur et au dénominateur, ce qui donne

$$\frac{1^m,949 \times 5}{2 \times 16} = \frac{9^m,745}{32} = 0^m,304.$$

349. La règle conjointe prend le nom d'*arbitrage* quand elle sert à comparer des monnaies de divers pays ; ce qui est d'un fréquent usage dans les opérations de banque.

PROBLÈME. 4 roubles de Russie valent 37 sous de Hambourg ; 160 marcs de banque (le marc vaut 16 sous) de Hambourg valent 141 florins d'Amsterdam ; 227 florins d'Amsterdam font 480 francs ; combien valent 4000 roubles en francs ?

x francs,	4000 roubles.
4 roubles,	37 sous de Hambourg.
$16^c \times 160 = 2560$ sous de Hambourg,	141 florins.
227 florins,	480 francs.

$$x = \frac{480^{fr} \times 141 \times 37 \times 4000}{227 \times 2560 \times 4} = 4309^{fr},20,$$

à moins d'un centime près.

Questionnaire.

Qu'appelle-t-on rapport? (334).

Qu'entend-on par commune mesure de deux grandeurs? (335)

Comment trouve-t-on le rapport de deux grandeurs de même espèce évaluées en nombre? (336)

Que signifient les mots *antécédent, conséquent?* (337)

Qu'entend-on par les termes d'un rapport?

Comment indique-t-on un rapport? (338)

Démontrer qu'un rapport ne change pas quand on multiplie ou qu'on divise ses deux termes par le même nombre? (338)

Comment simplifie-t-on un rapport? (339)

Comment trouve-t-on le rapport entre deux fractions? (340)

Qu'entend-on par des rapports égaux (341)

Démontrer que si l'on ajoute terme à terme deux ou plusieurs rapports égaux, les deux sommes forment le même rapport. (343)

Comment peut-on trouver autant de rapports approchés qu'on voudra lorsque les deux termes d'un rapport irréductible sont des nombres considérables? (344)

Comment trouve-t-on le rapport entre les mesures étrangères et les mesures françaises? (346)

Comment trouve-t-on ce rapport particulièrement pour les monnaies? (346)

Qu'est-ce que la règle conjointe? (347)

En quoi consiste-t-elle?

Qu'est-ce que la règle d'arbitrage? (349)

Problèmes de récapitulation générale sur les nombres entiers et décimaux, sur les fractions et les rapports (XXV).

1). Qu'est-ce que le tiers et demi d'un nombre? de 36 fr.?

2). Deux personnes se partagent 240 fr. : la première en a la $\frac{1}{2}$, et la deuxième le $\frac{1}{3}$; combien la première a-t-elle de plus que la deuxième?

3). On a partagé également 25 pommes entre 3 enfants; combien chacun a-t-il eu de pommes?

4). Un héritage de 36000 fr. doit être partagé entre 3 personnes : la première en a la $\frac{1}{2}$, la deuxième le $\frac{1}{3}$: quelle portion de l'héritage la troisième a-t-elle, et combien chaque personne recevra-t-elle?

5). Un marchand a vendu deux coupons d'une pièce d'étoffe, le premier de $\frac{1}{3}$, le deuxième de $\frac{1}{4}$; combien reste-t-il de la pièce?

6). Deux personnes ont dépensé 12 fr. 60 c., la première en a payé les $\frac{3}{4}$; combien chaque personne a-t-elle payé?

7). Une personne a acheté $\frac{1}{2}$ kilogramme de café à 1 fr. 80 c. le kilogramme, et 3 kilogrammes d'une autre marchandise à 1 fr. 15 c.; combien a-t-elle payé en tout?

8). Un épicier a vendu, au prix de 1 fr. 90 c. le kilogramme, 38 kilogrammes d'huile qu'il a payée à raison de 150 fr. les 100 kilogrammes; quel est son bénéfice?

9). Un marchand de vin fait un mélange de 3 pièces de Bordeaux ordinaire à 75 fr. la pièce avec 5 pièces de petit Médoc à 125 fr. la pièce; combien doit-il vendre le mélange s'il veut gagner 130 fr. sur le tout?

10). Une pièce de vin de 300 bouteilles a coûté 60 fr. d'achat; les frais de transport s'élèvent à 4 fr. 50 c., les droits d'entrée à 37 fr.; à combien revient la bouteille?

11). Un sac de blé de 1 hectolitre $\frac{1}{2}$ pèse à peu près 120 kilogrammes en bon grain; quelle est la charge d'une voiture qui transporte 18 sacs de blé, et combien d'hectolitres en tout?

12). Avec 3 kilogrammes de bonne farine de froment on peut faire 4 kilogrammes de pain; un sac de farine pèse 157 kilogrammes $\frac{1}{2}$; combien pourra-t-on faire de pains de 2 kilogrammes avec un sac de farine?

13). Un vaisseau a pour 25 jours de vivres; si le voyage devait durer 8 jours de plus, de combien la ration de l'équipage serait-elle réduite?

14). La hauteur de la colonne Vendôme à Paris est de 40 mètres 50 centimètres; combien faudrait-il de pièces de 5 fr. empilées les unes sur les autres pour faire cette hauteur? la pièce de 5 fr. a $2^{\text{millim}},30$.

15). Deux fontaines coulent ensemble dans un bassin : la première le remplirait en 3 heures $\frac{1}{2}$ et la deuxième en 4 $\frac{1}{5}$; quelle partie du bassin remplissent-elles en 1 heure?

16). Quelle somme faut-il avoir, au moins, pour pouvoir donner 15 c. à chacun de 140 pauvres?

17). Quel est le nombre qui est égal à 38 fois la dixième partie de 4,75?

18). Si l'on augmente de 45 fr. le prix d'une pièce de Bordeaux de 300 bouteilles, de combien le prix de la bouteille serait-il augmenté?

19). Si la pièce de Bordeaux, au même prix, contenait 45 bouteilles de moins, de combien le prix de la bouteille serait-il augmenté?

20). On a vendu les $\frac{5}{7}$ d'une pièce d'étoffe, et il en reste encore 42 mètres; de combien de mètres était la pièce?

21). On a vendu d'abord $\frac{1}{4}$ d'une pièce de drap, ensuite les $\frac{3}{4}$ de ce qui reste, et après cette seconde vente il ne reste plus qu'un coupon de 16 mètres; quelle est la longueur de la pièce de drap?

22). La lumière du soleil arrive à la terre en 8 minutes 13 secondes; quelle est la vitesse de la lumière par seconde, en supposant la distance de la terre au soleil de 17 millions de myriamètres?

23). Deux ouvriers peuvent faire un même ouvrage, le premier en 2 jours $\frac{1}{2}$, le deuxième en 3 jours $\frac{1}{3}$; si on les fait travailler ensemble, quelle portion d'ouvrage feront-ils en un seul jour?

24). 28,783 est le produit de deux nombres dont l'un est 2,69; quel est l'autre nombre?

25). On a payé à un relieur 100 fr. pour la reliure de 80 volumes d'un même ouvrage; à combien revient la reliure du volume?

26). On a payé 255 fr. pour façon de 14 douzaines $\frac{1}{6}$ de chemises; à combien revient la façon d'une chemise?

27). On a multiplié deux nombres décimaux dont l'un avait 5 chiffres décimaux et l'autre 4; quelle est la plus petite unité sous-décuple du produit?

28). Un vase rempli d'eau pèse 28 kilogrammes 50 décagrammes, vide il ne pèse que 2 kilogrammes 30 décagrammes; quelle est la capacité du vase?

29). On a partagé une pile de bois à brûler contenant 26 stères 4 décistères entre 6 personnes; combien chaque personne a-t-elle reçu de stères de bois, et à combien revient la part de chacune, si le stère coûte 18 fr. 50 c.?

30). Un sac rempli de pièces de 5 fr. pèse 6 kilogrammes 75 décagrammes, le sac vide pèse 4 hectogrammes; quelle est la somme d'argent renfermée dans le sac?

31). Un homme de force moyenne peut porter 130 kilogrammes; quelle somme pourra-t-il porter 1° en argent, 2° en or?

32). Un marchand de drap n'a pu revendre que 360 fr. une pièce de drap ; ce sont les $\frac{5}{8}$ du prix d'achat ; combien la pièce lui a-t-elle coûté ?

33). Quel est le nombre tel que l'excès de ses $\frac{3}{4}$ sur ses $\frac{2}{3}$ est égal à 3 ?

34). Quelle est la somme en or dont le poids équivaut à celui de 2 litres 5 décilitres d'eau prise dans les conditions du gramme ?

35). On a partagé une somme entre 3 personnes, dont la première a eu la $\frac{1}{2}$, la deuxième les $\frac{2}{3}$ du reste, et la troisième 63 fr. ; quelle était la somme à partager, et combien chaque personne a-t-elle reçu ?

36). Quel est le nombre dont la somme du tiers et du quart diminuée des $\frac{5}{9}$ du même nombre est égal à 10 ?

37). Une locomotive parcourt 20 kilomètres en 30 minutes ; combien de temps mettra-t-elle pour parcourir 180 kilomètres ?

38). Un épicier a retiré 18 fr. 50 c. dans sa journée, de la vente d'une égale quantité de sucre à 2 fr. 35 c., et de café à 2 fr. 65 c. le kilogramme, combien a-t-il vendu de kilogrammes de chaque denrée ?

39). Un marchand a acheté en fabrique 18 douzaines de vases à 16 fr. la douzaine ; en les transportant, il casse 8 vases ; à quel prix doit-il revendre chaque vase restant, s'il veut faire un bénéfice de 40 fr. ?

40). Un épicier a vendu de la chandelle à 1 fr. 30 c. le kilogramme, et de l'huile à brûler à 1 fr. 50 c., il a retiré pour le tout 86 fr. 90 c. ; il a vendu 38 kilogrammes de chandelle ; combien d'huile à brûler ?

41). On peut faire la longueur du mètre en plaçant à la suite les unes des autres des pièces de 2 fr. et de 1 fr. dont les diamètres sont de 27 millimètres et de 23 millimètres ; quelle est la somme en argent que l'on obtient ainsi ?

42). La surface totale des murs d'un appartement est de 118 mètres carrés 15 décimètres carrés, la surface des portes, des croisées, des glaces et des lambris est de 29 mètres carrés 50 décimètres carrés ; combien recevra le peintre qui a mis l'appartement en couleur, à raison de 1 fr. 20 c. le mètre carré ?

43). On estime que la vitesse d'un chemin de fer est de 4 myriamètres à l'heure ; combien de temps met-on, en chemin de fer, pour aller de Paris à Rouen dont la distance est de 136 kilomètres ; et combien va-t-on plus vite qu'un courrier qui parcourrait cette distance en 10 heures.

44). En 1600, la superficie de Paris était de 576 hectares 80 ares ; en 1840 elle était de 34 $\frac{1}{2}$ kilomètres carrés ; de combien la superficie de Paris s'est-elle accrue depuis 1600 jusqu'en 1840 ?

45). On compte environ 16 pavés $\frac{1}{2}$ par mètre carré ; combien y a-t-il de pavés sur une route dont la superficie est de 14 kilomètres carrés 25 hectomètres carrés ?

46). En évaluant à 16,60 pavés par mètre carré, le prix de chaque pavé à 44 centimes, le mètre carré de sable sur 22 centimètres d'épaisseur à 1 fr. 10 c. et à 45 centimes la main-d'œuvre, à combien revient le mètre carré de pavage ?

47). Le mètre cube de bois de chêne coûte 80 fr. et le transport à 100 mètres de distance 1 fr. 55 c.; à combien reviennent 2 mètres cubes 125 décimètres cubes transportés à 320 mètres?

48). Un litre de vin de Bordeaux pèse 993 grammes 9 décigrammes, le fût pèse 24 kilogrammes, et le poids brut de la pièce 302 kilogrammes 292 grammes; combien de litres de vin contient la pièce?

49). Un bassin de 360 mètres cubes est rempli par deux fontaines dont la première donne 20 litres d'eau et la seconde 30 à l'heure ; en combien de temps le bassin sera-t-il rempli ?

50). Une propriété de 21 hectares 60 ares a coûté 43200 fr.; en revendant les $\frac{2}{3}$ du terrain l'acheteur a recouvré le prix d'achat ; combien a-t-il vendu l'hectare ?

51). Avec un lingot d'argent du poids de 3 kilogrammes 60 décagrammes, combien peut-on faire de pièces de 5 fr., et pour quelle somme?

DEUXIÈME PARTIE.

APPLICATIONS.

LIVRE PREMIER.

APPLICATIONS ARITHMÉTIQUES.

---

§ I. PROBLÈMES RÉSOLUS A L'AIDE DES QUATRE RÈGLES.

1. PROBLÈMES SUR DES QUESTIONS GÉNÉRALES.

350. Dans tout problème d'arithmétique, l'*énoncé* renferme des nombres connus et des nombres inconnus.

Résoudre un problème, c'est déterminer les nombres inconnus à l'aide d'opérations faites sur les nombres connus.

351. Tous les problèmes que l'on peut proposer sur les nombres se réduisent toujours à une ou plusieurs des opérations fondamentales qui viennent d'être exposées. Mais il ne suffit pas de savoir faire ces opérations, il faut avant tout distinguer dans chaque cas particulier quelles opérations on doit effectuer pour obtenir la solution du problème.

352. Les problèmes proposés jusqu'ici ne donnaient lieu qu'à une ou deux opérations indiquées par l'énoncé lui-même; mais lorsque le problème exige un plus grand nombre d'opérations, il faut examiner attentivement l'énoncé et raisonner sur les nombres connus et inconnus, afin de reconnaître quelles sont les opérations qu'on doit effectuer et comment elles doivent se lier les unes aux autres.

Exemples.

355. PROBLÈME 1. Quel est le nombre dont la $\frac{1}{2}$, le $\frac{1}{3}$ et le $\frac{1}{4}$ réunis font 39?

SOLUTION. $\frac{1}{2} + \frac{1}{3} + \frac{1}{4} = \frac{13}{12}$.

Je puis donc simplifier l'énoncé et dire *quel est le nombre dont les $\frac{13}{12}$ font* 39 ?

Si les $\frac{13}{12}$ du nombre inconnu font 39, $\frac{1}{12}$ sera 13 fois plus petit que 39 ou $\frac{39}{13}$, et les $\frac{12}{12}$ ou le nombre lui-même seront 12 fois plus grands que $\frac{39}{13}$; $\frac{39}{13} \times 12 = \frac{39 \times 12}{13} = 36$.

Avant de faire le calcul, on pourrait remarquer que $\frac{19}{13} = 3$, dès lors le résultat était tout trouvé : $3 \times 12 = 36$.

354. PROBLÈME 2. 30 ouvriers ont fait 135 mètres d'un certain ouvrage, combien 43 ouvriers de la même force en feraient-ils?

SOLUTION. Puisque 30 ouvriers ont fait 135 mètres, 1 seul ouvrier en ferait 30 fois moins ou $\frac{135}{30}$ et 43 ouvriers 43 fois plus que $\frac{135}{30}$ ou $\frac{135 \times 43}{30} = 193^{\text{mèt}},50$.

355. PROBLÈME 3. 5 kilogrammes d'une marchandise ont coûté 7 fr. 50 cent., combien coûteront 28 kilogrammes ?

SOLUTION. Puisque 5 kilogrammes coûtent 7 fr. 50 c., 1 seul kilogramme coûtera 5 fois moins, ou $\frac{7,50}{5}$ et 28 kilogrammes 28 fois plus que $\frac{7,50}{5}$ ou $\frac{7,50 \times 28}{5} = 42$ fr.

PROBLÈME 4. On a payé 120 francs pour 8 mètres de drap, combien aurait-on de mètres du même drap pour 75 francs ?

SOLUTION. Puisque pour 120 fr. on a eu 8 mètres, pour 1 fr. on aurait 120 fois moins, ou $\frac{8^{\text{m}}}{120}$, et pour 75 fr. on aura 75 fois plus ou $\frac{8 \times 75^{\text{m}}}{120} = 5$ mètres.

356. PROBLÈME 5. 10 ouvriers ont mis 24 jours pour faire un certain ouvrage, combien faudrait-il d'ouvriers pour faire le même ouvrage en 40 jours ?

SOLUTION. Puisqu'il faut 24 jours à 10 ouvriers pour faire l'ouvrage, pour l'achever en 1 jour il faudrait 24 fois plus d'ouvriers ou 10×24 ; et pour le faire en 40 jours, 40 fois moins d'ouvriers, ou $\frac{10 \times 24}{40} = 6$.

557. Problème 6. 25 mètres d'étoffe à $\frac{2}{3}$ de large ont coûté 48 francs, à combien reviendraient 12 mètres d'étoffe de la même qualité, mais qui auraient $\frac{3}{4}$ de large?

Solution. Si 25 mètres à $\frac{2}{3}^m$ de large ont coûté 48 fr., 1 mètre à $\frac{2}{3}$ coûtera 25 fois moins ou $\frac{48}{25}$ f.; 1 mètre à $\frac{1}{3}$ coûtera 2 fois moins ou $\frac{48}{25 \times 2}$; 1 mètre à $\frac{3}{3}$ ou 1 mètre de large, 3 fois plus ou $\frac{48 \times 3}{25 \times 2}$; 1 mètre à $\frac{3}{4}$ coûtera les $\frac{3}{4}$ du prix précédent ou $\frac{48 \times 3 \times 3}{25 \times 2 \times 4}$; enfin, 12 mètres à $\frac{3}{4}$ coûteront 12 fois plus ou $\frac{48 \times 3 \times 3 \times 12}{25 \times 2 \times 4}$.

On achèvera les calculs en supprimant le facteur 8 commun au numérateur et au dénominateur, ce qui donne $\frac{6 \times 3 \times 3 \times 12}{25} = \frac{54 \times 12}{25} = \frac{648}{25} = 25$ fr. 92 cent.

On obtiendra promptement le résultat en observant que $\frac{648}{25} = 648 \times \frac{1}{25} = 648 \times \frac{4}{100} = \frac{2592}{100} = 25$ fr. 92 cent. Ce qui revient à multiplier 648 par 4 et à séparer deux chiffres décimaux sur la droite du produit.

558. Problème 7. Deux ouvriers travaillent au même ouvrage : le premier pourrait le faire en 15 jours et le second en 18 ; combien de temps mettront-ils pour l'achever, en travaillant ensemble?

Solution. Puisque les 2 ouvriers travaillant seuls pourraient achever l'ouvrage en 15 jours et en 18 jours, en 1 jour le premier ne fait que $\frac{1}{15}$ et le second que $\frac{1}{18}$ de l'ouvrage ; à eux deux ils en feront en 1 jour $\frac{1}{15} + \frac{1}{18} = \frac{33}{270}$; puisqu'ils font les $\frac{33}{270}$ de l'ouvrage en 1 jour, ils en feront $\frac{1}{270}$ en 33 fois moins de temps, ou $\frac{1}{33}$, et les $\frac{270}{270}$ en 270 fois plus de temps, ou $\frac{1 \times 270}{33} = 8^j 2^h$, en supposant la journée de travail de 11 heures.

559. Problème 8. Trois fontaines coulent ensemble dans un bassin : la première le remplirait seule en 18 heures, la deuxième en 20 heures, et la troisième en 24 heures ; dans combien d'heures le bassin sera-t-il rempli?

Solution. Les fontaines rempliraient séparément en 1 heure, $\frac{1}{18}, \frac{1}{20}, \frac{1}{24}$ du bassin, et par conséquent en 1 heure à elles trois elles rempliraient $\frac{1}{18} + \frac{1}{20} + \frac{1}{24}$ du bassin.

Je réduis ces trois fractions au même dénominateur 360,

ce qui donne pour la somme $\frac{53}{360}$; par conséquent, puisqu'elles remplissent les $\frac{53}{360}$ du bassin en 1 heure, elles rempliront $\frac{1}{360}$ en $\frac{1}{53}^{\text{h}}$, et les $\frac{360}{360}$ ou le bassin en $\frac{1 \times 360}{53} = 6$ heures $\frac{42}{53}$.

Si l'on voulait réduire la fraction $\frac{42}{53}$ d'heure en minutes, on n'aurait qu'à prendre les $\frac{42}{53}$ de 60 minutes, ce qu donne $\frac{60 \times 42}{53} = \frac{2520^{\text{m}}}{53} = 47^{\text{m}} \frac{29}{53}$.

On pourrait de même réduire $\frac{29}{53}$ de minute en secondes.

560. PROBLÈME 9. Les deux aiguilles d'une montre marquent midi, à quelle heure se rencontreront-elles pour la première fois et combien de fois dans 12 heures ?

SOLUTION. L'aiguille des minutes allant plus vite que celle des heures , ne rencontrera celle-ci qu'après avoir fait une fois le tour du cadran, plus la distance que l'aiguille des heures aura parcourue. Elle a donc 60 divisions du cadran de retard sur l'aiguille des heures ; mais comme l'aiguille des minutes parcourt en 1 heure 60 divisions pendant que l'aiguille des heures n'en parcourt que 5, elle gagne sur celle-ci 55 divisions en une heure. Elle gagne donc une seule division en $\frac{1}{55}$ d'heure et les 60 divisions en $\frac{60}{55}$ d'heure $= 1$ heure $\frac{1}{11}$; il sera donc 1 heure 5 minutes $\frac{5}{11}$. Les aiguilles se rencontreront 11 fois en 12 heures; car $12^{\text{h}} : \frac{60}{55} = \frac{12 \times 55}{60} = 11$.

561. PROBLÈME 10. Pour 270 fr. on a acheté un certain nombre de mètres de drap ; on en aurait eu 2 de plus pour 306 fr.; combien de mètres a-t-on achetés et quel est le prix du mètre ?

SOLUTION. $306^{\text{fr}} - 270^{\text{fr}} = 36^{\text{fr}}$ représentent le prix de 2 mètres ; par conséquent le mètre coûtera $\frac{36}{2}^{\text{fr}} = 18^{\text{fr}}$ et le nombre de mètres est $\frac{270}{18} = 15$.

562. PROBLÈME 11. Trouver deux nombres dont la somme soit 51 et la différence 13.

SOLUTION. Je suppose pour un moment que les deux nombres cherchés soient égaux entre eux et à la moitié de 51, c'est-à-dire $\frac{51}{2}$. Comme la différence entre ces 2 nombres serait 0 au lieu de 13, ce ne sont pas les nombres demandés; mais chaque $\frac{1}{2}$ que j'ôterai à l'un pour l'ajouter à l'autre, donnera 1 de différence entre les nombres ainsi modifiés ; donc pour que la différence soit 13, il faudra retrancher de l'un $\frac{13}{2}$ pour l'ajouter au second.

Le plus grand nombre sera donc $\frac{51}{2} + \frac{13}{2} = \frac{51+13}{2} = 32$, et le plus petit $\frac{51}{2} - \frac{13}{2} = \frac{51-13}{2} = 19$.

De là cette règle générale :

RÈGLE. *Connaissant la somme et la différence de deux nombres inconnus, on trouve le plus grand en ajoutant à la demi-somme donnée la demi-différence aussi donnée, et le plus petit en retranchant de la demi-somme la demi-différence.*

565. PROBLÈME 12. On a payé 69 fr. pour 25 bouteilles de vin de deux qualités différentes, à 2 fr. 40 c. et à 3 fr.; combien a-t-on acheté de bouteilles de chaque espèce ?

SOLUTION. A 3 fr. la bouteille, les 25 bouteilles seraient revenues à 75 fr., c'est-à-dire à 6 fr. de plus que le véritable prix d'achat ; mais chaque bouteille de 2 fr. 40 c. substituée à une bouteille de 3 fr. diminue la dépense de $3^{fr} - 2^{fr},40 = 0^{fr},60$; il faudra donc substituer $\frac{6}{0,60} = 10$ bouteilles à 2 fr. 40 c. On a donc acheté 10 bouteilles de la première qualité et 15 de la seconde.

564. PROBLÈME 13. *Trouver deux nombres entiers dont le produit soit 84 et la somme 19.*

SOLUTION. Je cherche les diviseurs de 84 ainsi qu'il suit : 84 est divisible par 2 puisqu'il est terminé par un chiffre pair, et en prenant la moitié de 84 pour avoir le facteur correspondant, je trouve 42, et par conséquent 2 et 42 pour les deux facteurs correspondants.

84 est divible par 3, puisque la somme 12 de ses chiffres est un nombre divisible par 3 ; j'obtiens donc pour facteurs correspondants :

3 et 28

Et en continuant ainsi, j'obtiens pour les autres facteurs correspondants :

4 et 21

6 et 14

7 et 12

$7 + 12 = 19$; les deux nombres cherchés sont donc 7 et 12.

565. PROBLEME 14. *Trouver trois nombres entiers dont la somme soit 19 et le produit 84.*

SOLUTION. Je cherche les diviseurs de 84 en prenant les facteurs correspondants 2 à 2 comme dans l'exemple précédent, et je décompose chacun des facteurs en 2 autres, ainsi qu'il suit :

2 et 42 donnent	2. 2. 21.	2. 3. 14.	2. 6. 7
3 et 28	3. 2. 14.	3. 4. 7.	
4 et 21	4. 3. 7.	2. 2. 21.	
6 et 14	2. 3. 14.	6. 2. 7.	
7 et 12	7. 2. 6.	7. 3. 4.	

Les nombres demandés sont 2, 3 et 14; car $2 + 3 + 14 = 19$.

566. PROBLÈME 15. Un tailleur a acheté 2 coupons de drap de qualités différentes; pour le coupon de drap de première qualité qui coûte 7 fr. de plus par mètre, il a payé 345 fr.; pour le coupon de deuxième qualité qui a 23 mètres de plus, il a payé 368 fr. Combien chaque coupon contient-il de mètres et quel est le prix du mètre de chaque coupon?

SOLUTION. Je cherche les facteurs correspondants de 345 et 368, et je trouve pour 345

3 et	115
5 et	69
15 et	23

Pour 368

2 et	184
4 et	92
8 et	46

Les nombres 15 et 23, 8 et 46 satisfont à l'énoncé, le tailleur a donc acheté 23 mètres de drap à 15 fr., et 46 mètres de drap de qualité inférieure à 8.

567. Ce petit nombre de problèmes suffit pour donner une idée de la méthode, qui a pour base le simple raisonnement. Il sera facile de l'appliquer à toutes les questions de la vie ordinaire et particulièrement aux opérations commerciales et industrielles qui sont l'origine et le but essentiel de l'arithmétique.

DES GRANDEURS PROPORTIONNELLES ET DES RÈGLES DE TROIS.

MÉTHODE DE RÉDUCTION A L'UNITÉ.

368. On dit que deux grandeurs sont *proportionnelles* quand, l'une devenant double, triple, quadruple, etc..., l'autre devient en même temps double, triple, quadruple, etc.... Ainsi le prix d'une étoffe est proportionnel à sa longueur; car si la longueur devient double, triple, quadruple, etc..., le prix de cette étoffe devient aussi double, triple, quadruple. On dit encore que ces deux grandeurs varient dans le même rapport, ou en raison directe l'une de l'autre.

369. On dit que deux grandeurs sont *inversement proportionnelles*, lorsque, l'une devenant 2, 3, 4, etc..., fois plus grande, l'autre devient en même temps 2, 3, 4, etc..., fois plus petite. Considérons, par exemple, deux feuilles de tôle de même épaisseur : si la longueur de la 1re est 2, 3, 4 fois plus grande que la longueur de la 2^c, la largeur de la 1re sera 2, 3, 4 fois plus petite que la largeur de la 2^c. On dira alors qu'à égalité de poids et d'épaisseur la longueur d'une lame de tôle est inversement proportionnelle à sa largeur. On dit encore que ces grandeurs *varient dans un rapport inverse*, ou *en raison inverse* l'une de l'autre.

370. On appelle *règle de trois* un problème dans lequel, connaissant les valeurs de plusieurs grandeurs directement ou inversement proportionnelles les unes aux autres, on demande ce que devient l'une d'elles quand toutes les autres changent de valeur.

371. On dit qu'une règle de trois est *simple*, lorsqu'on ne considère que deux grandeurs directement ou inversement proportionnelles; elle est *composée*, lorsqu'on considère plus de deux grandeurs.

372. Une règle de trois simple est *directe*, quand les deux

grandeurs que l'on y considère sont directement proportionnelles; elle est *inverse*, quand les deux grandeurs sont
inversement proportionnelles.

Règle de trois simple.

373. PROBLÈME. *On sait que* 17 *litres d'eau de mer pèsent*
17^{kilog},442; *quel est le poids de* 58 *litres d'eau de mer?*

SOLUTION. Ce problème est une règle de trois simple
directe. On le résout comme il suit :

Si 17 litres d'eau de mer pèsent 17^{kilog},442, 1 litre
pèsera 17 fois moins, ou

$$\frac{17,442}{17}.$$

Si 1 litre d'eau de mer pèse $\dfrac{17^{kilog},442}{17}$, 58 litres d'eau
de mer pèseront 58 fois plus, ou

$$\frac{17,442 \times 58}{17} = 59^{kilog},508.$$

On dispose ordinairement l'énoncé et les raisonnements
de la manière suivante :

Nombre de litres.	Poids.
17	17^{kilog},442
58	x
1	$\dfrac{17,442}{17}$
58	$\dfrac{17,442 \times 58}{17} = 59,508 = x.$

374. PROBLÈME. *Deux terrains rectangulaires et de
même surface ont des longueurs respectivement égales à*
162^m,45 *et à* 113^m,23; *le premier a une largeur de* 56^m,25;
quelle sera la largeur du second?

SOLUTION. Ce problème est une règle de trois simple inverse; car il est évident qu'à égalité de surface un terrain rectangulaire est d'autant plus long qu'il est moins

large, et que si la longueur devient double, triple, etc. ., la largeur deviendra deux fois moindre, trois fois moindre, etc.... Cela posé, on résout la question de la manière suivante :

Si pour une longueur de $162^m,45$ le terrain a une largeur de $56^m,25$, pour une longueur de 1^m il aurait une largeur égale à

$$56^m,25 \times 162,45,$$

si pour une longueur de 1 mètre le terrain a une largeur égale à $56^m,25 \times 162,45$, pour une longueur de $113^m,23$ il aura une largeur égale à

$$\frac{56^m,25 \times 162,45}{113,23} = 80^m,70,$$

à un centimètre près par défaut.

On peut disposer l'énoncé, les raisonnements et le résultat de la manière suivante :

Longueur.	Largeur.
162,45	56,25
113,23	x
1	$56,25 \times 162,45$
113,23	$\dfrac{56,25 \times 162,45}{113,23} = 80,70 = x.$

Règle de trois composée

375. PROBLÈME. *Une pièce de bois de sapin équarrie a $3^m,25$ de longueur, $0^m,22$ de largeur et $0^m,12$ d'épaisseur ; son poids est égal à $42^{kilog},23$. Quelle sera la longueur d'une pièce de bois de sapin dont la largeur serait $0^m,17$, l'épaisseur $0^m,18$ et le poids $68^{kilog},56$?*

SOLUTION Ce problème est une règle de trois composée que l'on résout de la manière suivante ·

Si pour *une largeur* de $0^m,22$, une épaisseur de $0^m,12$ et un poids de $42^{kilog},23$, la longueur est égale à $3^m,25$, pour *une largeur* de $0^m,01$, une épaisseur de $0^m,12$ et un poids de $42^{kilog},23$, la longueur sera 22 fois plus grande, c'est-à-dire

$$3^m,25 \times 22.$$

Si pour *une largeur* de $0^m,01$, une épaisseur de $0^m,12$ et un poids de $42^{kilog},23$, la longueur est égale à $3^m,25 \times 22$, pour *une largeur* de $0^m,17$, une épaisseur de $0^m,12$ et un poids de $42^{kilog},23$, la longueur sera 17 fois plus petite, c'est-à-dire

$$\frac{3^m,25 \times 22}{17}, \quad ou \quad \frac{3^m,25 \times 0,22}{0,17} = 3^m,25 \times \frac{0,22}{0,17}.$$

Si pour une largeur de $0^m,17$, *une épaisseur* de $0^m,12$ et un poids de $42^{kilog},23$, la longueur est égale à $3^m,25 \times \frac{0,22}{0,17}$, pour une largeur de $0^m,17$, *une épaisseur* de $0,01$ et un poids de $42^{kilog},23$, la longueur sera 12 fois plus grande, c'est-à-dire

$$3^m,25 \times \frac{0,22}{0,17} \times 12.$$

Si pour une largeur de $0^m,17$, *une épaisseur* de $0^m,01$ et un poids de $42^{kilog},23$, la longueur est égale à $3^m,25 \times \frac{0,22}{0,17} \times 12$, pour une largeur de $0^m,17$, *une épaisseur* de $0^m,18$ et un poids de $42^{kilog},23$ la longueur sera 28 fois plus petite, c'est-à-dire

$$3^m,25 \times \frac{0,22}{0,17} \times \frac{12}{18} = 3^m,25 \times \frac{0,22}{0,17} \times \frac{0,12}{0,18}.$$

Si pour une largeur de $0^m,17$, une épaisseur de $0^m,18$ et *un poids* de $42^{kilog},23$, la longueur est égale à $3^m,25 \times \frac{0,22}{0,17} \times \frac{0,12}{0,18}$, pour une largeur de $0^m,17$, une épaisseur de $0^m,18$ et *un poids* de $0^{kilog},01$, la longueur sera 4223 fois plus petite, c'est-à-dire

$$3^m,25 \times \frac{0,22}{0,17} \times \frac{0,12}{0,18} \times \frac{1}{4223}.$$

Enfin, si pour une longueur de $0^m,17$, une épaisseur de $0^m,18$ et *un poids* de $0^{kilog},01$, la longueur est égale à $3^m,25 \times \dfrac{0.22}{0,17} \times \dfrac{0,12}{0,18} \times \dfrac{1}{4223}$, pour une largeur de $0^m,17$, une épaisseur de $0^m,18$ et *un poids* de $68^{kilog},56$, la longueur sera 6856 fois plus grande, c'est-à-dire

$$3^m,25 \times \frac{0,22}{0,17} \times \frac{0,12}{0,18} \times \frac{68,56}{42,23} = 4^m,55,$$

à moins d'un centimètre près par défaut.

L'énoncé et les raisonnements peuvent se disposer ainsi.

Largeur.	Épaiss.	Poids.	Longueur.
m	m	kg	m
0,22	0,12	42,23	3,25
0,17	0,18	68,56	x
0,01	0,12	42,23	$3,25 \times 22$
0,17	0,12	42,23	$3,25 \times \dfrac{22}{17}$
0,17	0,01	42,23	$3,25 \times \dfrac{22}{17} \times 12$
0,17	0,18	42,23	$3,25 \times \dfrac{22}{17} \times \dfrac{12}{18}$
0,17	0,18	0,01	$3,25 \times \dfrac{22}{17} \times \dfrac{12}{18} \times \dfrac{1}{4223}$
0,17	0,18	68,56	$3,25 \times \dfrac{22}{17} \times \dfrac{12}{18} \times \dfrac{6856}{4223} = 4^m,55 = x.$

376 AUTRE EXEMPLE. *On a doré une boule ayant une surface de $1^{mq},62$; l'épaisseur de la couche d'or étant $\dfrac{1}{25}$ le millimètre, le prix de la dorure a été de 4130^f; on veut faire dorer une boule ayant une surface de $0^{mq},84$, et* *on ne veut dépenser que 2080^f; quelle sera l'épaisseur de la couche d'or ?*

SOLUTION.

Surface de la boule.	Prix de la dorure.	Épaisseur de la couche.
^{mq}0,62	4130	$\dfrac{1^{mm}}{25} = 0^{mm},04$
0,84	2080	x
0,01	4130	$0,04 \times 162$
0,84	4130	$0,04 \times \dfrac{162}{84}$
0,84	1	$0,04 \times \dfrac{162}{84} \times \dfrac{1}{4130}$
0,84	2080	$0,04 \times \dfrac{162}{84} \times \dfrac{2080}{4130} = 0,0194 = x.$

Ainsi l'épaisseur de la couche d'or sera égale à $\dfrac{194}{10000}$ de millimètre, ou environ $\dfrac{1}{50}$ de millimètre.

377. De ces exemples on déduit la règle pratique suivante, pour écrire de suite le résultat d'une règle de trois composée.

RÈGLE *On écrit la valeur de la quantité de même nature que l'inconnue, puis on la multiplie successivement par le rapport des valeurs de chacune des autres grandeurs. Dans chacun de ces rapports, la nouvelle valeur est au numérateur ou bien au dénominateur, selon que la quantité dont il s'agit est directement ou bien inversement proportionnelle à la grandeur de même espèce que l'inconnue.*

378. La méthode précédente porte le nom de *méthode de réduction à l'unité,* parce que l'on fait subir à chacune des grandeurs qui accompagnent l'inconnue deux changements successifs, dans lesquels l'unité sert d'intermédiaire.

Questionnaire.

Qu'entend-on par grandeurs proportionnelles? (368)

Qu'entend-on par grandeurs inversement proportionnelles? (369)

Qu'appelle-t-on règle de trois? (370)

Quand une règle de trois est-elle simple? (371)

Quand une règle de trois est-elle composée? (371)

Quand une règle de trois simple est-elle directe? (372)

Quand une règle de trois simple est-elle inverse? (372)

Quelle est la règle générale pour résoudre les règles de trois? (377)

Problèmes sur les règles de trois (XXV *bis*).

1). Une étoffe d'une certaine longueur coûte 6 fr.; combien coûtera une longueur 7 fois plus grande de la même étoffe?

2). L'huile contenue dans un vase pèse $4^{ks},7$; combien pèsera l'huile contenue dans un vase 5 fois plus petit?

3). Deux fils de cuivre ont le même poids : le premier a une longueur de 62 mètres; le second a une section 6 fois plus petite que le premier; quelle est sa longueur?

4). Un fossé a $1^m,65$ de largeur; si sa profondeur devient 3 fois plus grande, quelle largeur faudra-t-il lui donner pour qu'il coûte le même prix?

5). Un bassin rectangulaire a une profondeur de $1^m,08$; sa superficie est égale à $4^{mq},2809$; quelle doit être la superficie d'un autre bassin de même capacité et dont la profondeur est $0^m,85$?

6). Un fossé de 415 mètres de longueur a coûté 391 francs; combien coûtera un fossé de même largeur, de même profondeur et dont la longueur sera 167 mètres?

7). Il a fallu 24 jours à 18 ouvriers travaillant 8 heures par jour pour creuser une tranchée de 480 mètres de longueur. Combien 15 ouvriers de même force que les premiers, travaillant 7 heures par jour, emploieront-ils de jours à faire 1051 mètres du même ouvrage?

8). On sait que 48 ouvriers ont fait en 32 jours, en travaillant 10 heures par jour, un canal de 800 mètres de longueur, 8 de largeur et 3 de profondeur; on demande quelle serait la longueur d'un canal de 9 mètres de largeur, 4 de profondeur que 60 ouvriers feraient en 40 jours en travaillant 9 heurs par jour? — On suppose que la difficulté du travail soit la même et que les ouvriers soient de même force dans les deux cas.

2. DE L'INTÉRÊT SIMPLE.

579. *On appelle* INTÉRÊT *le bénéfice qu'on retire d'une somme prêtée, qui prend alors le nom de* CAPITAL.

L'intérêt se règle, d'après les conventions particulières ou légales, en prenant pour base le capital de 100 fr. L'intérêt de 100 fr. est ce qu'on nomme le *taux*.

Le taux légal est de 5 pour 100 par an et de 6 dans le commerce. Toute convention qui dépasse ce taux est défendue par la loi et réputée *usuraire*.

Il y a des taux inférieurs en usage, tels que 3, 4, $4\frac{1}{2}$ pour cent, suivant les conditions réglées entre les parties contractantes.

Ainsi le taux de l'intérêt peut varier, mais le capital 100 francs, qui sert de base, est *fixe et invariable*. Aussi lorsqu'on dit, pour abréger, que l'intérêt 3, 4 ou 5, on entend que l'intérêt est de 3, 4 ou 5 *pour cent*, que l'on écrit souvent 0/0.

580. RÈGLE. *Pour trouver l'intérêt d'un capital quelconque pour un an à un taux donné, on multiplie le capital par le taux, et on divise le produit par* 100.

DÉMONSTRATION. En effet, soit proposé de trouver l'intérêt de 6893 fr. à 5 pour 100 par an.

Puisque 100 fr. rapportent 5 fr. d'intérêt; 1 fr. rapportera $\frac{5^{fr}}{100}$; et 6893 fr. rapporteront $\frac{5^{fr}}{100} \times 6893 = \frac{6893 \times 5}{100}$.

Effectuant les calculs, après avoir séparé deux chiffres décimaux sur la droite du produit, j'obtiens pour l'intérêt demandé $344^{fr},65$.

L'intérêt à 5 *pour* 100 *d'un capital quelconque s'obtient en prenant le* 20e *du capital.*

En effet, d'après la règle, il faut multiplier le capital par 5 et diviser le produit par 100, ce qui revient à prendre les $\frac{5}{100}$ du capital, ou, en simplifiant la fraction, le $\frac{1}{20}$ du capital.

581. RÈGLE. *Pour trouver le capital, connaissant l'intérêt pour un an et le taux, on multiplie l'intérêt par* 100 *et l'on divise le produit par le taux.*

DÉMONSTRATION. En effet, soit proposé de trouver le capital qui, placé à 4 pour 100, a rapporté en un an 760 fr. d'intérêt.

Puisque 4 fr. sont l'intérêt pour un an de 100 fr., 1 fr. le sera de $\frac{100^{fr}}{4}$, et 760 fr. de $\frac{100^{fr}}{4} \times 760 = \frac{760 \times 100}{4} = 19000^{fr}$.

Le capital demandé est **19 000 fr.**

Lorsque le taux est 5, il suffit de multiplier l'intérêt par 20.

382. RÈGLE. *Pour trouver le taux, connaissant le capital et l'intérêt pour un an, on multiplie l'intérêt par 100 et on divise le produit par le capital.*

DÉMONSTRATION. En effet, soit proposé de trouver à quel taux a été placé un capital de 1670 fr. qui a rapporté 58^{fr},45 d'intérêt en un an.

Puisque 1670 fr. ont rapporté 58^{fr},45 en un an, 1 fr. rapporterait $\frac{58,45}{1670}$, et 100 fr. $\frac{58,45 \times 100}{1670} = 3,50$.

Le taux est 3,50 ou 3 $\frac{1}{2}$.

383. Cette règle sert à résoudre un très-grand nombre de questions dans lesquelles il s'agit de trouver le taux de l'argent, soit gagné, soit perdu.

PROBLÈME. Une propriété qui a coûté 100000 fr. rapporte net, année commune, 3500 fr.; à quel taux a-t-on placé son argent en achetant cette propriété?

SOLUTION. 100000 fr. rapportent 3500 fr.; 100 fr., mille fois moindres, rapporteront $\frac{3500}{1000} = \frac{35}{10} = 3,50 = 3\frac{1}{2}$.

On a placé son argent à 3 $\frac{1}{2}$ pour 100.

PROBLÈME. On a fait construire une maison qui a coûté en tout 140000 fr., et dont la location rapporte chaque année 5880 fr.; à quel taux a-t-on placé son argent?

SOLUTION. 140000 fr. rapportent 5880 fr.; 100 fr. rapporteront $\frac{5880}{1400} = 4\frac{1}{5}$.

On a placé son argent à 4 $\frac{1}{5}$.

384. Souvent l'intérêt n'est pas demandé seulement pour une année, on peut le demander pour plusieurs années ou pour une portion de l'année. De là la règle suivante:

RÈGLE. *Pour trouver l'intérêt d'un capital pour un temps donné, on multiplie l'intérêt d'un an par le temps.*

Si le temps donné est moindre qu'une année, on l'exprime en jours.

Si, par exemple, l'intérêt était pour 123 jours, il faudrait multiplier l'intérêt d'un an par 123 et diviser le produit par 365; car 123^{j} = $\frac{123}{365}$ de l'année. Dans ce cas, la règle générale devient:

Règle. *Pour trouver l'intérêt d'une somme pour un nombre de jours donnés, à un taux donné, on multiplie le capital par le taux, puis ce premier produit par le nombre de jours, et l'on divise le produit total par 36500.*

Dans le commerce, le taux légal étant 6, et l'année considérée comme n'ayant que 360 jours, il suffit de multiplier le capital par le nombre de jours et diviser le produit par 6000.

585. Pour compter le nombre de jours entre deux dates, on compte d'abord tous les mois comme s'ils n'avaient que 30 jours ; mais on doit ajouter autant d'unités qu'il y a de mois intermédiaires de 31. Ainsi du 15 juin au 28 septembre, je trouve 3 mois intermédiaires ou 90 jours, mais comme juillet et août sont des mois de 31 jours, je compte 2 jours de plus, ce qui fait 92 jours du 15 juin au 15 septembre ; mais du 15 au 28 il y a 13 jours, il faut donc ajouter encore 13 à 92, ce qui donne 105 jours entre le 15 juin et le 28 septembre.

Les règles précédentes sont trop simples pour avoir besoin de démonstration.

586. Problème. *Quel est le capital qui, placé à 5 pour 100 par an, a produit en capital et intérêts au bout de 6 ans la somme de 6500 fr.?*

100 fr. en un an produisent 5 fr. d'intérêt ; en 6 ans ils produiront $5^{fr} \times 6 = 30^{fr}$; je dirai donc :

Puisque 130 fr. proviennent d'un capital de 100 fr., 1 fr. proviendrait de $\frac{100}{130}$, et 6500 fr. de $\frac{100 \times 6500}{130} = 5000$.

Le capital demandé est donc 5000 fr.

587. Problème. Pour une somme de 4850 fr., le débiteur a rendu à son créancier, au bout de 3 ans $\frac{1}{3}$, une somme de 5820 fr. en capital et intérêts ; à quel taux avait-il emprunté ?

Je retranche 4850 fr. de 5820 fr., et je trouve 970 fr. pour les intérêts seuls pendant $3^{ans} \frac{1}{3} = \frac{10}{3}$ ans ; donc pendant $\frac{1}{3}$ d'année, le capital a produit $\frac{970^{fr}}{10} = 97$ fr., et pendant une année $97^{fr} \times 3 = 291$ fr.

Connaissant le capital 4850 fr. et l'intérêt pour 1 an, 291 fr., on trouve facilement que le taux est 6.

L'emprunt avait été fait à 6 pour 100.

388. Anciennement on se servait d'une autre expression pour indiquer le taux de l'argent : ainsi l'on disait prêter au *denier* 15, 20, 25 pour désigner le capital qui rapportait 1 fr. d'intérêt.

D'après cela prêter au denier 20 ou à 5 pour 100 c'est exactement la même chose.

Cette simple définition permettra de résoudre toutes les questions d'intérêt d'après l'ancienne dénomination de denier.

Questionnaire.

Qu'entend-on par l'intérêt de l'argent? (379)

Quel est l'intérêt légal? (379)

Qu'entend-on par le taux de l'intérêt? (379)

Comment trouve-t-on l'intérêt d'un capital, pour un an, à un taux donné? (380).

Comment trouve-t-on l'intérêt d'un capital pour un temps donné? (384)

Qu'entendait-on par le denier dans les questions d'intérêt? (388)

Problèmes sur l'intérêt simple (XXVI).

1). Quel est l'intérêt de 6895 fr. à 4 pour 100 par an?

2). Quelle est la somme qui a rapporté en un an 3600 fr. d'intérêt, à $4\frac{1}{2}$ pour 100?

3). Quelle est la somme qui vaut au bout de l'année 6300 fr. intérêt et capital compris, le taux étant 5?

4). A quel taux a-t-on placé un capital de 8000 fr. pour avoir au bout de l'année 8280 fr., capital et intérêt compris?

5). Une personne a acheté pour 200000 fr. une propriété qui lui a rapporté dans l'année 13400 fr.; une autre personne a fait construire pour 150000 fr. une maison qui lui a rapporté, bénéfice net, 10800 fr.; laquelle des deux a fait la meilleure spéculation?

6). Un capitaliste consent à faire valoir à 6 pour 100 par an la somme de 40000 fr. qu'on lui a confiée; au bout de 2 ans 50 jours, il rend la somme totale avec les intérêts; quelle somme a-t-il rendue?

7). Pour un capital de 450 fr. on a retiré au bout de 8 ans 576 fr., intérêt et capital compris; à quel taux ce capital avait-il été placé?

8). Quel est le capital qui, placé à 4 pour 100, a produit au bout de trois ans 3360 fr., intérêt et capital compris?

9). Un voyageur avait prêté au moment de son départ 3400 fr. à 5 pour 100; à son retour, il reçoit, pour les intérêts et le capital, la somme de 4080 fr.; combien de temps est-il resté absent?

10). Une personne voudrait, en plaçant un capital à 5 pour 100, retirer au bout de 8 ans la somme de 14800 fr.; quel capital doit-elle placer?

3. DE L'INTÉRÊT COMPOSÉ.

589. Lorsque l'intérêt s'ajoute chaque année au capital pour produire lui-même un intérêt, on dit que l'intérêt est *composé*.

Problème. A quelle somme s'élève un capital de 8000 fr., au bout de 4 ans, en ayant égard à l'intérêt composé au taux de 5 pour 100 ?

Il suffit de faire le calcul indiqué dans la définition même. En voici le tableau :

Au commencement de la 1re année, capital	8000
Intérêts à 5 pour 100	400
2e année, capital	8400
Intérêts à 5 pour 100	420
3e année, capital	8820
Intérêts à 5 pour 100	441
4e année, capital	9261
Intérêts à 5 pour 100	463^{fr},05
Capital et intérêt des intérêts, somme à payer	9724^{fr},05

590. Pour juger de la puissance de l'intérêt composé, on cherchera par un calcul semblable à quelle somme s'élève un capital de 1000 fr., par exemple, au bout de 1, 2, 3,........ 50 années.

On trouvera que le capital est doublé après 14 ans environ, triplé après 23, quadruplé après 28, quintuplé après 33 ans, etc.

On trouvera le même résultat par la règle suivante :

591. Règle. *Pour trouver à quelle somme s'élève après un temps donné un capital prêté à intérêt composé, on ajoute à 1 l'intérêt de 1 fr. par an, au taux donné, et l'on forme un produit composé d'autant de facteurs égaux à ce nombre qu'il y a d'unités dans le nombre d'années, on multiplie le capital par ce produit, et le résultat est la somme demandée.*

En effet, dans le problème précédent, par exemple, au

bout de la première année, le capital est augmenté des $\frac{5}{100}$ à cause des intérêts, il est donc $8000^{fr} +$ les $\frac{5}{100}$ de 8000^{fr} $=$ les $\frac{105}{100}$ de 8000^{fr}; au bout de la deuxième année, ce nouveau capital devient par la même raison les $\frac{105}{100}$ des $\frac{105}{100}$ de $8000^{fr} = 8000^{fr} \times \frac{105}{100} \times \frac{105}{100}$; et ainsi de suite jusqu'à la fin de la quatrième année, où il est devenu $8000^{fr} \times \frac{105}{100} \times \frac{105}{100} \times \frac{105}{100} \times \frac{105}{100}$; et comme $\frac{105}{100} = 1,05$, on a pour la somme demandée $8000^{fr} \times (1,05)(1,05)(1,05)(1,05)\ldots\ldots$ (4 fois facteur).

592. Les caisses d'épargne offrent une des plus utiles applications de l'intérêt composé. Ces caisses sont destinées à recevoir les économies que les ouvriers laborieux et prévoyants viennent y verser à la fin de chaque semaine. On y reçoit depuis 1 fr. jusqu'à 300 fr. Le nom du déposant est inscrit sur un registre, et on lui délivre, sur un *livret*, le reçu de la somme qu'il a versée. L'intérêt à 4 pour 100 par an est ajouté à son compte au capital.

Questionnaire.

Qu'est-ce que l'intérêt composé? (389)
Comment trouve-t-on le montant d'un capital prêté à intérêt composé, après un temps donné? (391)

Problèmes sur l'intérêt composé (XXVII).

1). A combien s'élève avec les intérêts composés une somme de 3600 fr. après cinq ans, le taux étant à 4 pour 100?

2). Une personne veut acquitter en 4 ans une dette de 80000 fr. avec les intérêts des intérêts, au moyen de payements annuels qui seront : la première année de 18000 fr; la deuxième de 24000; la troisième de 30000; quel sera le montant du quatrième et dernier payement?

3). Une personne place tous les ans une somme de 6000 fr., et laisse les intérêts s'accumuler; au bout de 5 ans quelle somme aura-t-elle?

4). Au lieu de placer une somme de 10000 fr. au taux de 6 pour 100 par an, si on la plaçait au même taux, mais qu'on accumulât les intérêts de chaque mois, quel serait le montant avec les intérêts accumulés?

5). Un employé qui gagne 3000 fr. place chaque année le dixième de son traitement à la caisse d'épargne, qui sert 4 pour 100; au bout de 5 ans, quelle somme pourra-t-il retirer de la caisse d'épargne?

6). A quelle somme s'élève, avec les intérêts composés, un capital de 4000 fr. à 3 pour 100 au bout de 8 ans, et quel serait le capital qui, placé à 5 pour 100 pendant le même temps, produirait, avec les intérêts simples, la même somme?

7). Calculer à combien s'élèvent les intérêts seuls accumulés d'un capital de 10000 fr. placé à 5 pour 100 au bout de 6 ans, et comparer ce résultat avec le montant des intérêts simples pour le même temps.

8). Tous les ans une personne place 10000 fr. dont elle laisse les intérêts s'accumuler. Le taux de l'intérêt est de $4\frac{1}{2}$; quelle somme pourra-t-elle retirer au bout de 5 ans et demi?

9). Au bout de combien d'années une somme de 1000 fr. est-elle doublée par le moyen des intérêts composés?

10). Quelle somme faudra-t-il placer à intérêts simples à 6 pour 100 pour avoir au bout de l'année la même somme qu'en plaçant 3000 fr. à intérêts composés à 5 pour 100 au bout de 3 ans?

4. DES FONDS PUBLICS.

593. On appelle *rentes* sur l'État l'intérêt que l'on retire d'un capital prêté au gouvernement.

Lorsque les gouvernements font un emprunt public, ils conviennent de donner un certain intérêt fixe, 3 fr., 4 fr., 4 fr. $\frac{1}{2}$, 5 fr. pour un capital variable. Si, par exemple, pour 121 fr. 20 c. de capital la rente est de 5 fr., on dit que le 5 pour 100 est à 121 fr. 20 c.

Il y a en France deux principales espèces de fonds publics: le $4\frac{1}{2}$ pour 100 et le 3 pour 100.

Le *cours* de la rente est rendu public chaque jour à la Bourse de Paris.

594. RÈGLE. *Pour connaître l'intérêt d'un placement de fonds en achetant des rentes à un cours donné, on multiplie la rente par 100 et l'on divise le produit par le cours de la rente.*

PROBLÈME. Au cours de 69 fr. à quel intérêt placerait-on son argent en achetant du 3 pour 100?

Puisque 69 fr. produisent 3 fr., 1 fr. produira $\frac{3}{69}$ et 100 fr $\frac{3\times100}{69} = \frac{100}{23} = 4^{\text{f}},35$.

595. RÈGLE. *Pour connaître le prix d'une quantité quelconque de rentes à un cours donné, on multiplie la quan-*

tité de rentes par le cours et l'on divise le produit par la rente achetée.

PROBLÈME. La rente 3 pour 100 étant à 70,75, combien payera-t-on 3450 fr de rente?

Si 3 fr coûtent 70^f,75, 1 fr. coûtera $\frac{70,75}{3}$ et 3450 fr. coûteront $\frac{70,75}{3} \times 3450 = 81362^f,50$.

396. RÈGLE. *Pour connaître combien on peut acheter de rentes pour une somme donnée, on multiplie la rente par la somme et l'on divise le produit par le cours de la rente.*

PROBLÈME. Pour 60575 fr., combien peut-on acheter de rentes 3 pour 100 au cours de 69^f,25.

Pour 69^f,25 on a 3 fr. de rente; pour 1 fr. on a $\frac{3}{69,25}$; pour 60575 fr. on a $\frac{3 \times 60575}{69,25} = 2624^f,20$

397. Les rentes s'achètent et se vendent comme toute autre marchandise, ce qui produit naturellement la *hausse* et la *baisse* des fonds publics.

Pour faire rapidement les calculs que ces marchés occasionnent, on prend une somme de 5000 fr. de rente 5 pour 100; de 4500 fr. de rente $4\frac{1}{2}$; de 3000 fr. de rente 3 pour 100; de cette manière, quand le cours de la rente 3 pour 100 est à 71^{fr},35, 3000 de rentes coûtent 71350 fr. Pour 1 franc de variation dans le cours de la rente, le capital reçoit une variation de 1000 fr.; pour 1 centime une variation de 10 francs.

Les autres effets publics français se traitent exactement de la même manière, ainsi que les rentes étrangères provenant d'emprunts faits par les gouvernements étrangers [1].

Questionnaire.

Qu'entend-on par rentes sur l'État? (382)

Comment peut-on trouver l'intérêt d'un placement de fonds en achetant des rentes à un cours donné? (383)

Comment détermine-t-on le prix d'une quantité quelconque de rentes à un cours donné? (384)

Comment détermine-t-on ce qu'on peut acheter de rentes pour une somme donnée? (385)

Qu'entendez-vous par la hausse ou la baisse des fonds publics? (386)

1. Voir, pour plus de détails, notre *Traité d'Arithmétique* in-8°.

Problèmes sur les fonds publics (**XXVIII**).

1). Quel est le *pair* de la rente 3 pour 100, c'est-à-dire quel est le capital qui rapporte 3 fr. de rente lorsque 100 fr. rapportent 5 fr. ?

2). En achetant des rentes $4\frac{1}{2}$ pour 100 au cours de 102^f,50 , à quel taux réel place-t-on son argent?

3). Quel est le fonds public qui offre le meilleur placement, du $4\frac{1}{2}$ pour 100 à 104 fr. 90 c. ou du 3 pour 100 à 71 fr.?

4). Combien retirera-t-on de la vente d'une inscription de 4000 fr. de rente 3 pour 100 au cours de 72 fr. 40 c.?

5). On a acheté 3000 fr. de rente 3 pour 100 au cours de 69 fr., on les revend au cours de 71 fr. 10 c., quel est le bénéfice?

6). Combien coûtent 3000 fr de rente 3 pour 100 au cours de 69 fr. 25 c. ?

7. On a payé 66120 fr. pour 3000 fr de rente 3 pour 100; quel était le cours de la rente?

8). Quand la rente $4\frac{1}{2}$ pour 100 est à 103 fr., quel est le cours correspondant du 3 pour 100?

9). Quand la rente $4\frac{1}{2}$ pour 100 est à 102 fr., quel est le cours correspondant du 3 pour 100, et combien coûtent 3000 fr. de rente à l'un et à l'autre cours?

10) Si le $4\frac{1}{2}$ pour 100 baisse de 2 fr. 50 c., quel doit être la baisse correspondante du 3 pour 100?

5. DE L'ESCOMPTE.

398. On distingue dans le commerce deux espèces d'effets, les *billets à ordre* et les *lettres de change*.

Voici la forme des billets à ordre :

Au (la date) *prochain, je payerai à M.* (le nom de la personne), *ou à son ordre, la somme de* (en toutes lettres), *valeur reçue comptant, ou en marchandises, ou en compte.*

On ajoute la date en toutes lettres, la demeure et la signature.

Les lettres de change sont ainsi conçues :

Au (la date) *prochain, il vous plaira de payer à M.* (le nom de la personne), *ou à son ordre, la somme de* (en toutes lettres), *valeur reçue comptant, ou en marchandises, ou en compte.*

On ajoute la date, la signature et la demeure de celui qui doit payer.

399. Lorsque le *porteur* d'un billet ou d'une lettre de change qui n'est payable que dans un certain temps, désire être payé sur-le-champ, il consent nécessairement à perdre une partie de la somme énoncée dans le *corps* du billet.

Cette perte est ce qu'on appelle l'escompte ; ainsi, *l'escompte est la perte que l'on fait sur un effet payé avant l'échéance,* c'est-à-dire avant le temps fixé pour le payement de l'effet.

La retenue faite sur 100 francs prend le nom de taux de l'escompte.

Il y a deux manières de prendre l'escompte : l'escompte *en dehors* et l'escompte *en dedans.*

400. RÈGLE DE L'ESCOMPTE EN DEHORS. *Pour trouver l'escompte* EN DEHORS, *on calcule, au taux de l'escompte, l'intérêt pour le temps à écouler jusqu'à l'échéance.*

PROBLÈME. Le porteur d'un billet de 640 fr. payable dans 4 mois, s'adresse à un banquier qui consent à l'escompter, à $4\frac{1}{2}$ pour 100 par **an** ; quelle somme perdra-t-il sur son billet ?

L'intérêt de 640 fr. à $4\frac{1}{2}$ pour 100 par an, pour 4 mois,

$$\text{sera } \frac{640\times 4\frac{1}{2}\times\frac{4}{12}}{100} = \frac{640\times\frac{9}{2}\times\frac{4}{12}}{100} = \frac{640\times\frac{3}{2}}{100} = \frac{960}{100} = 9,60.$$

L'escompte en dehors est de 9 fr. 60.
Le porteur du billet ne recevra donc que
$$640^{\text{fr}} - 9,60^{\text{fr}} = 630^{\text{fr}},40.$$

401. RÈGLE DE L'ESCOMPTE EN DEDANS. *Pour trouver l'escompte en* DEDANS, *on multiplie le montant du billet par* 100 *et l'on divise le produit par* 100 *augmenté de l'intérêt de* 100 *pour le temps à écouler jusqu'à l'échéance.*

La différence qui existe entre ces deux manières de prendre l'escompte consiste en ce que l'escompte en dehors retient l'intérêt de toute la somme portée dans le billet, tandis que l'escompte en dedans ne retient que l'intérêt de la somme payée.

J'observerai d'abord dans le même problème ci-dessus

que, puisque le taux de l'escompte est de $4\frac{1}{2} = \frac{9}{2}$ pour 100 par an, il sera de $\frac{9}{2} \times \frac{4}{12} = 1\frac{1}{2}$ pour 4 mois.

Je dirai donc, puisque $101\frac{1}{2}$ sont réduits à 100 fr. par l'escompte, 1 sera réduit à $\frac{100}{101\frac{1}{2}}$; et, par conséquent, 640 sera réduit à $\frac{100 \times 640}{101\frac{1}{2}}$, ce qui est conforme à la règle.

Quant au calcul, il n'offre aucune difficulté; en effet, $101\frac{1}{2} = \frac{203}{2}$; par conséquent, $x = 640 \times 100 : \frac{203}{2} = 640 \times 100 \times \frac{2}{203} = \frac{128000}{203} = 630,54$ environ.

Le porteur du billet recevrait donc 630,54 et le banquier qui aurait escompté de cette manière aurait reçu $640 = 630,54... \; 9,46$.

En effet, 9,46 est réellement l'intérêt de 630,54, pour 4 mois, à $4\frac{1}{2}$ pour 100 par an.

La différence entre les deux escomptes $9,60 - 9,46 = 0,14$ est précisément l'intérêt de 9,46 pour le temps à écouler, de sorte que, d'après la manière d'escompter usitée en France, l'escompteur jouit à la fois de l'intérêt de la somme qu'il paye et de l'intérêt de cet intérêt.

Au reste cette différence est en général très-petite, et comme d'ailleurs le porteur du billet consent aux conditions de l'escompteur, il n'y a réellement pas injustice.

Les calculs pour l'escompte en dedans sont plus longs et plus difficiles, ce qui a conduit vraisemblablement à préférer l'escompte en dehors. Quant à ces deux dénominations, elles sont expliquées par la manière d'opérer, puisque dans l'escompte en dehors on prend l'intérêt de la somme *mise en dehors*, indiquée par le billet lui-même, tandis que dans l'escompte en dedans, on ne prend l'intérêt que d'une somme *renfermée* dans le montant du billet.

402. On a souvent à résoudre des questions telles que la suivante, dont la solution a beaucoup de rapport avec l'escompte en dedans.

PROBLÈME. *En revendant sa marchandise 840 fr., un marchand a gagné 20 pour 100 sur le prix d'achat; combien avait-il payé sa marchandise?*

Quand on dit que le marchand gagne 20 pour 100, cela signifie qu'il a vendu 120 fr. ce qui ne lui avait coûté que 100.

Je dirai donc. puisqu'il revend 120 ce qui lui coûte 100, il a revendu 1 ce qui lui coûte $\frac{100}{120}$; et, par conséquent,

840 ce qui lui coûte $\frac{100 \times 840}{120} = \frac{10 \times 840}{12} = 10 \times 70 = 700$.

Le marchand n'avait payé sa marchandise que 700 fr.

Questionnaire.

Qu'entend-on par des effets de commerce? (398)

Combien d'espèces? (398)

Qu'est-ce que l'escompte? (399)

Que signifie le mot *échéance?* (399)

Comment se règle l'escompte? (399)

Combien y a-t-il de manières de prendre l'escompte? (399)

Comment prend-on l'escompte en dehors? (400)

Comment prend-on l'escompte en dedans? (401)

Quelle différence y a-t-il entre les deux manières de prendre l'escompte? (401)

D'où provient la différence qu'on remarque entre les deux résultats? (401)

Problèmes sur l'escompte en dehors (XXIX).

1). Quel est l'escompte d'un billet de 3500 à 6 pour 100?

2). Quel est le montant du billet qui, escompté à 8 pour 100, a été réduit à 4140?

3). Un billet de 650 fr. s'est réduit par l'escompte à 611 fr.; à quel taux a-t-il été escompté?

4). Quel est l'escompte d'un billet de 5000 fr. payable dans 35 jours, l'escompte étant à 6 pour 100?

5). Quel est le montant d'un billet payable le 11 juillet qui, escompté le 1er mars, a été réduit à 3458 fr.?

6). Un négociant donne en échange d'un de ses billets de 3700 fr., payable dans 140 jours, un billet qu'il a en portefeuille, de 3760 fr., à 200 jours d'échéance, combien donnera-t-il ou recevra-t-il de surplus?

7). Quelle est la valeur actuelle d'un billet de 750 fr. payable dans 146 jours?

8). Quel doit être le taux de l'escompte d'un billet de 450 fr. à 40 jours d'échéance qui vaut autant qu'un billet de 500 fr. à 73 jours d'échéance?

9). On a pris 350 fr. d'escompte sur un billet de 8000 fr. payable à 73 jours, quel est le taux de l'escompte?

10). On a retenu 48 fr. d'escompte à 6 pour 100 sur un billet de 730 fr.; à combien de jours d'échéance était le billet?

Problèmes sur l'escompte en dedans (**XXX**).

1). Quel est l'escompte en dedans d'un billet de 3180 fr. à 6 pour 100 d'escompte?

2). Quelle est la valeur actuelle d'un billet de 7560 fr., l'escompte en dedans à 8 pour 100?

3). Pour un billet de 6330 fr., le banquier ne m'a donné que 6000 fr.; à quel taux a-t-il escompté le billet?

4). Un négociant ayant fait un achat pour une somme de 3600 fr., obtient, en payant comptant, un escompte de 2 pour 100; combien payera-t-il avec cette remise?

5). Quel est l'escompte en dedans à 6 pour 100 d'un billet de 15000 fr. à 73 jours d'échéance?

6). Sur un billet de 25600 fr., un banquier a retenu un escompte de 600 fr., l'escompte en dedans étant de 6 pour 100; à quelle date était l'échéance du billet?

7). Un banquier a donné 25000 fr. pour une lettre de change de 25600 fr. payable dans 146 jours; à quel taux l'escompte en dedans?

8). A combien de mois d'échéance est un billet de 2030 fr. qui, escompté à 6 pour 100, ne vaut que 2000 fr.?

9). Quel était le montant d'un billet pour lequel le banquier a retenu 12 fr. pour l'escompte en dedans à 6 pour 100, pour 4 mois à courir jusqu'à l'échéance?

10). Un marchand a 80 barriques de sucre à 57 fr. et à 8 mois de crédit, mais avec un escompte de 6 pour 100 par an s'il paye comptant; quelle somme déboursera-t-il sachant qu'on lui accorde 5 pour 100 de tare?

6. DES RÈGLES DE SOCIÉTÉ ET DE PARTAGE.

403. Il arrive assez fréquemment que deux ou plusieurs personnes se réunissent en *société* pour une entreprise commerciale ou industrielle, à laquelle la fortune d'une seule personne ne pourrait suffire. Chaque *associé* fournit à cet effet une certaine somme d'argent appelée *mise de fonds*. Après un certain temps, il s'agit de partager le fonds commun restant, c'est-à-dire de faire la part de chacun, laquelle doit être nécessairement d'autant plus grande ou plus petite que sa mise de fonds aura été plus ou moins considérable.

La question revient donc à partager un nombre en parties qui soient entre elles comme deux ou plusieurs nombres donnés.

404. Règle de répartition. *Pour partager un nombre en deux ou plusieurs parties qui soient entre elles comme des nombres donnés, on multiplie le nombre à partager par chacun des nombres donnés, et l'on divise le produit par la somme des nombres donnés.*

Problème. *Partager 540 en trois parties qui soient entre elles comme les nombres 2, 3 et 5.*

Je multiplie 540 par 2, et je divise le produit 1080 par $2 + 3 + 5 = 10$.

$$\text{Ce qui donne pour la première partie } 108$$
$$\text{De même la deuxième partie sera } \frac{540 \times 3}{10} = 162$$
$$\text{Et la troisième partie sera } \frac{540 \times 5}{10} = 270$$
$$\text{Total. . . . } 540$$

Démonstration. En effet, partager 540 en trois parties qui soient entre elles comme les nombres 2, 3, 5, c'est décomposer 540 en trois parties telles, que la seconde soit les $\frac{3}{2}$, et la troisième les $\frac{5}{2}$ de la première. Or, la première est les $\frac{2}{2}$ d'elle-même ; je peux donc dire en faisant la somme des trois parties: les $\frac{2}{2}$ plus les $\frac{3}{2}$ plus les $\frac{5}{2}$ de la première font 540 ; ou, ce qui est la même chose, les $\frac{10}{2}$ de la première partie font 540 ; $\frac{1}{2}$ de la première partie fait $\frac{540}{10}$; les $\frac{2}{2}$ ou la première partie font $\frac{540 \times 2}{10}$.

La seconde partie étant les $\frac{3}{2}$ de la première, sera exprimée par $\frac{540 \times 2}{10} \times \frac{3}{2} = \frac{540 \times 3}{10}$, et la troisième par $\frac{540 \times 2}{10} \times \frac{5}{2} = \frac{540 \times 5}{10}$.

Ce qui démontre la règle.

On pourrait encore dire, si l'on partageait 540 en 10 parties égales, que la première partie aurait 2 de ces parties ; la deuxième, 3 ; et la troisième, 5 ce qui conduit au même résultat.

405. Si l'on observe que les valeurs précédentes peuvent s'écrire $\frac{540}{10} \times 2$, $\frac{540}{10} \times 3$, $\frac{540}{10} \times 5$, on pourra modifier la règle précédente ainsi qu'il suit :

Chaque part s'obtient en multipliant le rapport constant entre le nombre à partager et la somme des nombres donnés par chacun des nombres donnés.

Lorsque ce rapport peut être exprimé par un nombre fini, entier ou décimal, le calcul devient très-facile.

406. Règle de société. *Pour connaître la part de chaque associé, on multiplie la somme à partager par sa mise et l'on divise par la somme des mises.*

Problème. Trois personnes s'étant associées, ont fourni : la première, une mise de 40000 fr. ; la seconde, une mise de 35000 fr. ; la troisième, une mise de 45000 fr. La somme à partager est 15840 fr. ; quelle est la part de chacun ?

Solution. La somme des mises est 120000 fr. Je dirai donc : si 120000 fr. ont produit 15840, 1 fr. aurait produit $\frac{15840}{120000}$; 40000 fr. produiront $\frac{15840 \times 40000}{120000}$, et ainsi des autres ; ce qui démontre la règle.

$$\text{La première part est } \frac{15840 \times 40000}{120000} = \frac{1584 \times 40}{12} = 5280$$
$$\text{La deuxième part est } \frac{15840 \times 35000}{120000} = \frac{1584 \times 35}{12} = 4620$$
$$\text{La troisième part est } \frac{15840 \times 45000}{120000} = \frac{1584 \times 45}{12} = 5940$$
$$\text{Total } \overline{15840}$$

Si l'on observe que $\frac{15840}{120000} = \frac{1584}{12000} = 0,132$, il suffira de multiplier 0,132 successivement par 40000, par 35000 et par 45000 pour obtenir les trois parts demandées.

407 Lorsque les mises des associés ne sont pas restées pendant le même temps dans la société, on réduit le problème au précédent, ainsi qu'il suit :

Problème. Trois personnes ont mis en commun : la première, 3000 fr., qui sont restés 6 ans dans la société ; la deuxième, 4000, qui sont restés pendant 5 ans ; et la troisième, 8000, pendant 9 ans ; la somme à partager est 33000 fr., quelle est la part de chaque associé ?

Solution. J'observe que la mise de 3000 fr. pendant 6 ans a dû produire autant que $3000^{fr} \times 6 = 18000$ fr.

pendant un an ; de même la mise de 4000 fr. pendant 5 ans, autant que $4000^{fr} \times 5 = 20000$ fr. pendant 1 an ; et enfin la mise de 8000 fr. pendant 9 ans, autant que $8000^{fr} \times 9 = 72000$ fr. pendant 1 an.

La question est donc ramenée à celle-ci : les mises des associés étant 18000, 20000, 72000 fr., combien revient-il à chacun dans le partage de 33000 fr.

En raisonnant comme précédemment, je trouve pour les parts demandées :

$$\begin{array}{r} 5400 \text{ fr.} \\ 6000 \\ 21600 \\ \hline \text{Somme égale} \quad 33000 \end{array}$$

408. Dans les grandes opérations industrielles ou commerciales, telles que chemins de fer, canaux, exploitation de mines, construction de ponts, etc., le projet fait connaître quelle est la somme présumée nécessaire. Cette somme est partagée en sommes partielles égales, qu'on nomme *actions*. Chacune des personnes qui consentent à prêter le montant d'une ou plusieurs de ces sommes partielles, ce qu'on appelle *prendre des actions*, devient *actionnaire*, et a droit au partage des bénéfices de l'entreprise ; l'intérêt de l'action se nomme *dividende*.

Les actions peuvent être achetées ou vendues comme tout effet public, et leur valeur est déterminée par l'intérêt de l'action au moment de la vente.

PROBLÈME. Une société industrielle, dont le fonds commun est de 8000000 fr., partagé en 8000 actions de 1000 fr. chacune, paye à chaque actionnaire un dividende annuel de 67 fr. 50 c. ; quel est le prix d'une action ?

SOLUTION. Le prix de l'action est le montant du capital qui, placé à 5 pour 100, rapporterait 67 fr. 50 c. d'intérêt. Ce capital est, d'après la règle générale, 1350 ; c'est le prix demandé, et l'on dit que les actions sont *montées* à 1350 fr.

Le plus souvent la valeur des actions est indiquée au cours du jour.

409). La fixation des contributions foncières établie sur les revenus territoriaux est une véritable opération du même genre.

Supposons qu'on ait fixé d'avance la somme totale que les besoins du gouvernement exigent. On commence par répartir, au ministère des finances, cette somme entre tous les départements, dans le rapport des revenus présumés de ces divers départements.

Chaque département aura donc à payer une certaine somme qui, à son tour, sera répartie entre les divers arrondissements qui le composent.

La somme que doit payer chaque arrondissement est répartie entre les diverses communes et toujours dans le rapport des revenus présumés.

Enfin, chaque commune se composant d'un certain nombre de propriétés, soit en maisons, soit en terres ou en prairies, en bois, dont les revenus sont évalués, on partage la contribution de la commune entre les divers propriétaires, ce qui donne lieu à une dernière opération de l'espèce suivante.

PROBLÈME. Une commune dont le revenu territorial s'élève à 520000 fr. est imposée pour 22880 fr., on demande d'établir le tarif, c'est-à-dire l'impôt dont doit être frappé 1 fr., puis 2 fr., puis 3 fr., et ainsi de suite.

Puisque 520000 fr. doivent produire 22880 fr. d'impôt,

$$
\begin{array}{lll}
1 & \text{produira} & \frac{22880}{520000} = 0{,}044 \\
2 & \text{produiront} & 0{,}044 \times 2 = 0{,}088 \\
3 & \text{produiront} & 0{,}044 \times 3 = 0{,}132 \\
\text{etc.}
\end{array}
$$

Les rôles de contributions de tous les propriétaires étant une fois établis, chaque contribuable verse le montant de sa contribution dans les mains du receveur de la commune; celui-ci verse ses fonds dans la caisse du receveur d'arrondissement, qui verse les siens dans la caisse du receveur général du département. Enfin, tous les receveurs généraux de département envoient leurs fonds au trésor, et le gouvernement se trouve ainsi avoir perçu le montant de la contribution foncière.

On peut en dire autant de la répartition du contingent des hommes qui doivent faire partie de l'armée, et qui sont levés chaque année au moyen de la conscription.

410. PROBLÈME. Partager 2420 en trois parties qui soient entre elles comme les nombres $2\frac{1}{2}$, $3\frac{1}{3}$, $4\frac{1}{4}$.

Je commence par réduire les entiers et les fractions, le tout en fraction, ce qui donne $\frac{5}{2}$, $\frac{10}{3}$, $\frac{17}{4}$, puis je réduis ces fractions au même dénominateur 12, ce qui donne $\frac{30}{12}$, $\frac{40}{12}$, $\frac{51}{12}$. Et la question revient à partager 2420 en trois parties qui soient entre elles comme les fractions $\frac{30}{12}$, $\frac{40}{12}$, $\frac{51}{12}$, ou, ce qui est la même chose, comme les nombres entiers 30, 40, 51, car on ne change pas un rapport quand on multiplie ses deux termes par un même nombre.

Et la question revient à la précédente.

On trouve pour la 1re part $\frac{2420}{121} \times 30 = 20 \times 30 = 600$

pour la 2e part $\qquad\qquad 20 \times 40 = 800$

pour la 3e part $\qquad\qquad 20 \times 51 = 1020$

$$\text{Total} \quad \overline{2420}$$

411. La question suivante offre une petite difficulté.

PROBLÈME. *Partager 194 en trois parties telles que la première soit à la deuxième comme les nombres $\frac{5}{8}$ et $1\frac{1}{2}$, et que la deuxième soit à la troisième comme les nombres $1\frac{1}{3}$ et $3\frac{1}{2}$.*

Je réduis les entiers en fractions et ensuite les fractions au même dénominateur, ce qui donne $\frac{10}{16}$ et $\frac{24}{16}$ pour les deux premiers nombres, et $\frac{8}{6}$ et $\frac{21}{6}$ pour les deux derniers, et la question revient à partager 194 en trois parties telles que la première soit à la deuxième comme les nombres 10 et 24; et que la deuxième soit à la troisième comme les nombres 8 et 21.

Je multiplie les deux premiers nombres par 8 et les deux seconds par 24, ce qui ne changera pas les rapports, et j'aurai 80 et 192 pour les deux premiers nombres, 192 et 504 pour les deux seconds. De cette manière la question est ramenée à partager 194 en trois parties qui soient comme les nombres 80, 192 et 504, et simplifiant en divisant chacun des trois nombres par 8, comme les trois nombres 10, 24 et 63.

En appliquant la règle générale, je trouve pour les trois parties cherchées : Première   20

Deuxième   48

Troisième   126

Nombre égal $\overline{194}$

En effet, la deuxième doit être les $\frac{24}{10}$ de la première, et la troisième les $\frac{21}{8}$ de la deuxième; et par conséquent, les

$\frac{21}{8}$ des $\frac{24}{10}$ de la première $=$ les $\frac{21\times24}{8\times10}$ de la première : réduisant les fractions au même dénominateur, on aura pour la deuxième les $\frac{24\times8}{8\times10}$ de la première, pour la troisième, les $\frac{21\times24}{8\times10}$ de la première ; et par conséquent, les trois parties sont entre elles comme les nombres $8\times10, 24\times8, 21\times24$, ou 80, 192 et 504.

Questionnaire.

Qu'entend-on par société commerciale ou industrielle? (403)

Qu'entend-on par les mots *mise de fonds, fonds commun?* (403)

Qu'entend-on par la règle de répartition? (404)

En quoi consiste cette règle? (405)

Quelle est la règle de *société?* (406)

Lorsque les mises des associés ne sont pas restées pendant le même temps dans la société, comment doit-on opérer? (407)

Que signifient les mots *action, actionnaire, dividende?*

Problèmes sur la règle de répartition (XXXI).

1). Trois personnes ont à se partager 2340, de manière que la première ait 2 parts; la deuxième, 3; la troisième, 4; quelle est la part de chacune?

2). On a donné à trois vieillards pauvres, âgés, le premier de 75 ans, le deuxième de 77 ans, le troisième de 79 ans, la somme de 3285 fr. pour leur être distribuée proportionnellement à leur âge; combien revient-il à chacun?

3). Deux voituriers ont reçu pour frais de transport la somme de 560 fr. : le premier a porté 1760 kilogrammes et le deuxième 2240; combien revient-il à chacun?

4). On a dépensé 1000 fr. pour achat d'une égale quantité de café et de sucre, au prix de 2 fr. 70 c. le kilogramme de café et de 2 fr. 30 c. le kilogramme de sucre; combien a-t-on payé pour le café et pour le sucre?

5). Quatre négociants ont frété un navire pour un chargement de vin : le premier a chargé 240 pièces; le deuxième, 200; le troisième 160; le quatrième, 100; le fret a coûté 9100; combien chacun doit-il payer?

6). Partager 138 en trois parties qui soient entre elles comme les nombres $\frac{1}{2}$, $\frac{2}{3}$ et $\frac{3}{4}$.

7). Partager 7400 en trois parties telles que la première soit à la deuxième comme 2:3 et que la deuxième soit à la troisième comme 5:6.

8). On a employé trois ouvriers pour faire un certain ouvrage : le premier y a travaillé 6 jours et 10 heures par jour; le deuxième, 7 jours et 8 heures par jour; le troisième, 9 jours et 6 heures par jour;

l'ouvrage a été payé 510 fr. : comment faire le partage entre les trois ouvriers.

9). Deux bergers ont loué un pâturage pour la somme de 340 fr.; le premier a laissé paître 240 moutons pendant 10 jours ; le deuxième, 180 moutons pendant 15 jours ; combien chaque berger doit-il payer?

10). Deux entrepreneurs ont fait un ouvrage qui leur a été payé 370000 fr. : le premier a employé 50 ouvriers pendant 125 jours et travaillant 12 heures par jour ; le deuxième 40 ouvriers pendant 90 jours et 10 heures par jour ; combien revient-il à chaque entrepreneur?

Problèmes sur les règles de société et de partage (XXXII).

1). Trois marchands ont fait un fonds commun : le premier a mis 400 fr., le deuxième 450, et le troisième 550 ; combien revient-il à chacun sur une somme de 2400 fr.

2). Trois personnes s'étant associées pour une affaire de commerce ont mis en commun : la première, 25000 fr.; la deuxième, 30000; la troisième 45000; quelle part retireront-elles chacune sur un bénéfice de 48000 fr.?

3). Trois négociants ont chargé un navire de marchandises, le premier pour une somme de 5600 fr., le deuxième pour une somme de de 6000 et le troisième de 6400 : la vente de la cargaison n'a rapporté que 10800 fr. ; quelle part revient-il à chacun?

4). Quatre petits marchands se sont associés pour une entreprise : le premier a mis 200 fr.; le deuxième, 250; le troisième, 300; le quatrième, 350; ils ont perdu 550 fr.; comment répartir cette perte entre les quatre associés?

5). Trois personnes ont fait un fonds commun de 12000 fr. : la première a retiré 300 fr. pour sa part de bénéfice, la deuxième 350 et la troisième 550; quelle était la mise de chacune?

6). Quatre personnes ont fait en commun l'achat d'une terre qui a rapporté 4800 fr. : la première avait contribué à l'achat pour une somme de 30000 fr.; la deuxième, 25000; la troisième, 40000 ; la quatrième, 5000; comment partager le revenu entre ces quatre personnes?

7). Trois personnes partant pour un long voyage ont mis en commun une somme de 40000 fr. qu'elles ont déposée chez un capitaliste qui leur compte 5 pour 100 d'intérêt par an ; la première avait mis 15000; la deuxième, 13000; la troisième, 12000; au bout de 5 ans elles ont à partager le fonds commun ; comment se fera ce partage?

8). Deux associés ont fait un bénéfice de 5400 : la premier avait mis au fonds commun 3000 fr. pendant 2 ans, et le deuxième, 4000 pendant 3 ans; partager le bénéfice entre les associés.

9). Trois marchands ont mis en commun : le premier 240 fr. 50 c. pendant 4 mois ; le deuxième, 350 fr. 20 c. pendant 5 mois ; le troisième, 458 fr. pendant 6 mois ; le bénéfice est de 273 fr. 5 c. Quelle est la part de chacun ?

10). Trois personnes sont associées pour deux ans : la première a mis au commencement 400 fr. qu'elle a laissés pendant toute la durée de la société ; la deuxième a mis au commencement 300 fr., et 6 mois après encore 300 fr. ; la troisième a mis 200 fr. au commencement et un an après 500 fr. ; le bénéfice de la société étant de 6600 fr., combien revient-il à chaque sociétaire ?

7. DES RÈGLES DE MÉLANGE OU D'ALLIAGE.

412. Les questions de *mélange* ou *d'alliage* sont de deux sortes : dans l'une, il s'agit de trouver la valeur *moyenne* de plusieurs choses, connaissant le nombre et la valeur particulière de chacune ; dans l'autre, il s'agit de déterminer les quantités de chaque espèce qui entrent dans un mélange, lorsqu'on connaît la valeur de chaque espèce et la valeur totale du mélange.

Le mélange se dit des liquides, des marchandises sèches de même nature, et susceptibles d'être mélangées ; l'alliage se dit des métaux que l'on combine à l'état de fusion.

Souvent, dans le commerce, on mélange des marchandises de même nature, soit afin de corriger les moins bonnes en les mêlant avec d'autres de meilleure qualité, soit afin de pouvoir vendre les meilleures dont le débit est plus lent à cause de leur prix plus élevé.

413. RÈGLE DE MÉLANGE OU D'ALLIAGE DE PREMIÈRE ESPÈCE. — *Pour connaître le prix moyen d'un mélange ou d'un alliage, on divise le prix total par le nombre de choses mélangées.*

PROBLÈME. On mélange 40 litres de vin à 75 c. le litre, avec 60 litres de vin à 1 fr. 25 c. ; quelle sera la valeur d'un litre de ce mélange ?

$$
\begin{array}{llll}
\text{Les} & 40 \text{ litres à } 0^f{,}75 \text{ font} & 0^f{,}75 \times 40 = 30^f \\
& \underline{60} \qquad\quad 1^f{,}25 & \underline{1^f{,}25 \times 60 = 75^f} \\
& \overline{100} & \qquad\qquad\quad \overline{105^f}
\end{array}
$$

J'ai ainsi 100 litres de mélange qui valent 105 fr., le litre revient donc à $\frac{105}{100} = 1^f,05$.

PROBLÈME. On a fondu 31 kilogrammes de cuivre à 1 fr. 25 c. le kilogramme, avec 14 kilogrammes d'étain à 2 fr. 60 c.; à combien revient le kilogramme de l'alliage ?

$$36 \text{ kilogrammes à } 1^f,25 \text{ font } 1^f,25 \times 36 = 45^f.$$
$$14 \qquad\qquad 2^f,60 \qquad 2^f,60 \times 14 = 36^f,40.$$
$$\overline{50} \qquad\qquad\qquad\qquad\qquad \overline{81^f,40.}$$

Le kilogramme de l'alliage revient à $\frac{81.40}{50} = 1^f,628$, environ 1 fr. 63 c.

PROBLÈME. *On a fondu ensemble trois lingots d'or du poids de 2 kilogrammes, 3 kilogrammes 4 hectogrammes, 4 kilogrammes 6 hectogrammes, aux titres de 0,910, 0,840, 0,780 ; quel est le titre de l'alliage ?*

Le 1er lingot de 2^k, au titre de 0,910 ne contient d'or fin que 2^k, $\times 0,910 - 1,820$
Le 2e lingot de $3^k,4$ 0,840 $3^k,4 \times 0,840 - 2,856$
Le 3e lingot de $4^k,6$ 0,780 $4^k,6 \times 0,780 - 3,588$
$\overline{10^k.0} \qquad\qquad\qquad\qquad\qquad\qquad\qquad \overline{8.264}$

Le kilogramme de l'alliage ne contient donc que $\frac{8^k.264}{10}$ d'or fin, et par conséquent l'alliage est au titre de $0,826\frac{4}{10}$.

Si l'on fait entrer dans le mélange des matières qui n'ont par elles-mêmes aucune valeur, on ne doit pas en tenir compte dans le prix total.

PROBLÈME. *Un marchand de vin a achevé de remplir avec de l'eau un tonneau de 250 litres dans lequel il restait 175 litres de vin à 60 c.; à combien le litre du mélange ?*

$$\qquad\qquad 175 \text{ litres à } 0^f,60 \text{ font } \qquad 105^f$$
$$250 - 175 = 75 \qquad\qquad 0 \qquad\qquad\qquad 0$$
Total du mélange $\overline{250} \qquad\qquad\qquad\qquad \overline{105^f.}$

Par conséquent le litre revient à $\frac{105}{250} = 0^f,42$.

414. RÈGLE DES MOYENNES.— *Pour trouver la moyenne entre deux ou plusieurs quantités, on additionne toutes les quantités et on divise la somme par le nombre des quantités additionnées.*

On a mesuré dix fois une même distance, et l'on a trouvé pour chaque opération : 237 mètres; 236^m,5; 238 mètres; 237^m,2; 237^m,1; 236^m,9; 236^m,8; 237^m,3; 236^m,2; 236^m,6; quelle est la moyenne de ces longueurs?

La somme des 10 longueurs est 2369^m,6, qui, divisée par 10, donne 236^m,96.

On évalue, de la même manière, *le revenu moyen d'une propriété, en divisant la somme des revenus pendant un certain nombre d'années, par le nombre des années.*

415. De l'échéance commune. — On a souvent besoin, dans le commerce et dans la banque, de ramener à une seule et même époque de payement la totalité des différentes sommes qui doivent être payées à des époques différentes. Cette opération, qu'on appelle *réduction à l'échéance commune*, n'est qu'une application de la règle l'alliage.

Règle générale de l'échéance commune. — *Pour trouver l'échéance commune de deux ou plusieurs billets payables à diverses époques, on multiplie le montant de chaque billet par le nombre de jours à courir jusqu'à son échéance, ce qui donne autant de produits qu'il y a de billets à réduire; ensuite, on additionne d'une part tous les totaux des billets, de l'autre tous les produits, et l'on divise la somme des produits par le montant total des billets; le quotient est le nombre de jours à courir jusqu'à l'échéance demandée.*

Problème. Un banquier a quatre billets, savoir :

Le 1er de 2500 fr. payable dans 90 jours.
$\quad$ 2^e $\quad$ 1600 $\qquad\qquad\qquad$ 128
$\quad$ 3^e $\quad$ 4000 $\qquad\qquad\qquad$ 150
$\quad$ 4^e $\quad$ 2000 $\qquad\qquad\qquad$ 40

Il voudrait échanger ces quatre billets contre un seul de 2500 + 1600 + 4000 + 2000 = 10100; dans combien de jours ce billet sera-t-il payable?

Disposition du calcul :

2500^f	90^j	225000
1600^f	128^j	204800
4000^f	150^j	600000
2000^f	40^j	80000

Total des billets 10100^f Produits 1109800 | 10100

998 | 109 $\frac{89}{151}$

89 |

Le billet sera payable dans 110 jours.

DÉMONSTRATION. Le taux de l'escompte étant le même, 6 pour 100 par exemple, le premier billet de 2500 fr, payable dans 90 jours, perdrait $\frac{2500 \times 6 \times 90}{100 \times 365}$; le deuxième, $\frac{1600 \times 6 \times 128}{100 \times 365}$; le troisième, $\frac{4000 \times 6 \times 150}{100 \times 365}$; le quatrième, $\frac{2000 \times 6 \times 40}{100 \times 365}$; le billet unique $\frac{10100 \times 6 \times \text{nomb. de j. à courir jusqu'à l'échéance}}{100 \times 365}$. Or, il faut que cette dernière somme soit égale à la somme des quatre autres, et comme elles ont toutes le facteur commun $\frac{6}{100 \times 365}$, en supprimant ce facteur commun, je vois qu'il faut que la somme des quatre produits que j'obtiendrai en multipliant le montant de chaque billet par le nombre de jours jusqu'à son échéance, soit égale au produit du total des quatre billets multiplié par le nombre de jours à courir jusqu'à l'échéance. Je connais donc un produit et un des facteurs ; je trouverai l'autre par la division, et le quotient sera le nombre de jours à courir jusqu'à l'échéance du billet.

416. Les questions de mélange de la deuxième sorte offrent une certaine indétermination qui augmente avec le nombre des substances mélangées.

RÈGLE DE MÉLANGE OU D'ALLIAGE DE 2ᵉ ESPÈCE. — *Pour connaître les quantités de chaque espèce qui doivent entrer dans un mélange de deux choses, connaissant le prix de chacune d'elles et le prix moyen du mélange, on cherche la différence entre le prix de chaque chose et le prix moyen. Les quantités demandées sont entre elles comme les différences obtenues.*

PROBLÈME. *Un marchand a du blé de deux qualités dif-*

férentes, la première à 30 fr. l'hectolitre, et la seconde à 21 fr.; il voudrait en faire un mélange qui revînt à 25 fr. l'hectolitre; combien doit-il en prendre de chaque espèce?

Prix moyen.	Prix des espèces données.	Différences.
25	30 fr. de la 1re	4
	21 fr. de la 2^e	5

J'écris les prix donnés l'un sous l'autre et entre les deux, mais un peu à gauche, le prix moyen. Je cherche la différence entre le prix supérieur et le prix moyen, et j'écris cette différence 5 à la droite du prix inférieur. Je cherche de même la différence entre le prix moyen et le prix inférieur, et j'écris cette différence 4 à la droite du prix supérieur.

Les quantités de chaque espèce que le marchand doit prendre seront comme les nombres 4 et 5, c'est-à-dire que le nombre d'hectolitres de la première espèce ne sera que les $\frac{4}{5}$ du nombre d'hectolitres de la deuxième, et réciproquement le nombre d'hectolitres de la deuxième sera les $\frac{5}{4}$ du nombre d'hectolitres de la première.

DÉMONSTRATION. En effet, en vendant 25 fr. un hectolitre de la première espèce qui coûte 30 fr., le marchand perd 5 fr., et gagne au contraire 4 fr. en vendant 25 fr. l'hectolitre de la seconde espèce, qui ne coûte que 21 fr.

Par conséquent, pour un nombre quelconque d'hectolitres de la première espèce, 20 par exemple, le marchand perdra $5^{fr} \times 20$; il faut donc qu'il compense cette perte par la vente d'un nombre d'hectolitres de la deuxième espèce tel, que $4^{fr} \times$ par ce nombre d'hectolitres inconnu fasse précisément le même produit. Connaissant un produit $5^{fr} \times 20$ et un des facteurs 4, on trouvera l'autre facteur, c'est-à-dire le nombre d'hectolitres demandé, en divisant 5×20 par 4. Ce nombre sera donc $\frac{5 \times 20}{4} = 20 \times \frac{5}{4}$.

La solution, comme on voit, ne donne que le rapport des deux quantités à mélanger.

La plus simple solution est 4 hectolitres de la première et 5 de la deuxième.

417. PROBLÈME. *Avec du blé à 30 fr. et 21 fr. l'hectolitre on veut faire un mélange de 360 hectolitres, dont le prix revienne à 25 fr. l'hectolitre; combien doit-on prendre d'hectolitres de chaque espèce?*

Ici le problème est déterminé. En effet, d'après la première condition, les nombres d'hectolitres qu'on doit prendre de chaque espèce doivent être entre eux comme les nombres 4 et 5; il n'y a donc plus qu'à partager 360 en deux parties qui soient entre elles comme ces nombres, et l'on trouvera, par la règle générale de partage, 160 pour la première espèce et 200 pour la seconde.

Questionnaire.

Les questions de mélange ou d'alliage de combien d'espèces sont-elles? Définissez chacune de ces sortes de questions. (412)

Quelle différence y a-t-il entre ces deux mots *mélange* et *alliage*? (412)

Quelle est la règle de mélange ou d'alliage de première espèce? (413)

Quelle est la règle des moyennes? (413)

Qu'entend-on par l'échéance commune? (414)

Quelle est la règle de l'échéance commune? (414)

Quelle est la règle de mélange ou d'alliage de deuxième espèce: 1° Lorsque le mélange ne doit se composer que de deux choses? (416)

La solution détermine-t-elle les quantités de chacune des deux choses ou seulement leur rapport? (416)

Comment le problème qui était indéterminé peut-il devenir déterminé? (416)

Problèmes sur la règle de mélange et d'alliage de première espèce (XXXIII).

1). Si l'on mêlait à parties égales du vin à 1 fr. 80 c. et à 60 c. le litre, à combien reviendrait le litre de mélange?

2). Un marchand a trois pièces de vin : la première de 240 litres à 45 c.; la deuxième de 250 litres à 50 c.; la troisième de 310 litres à 60 c.; à combien reviendra le litre du mélange?

3). Un marchand fait un mélange composé de 50 hectolitres de blé à 46 fr., de 40 hectolitres de blé d'une autre espèce à 45 fr. et de 10 hectolitres d'une troisième espèce à 44 fr.; combien coûtera l'hectolitre du mélange?

4). On a fondu une pièce de bronze du poids de 10000 kilogrammes en y mettant trois fois autant de cuivre que d'étain; le cuivre vaut 2 fr. 70 c. le kilogramme, et l'étain 2 fr. 20 c.; à combien revient cette pièce de bronze?

5). Un ouvrier a fait le lundi 34 mètres 2 décimètres, le mardi 37 mètres 8 décimètres, le mercredi 36 mètres 9 décimètres, le jeudi 35 mètres 7 décimètres, le vendredi 36 mètres 6 décimètres, le samedi 34 mètres 8 décimètres; combien fait-il de mètres par jour, terme moyen?

6). Une propriété a rapporté, la première annee 3450 fr., la deuxième année 4160, la troisième 2965, la quatrième 3745, la cinquième 3280; quel est le revenu moyen de cette propriété?

7). Le laiton se fait en fondant du zinc avec du cuivre dans le rapport de 3 à 7. Le kilogramme de cuivre coûtant 2 fr. 70 c., et celui du zinc 90 c., quel sera le prix d'un kilogramme de laiton?

8). Le bronze des canons s'obtient en fondant de l'étain avec du cuivre dans le rapport de 11 à 100; le cuivre coûtant 1 fr. 60 c. le kilogramme; et l'étain 2 fr. 75 c., quel sera le prix d'un kilogramme de bronze?

9). Un épicier a fait un achat d'huile pour 6000 fr. dont il doit payer le quart dans 3 mois, le tiers dans 6 mois et le reste dans 10 mois; s'il ne voulait faire qu'un seul payement, à quelle époque devrait-il le faire?

10). Un marchand a acheté du drap pour une somme de 10000 fr., à un an de crédit; au bout de 5 mois il paye 4000 fr.; à quel terme peut-il remettre le dernier payement?

Problèmes sur la règle de mélange et d'alliage de deuxième espéce (XXXIV).

1). Un marchand a du blé à 19 fr. et à 16 fr. l'hectolitre, il voudrait faire un mélange dont l'hectolitre revînt à 18 fr.; combien doit-il prendre d'hectolitres de chaque espèce?

2). Un marchand de vin veut faire un mélange de deux espèces de vin, la première à 45 et la deuxième à 36 c. le litre, de manière qu'il puisse vendre le mélange 40 c. le litre; combien doit-il prendre de chaque espèce?

3). Avec du vin à 45 et 36 c. le litre, comment faire un mélange de 90 litres qui revienne à 40 c. le litre?

4). Avec du blé à 23 et 28 fr. l'hectolitre, comment faire un mélange de 100 hectolitres qui revienne à 25 fr. l'hectolitre?

5). On a de l'or contenant un neuvième et un quinzième de cuivre;

dans quelle proportion faut-il allier ces deux métaux pour obtenir de l'or contenant un dixième de cuivre ?

6°. Un orfévre a de l'argent contenant un huitième et un douzième de cuivre ; combien faut-il en prendre de chaque espèce pour en faire un alliage contenant un dixième de cuivre ?

7). Avec du vin à 60, 45 et 40 c. le litre, on veut faire un mélange qui revienne à 50 c. ; combien doit-on en prendre de chaque espèce ?

8). Avec de l'or aux titres de 0,920, 0,860, 0,850, comment faire un métal dont le titre soit 0,900 ?

9). On a quatre hectolitres de vin à 60 c. le litre ; combien faudra-t-il y ajouter d'eau pour mettre le litre à 50 c. ?

10). Avec du vin à 60, 50, 40 et 30 c. le litre, comment faire un mélange de 1000 litres de vin à 45 c. le litre ?

§ I. PROBLEMES RESOLUS A L'AIDE DES PROPORTIONS.

1. PROPRIÉTÉS DES PROPORTIONS.

418. On appelle proportion par quotient, ou simplement proportion, l'égalité de deux rapports par quotient.

Ainsi, les quatre nombres 20, 5, 32, 8, tels que le rapport entre 20 et 5 est le même que le rapport entre 32 et 8, forment une proportion, que l'on écrit de la manière suivante :

$$20 : 5 = 32 : 8,$$

en séparant par deux points les deux termes de chaque rapport, et les deux rapports par le signe $=$.

Autrefois on écrivait

$$20 : 5 :: 32 : 8,$$

en séparant les deux rapports par quatre points. Comme ce mode d'écriture se rencontre souvent dans les anciens auteurs, nous avons cru devoir l'indiquer.

On énonce la proportion en disant : 20 *est à* 5 *comme* 32 *est à* 8.

20 est l'antécédent du premier rapport, 5 le conséquent ; 32 l'antécédent du second rapport, 8 le conséquent. 20 et 8, situés aux extrémités de la proportion, sont

dits les *extrêmes*, 5 et 32, placés au milieu, sont les *moyens*.

On peut aussi écrire la proportion précédente sous la forme $\frac{20}{5} = \frac{32}{8}$.

419. PROPRIÉTÉ FONDAMENTALE. — *Dans toute proportion par quotient, le produit des extrêmes est égal au produit des moyens.*

DÉMONSTRATION. En effet, soit la proportion

$$20 : 5 = 32 : 8$$

dans laquelle le rapport constant est 4.

Au lieu des antécédents 20 et 32, je puis écrire 5×4 et 8×4 ; car dans tout rapport par quotient l'antécédent est égal au produit du conséquent par la valeur du rapport, puisque l'antécédent est le dividende, le conséquent le diviseur, et la valeur du rapport le quotient ; j'aurai donc

$$5 \times 4 : 5 = 8 \times 4 : 8,$$

où l'on voit que les produits des extrêmes et des moyens se composent des mêmes facteurs.

420. On peut encore démontrer cette propriété de la manière suivante :

La proportion proposée peut s'écrire $\frac{20}{5} = \frac{32}{8}$, ce qui donne par la réduction au même dénominateur :

$$\frac{20 \times 8}{5 \times 8} = \frac{32 \times 5}{8 \times 5},$$

et les dénominateurs étant égaux, puisque $5 \times 8 = 8 \times 5$, on en conclut que

$$20 \times 8 = 32 \times 5,$$

ce qui démontre la propriété énoncée.

421. Cette propriété est tellement importante par ses applications, qu'il est nécessaire de prouver qu'elle n'appartient qu'aux proportions par quotient.

Si quatre nombres écrits sur une même ligne, à la suite les uns des autres, ne sont pas en proportion, le produit des extrêmes ne sera pas égal au produit des moyens.

DÉMONSTRATION. Soient, par exemple, les nombres 6, 4,

20, 15 ; la valeur du rapport entre 6 et 4 étant $\frac{6}{4}$, et celle du rapport entre 20 et 15 étant $\frac{20}{15}$, je peux remplacer 6 par $4 \times \frac{6}{4}$, 20 par $15 \times \frac{20}{15}$, et écrire les quatre nombres dans le même ordre :

$$4 \times \tfrac{6}{4}, \quad 4, \quad 15 \times \tfrac{20}{15}, \quad 15.$$

Où l'on voit que le produit des extrêmes $4 \times \frac{6}{4} \times 15$ n'est pas égal au produit des moyens $4 \times 15 \times \frac{20}{15}$; et cela vient de ce que la valeur $\frac{6}{4}$ du premier rapport n'est pas égale à la valeur $\frac{20}{15}$ du second rapport, car les deux autres facteurs des deux produits sont exactement les mêmes.

422. RÉCIPROQUEMENT. *Si quatre nombres écrits sur une même ligne sont tels, que le produit des extrêmes soit égal au produit des moyens, ces quatre nombres forment une proportion.*

DÉMONSTRATION. Car s'ils ne formaient pas une proportion, le produit des extrêmes ne serait pas égal au produit des moyens; ce qui serait contraire à la supposition.

423. Il résulte de la propriété fondamentale des proportions qu'*on peut, dans toute proportion, changer la place des moyens, renverser les termes de chaque rapport, changer la place des rapports* sans que la proportion cesse d'exister. Ce qui donne huit manières d'écrire la proportion.

Ainsi, dans la proportion : $20 : 5 = 32 : 8 \,(^1)$

J'obtiens successivement, en changeant la place des moyens $20 : 32 = 5 : 8 \,(^2)$

En renversant les termes de chaque rapport $5 : 20 = 8 : 32 \,(^3)$

En changeant les moyens de place $5 : 8 = 20 : 32 \,(^4)$

En changeant les rapports de place dans la proportion $(^1)$, $32 : 8 = 20 : 5 \,(^5)$

En faisant sur cette dernière proportion des changements analogues aux précédents $32 : 20 = 8 : 5 \,(^6)$

$$8 : 32 = 5 : 20 \,(^7)$$

$$8 : 5 = 32 : 20 \,(^8)$$

On voit, en effet, que 5 et 32 sont toujours moyens ou extrêmes ensemble ainsi que 20 et 8.

424. Il résulte encore de la propriété fondamentale qu'*on peut multiplier ou diviser les deux antécédents, multiplier ou diviser les deux conséquents par un même nombre sans altérer la proportion.*

En effet, on multiplie ou l'on divise à la fois l'un des extrêmes et l'un des moyens, ou bien l'un des moyens et l'un des extrêmes par un même nombre, et par conséquent le produit des extrêmes reste toujours égal à celui des moyens.

425. Mais la conséquence la plus importante de la propriété fondamentale, c'est qu'on peut toujours déterminer le quatrième terme d'une proportion dont trois termes sont connus, d'après la règle suivante, à laquelle on a donné le nom de *règle de trois.*

RÈGLE DE TROIS. — *Pour déterminer le quatrième terme d'une proportion dont trois termes sont connus, si le terme inconnu est un extrême, on fait le produit des moyens et on divise ce produit par l'extrême connu ; si c'est un moyen, on divise le produit des extrêmes par le moyen connu.*

DÉMONSTRATION. En effet, soit la proportion

$$15 : 28 = 30 : x,$$

x désignant le terme inconnu.

Puisque ces quatre nombres sont en proportion, le produit des extrêmes $15 \times x$ doit être égal au produit des moyens 28×30. Je connais donc un produit 28×30 et un des facteurs 15 de ce produit, j'obtiendrai l'autre facteur x en divisant le produit 28×30 par le facteur connu 15, et j'aurai par conséquent en indiquant la division

$$x = \frac{28 \times 30}{15}.$$

Simplifiant cette expression fractionnaire, en supprimant au numérateur et au dénominateur le facteur 15, j'obtiens $x = 56.$

Pareillement, soit la proportion

$$13 : 39 = x : 12.$$

Comme le produit $39 \times x$ doit être égal au produit 13×12, j'aurai par le même raisonnement

$$x = \frac{13 \times 12}{39} = \frac{1 \times 12}{3} = 3.$$

426. Les proportions ont encore d'autres propriétés qui peuvent servir à simplifier la solution des problèmes. On peut les ramener aux propriétés suivantes :

2ᵉ PROPRIÉTÉ. — *Si l'on ajoute chaque conséquent à son antécédent, ou si on l'en retranche, il y aura encore proportion entre les quatre nombres.*

DÉMONSTRATION. Soit la proportion

$$20 : 5 = 32 : 8.$$

En ajoutant le conséquent à l'antécédent dans chaque rapport, j'aurai la nouvelle proportion

$$25 : 5 = 40 : 8.$$

En effet, chacun des nouveaux antécédents contiendra une fois de plus son conséquent ; par conséquent, il y a égalité entre les deux rapports.

Il en serait de même si l'on retranchait le conséquent de l'antécédent ; les deux nouveaux rapports seraient seulement diminués d'une unité.

427. 3ᵉ PROPRIÉTÉ. — *La somme des antécédents est à la somme des conséquents comme un antécédent est à son conséquent.*

DÉMONSTRATION. Soit la proportion

$$20 : 5 = 32 : 8 ;$$

changeant les moyens de place, j'aurai

$$20 : 32 = 5 : 8,$$

et ajoutant le conséquent à l'antécédent dans chaque rapport, j'obtiens

$$20 + 32 : 32 = 5 + : 8$$

et changeant encore les moyens de place,

$$20 + 32 : 5 + 8 = 32 : 8.$$

On démontrerait de même pour la différence des antécédents et des conséquents, et l'on aurait

$$32 - 20 : 8 - 5 = 20 : 5.$$

On peut étendre cette propriété à autant de rapports égaux qu'on voudra.

428. *Dans toute suite de rapports égaux, la somme de tous les antécédents est à la somme de tous les conséquents comme un antécédent est à son conséquent.*

DÉMONSTRATION. Soit la suite de rapports égaux

$$3 : 12 = 4 : 16 = 5 : 20 = 7 : 28.$$

Je ne considère que les deux premiers rapports égaux qui forment une proportion, et d'après la propriété ci-dessus, que la somme des antécédents est à la somme des conséquents comme un antécédent est à son conséquent, j'ai

$$3 + 4 : 12 + 16 = 4 : 16.$$

Au lieu du rapport $4 : 16$, mettant le rapport égal $5 : 20$, j'aurai la proportion

$$3 + 4 : 12 + 16 = 5 : 20.$$

Appliquant à cette nouvelle proportion la même propriété, j'aurai

$$3 + 4 + 5 : 12 + 16 + 20 = 5 : 20 ;$$

et au lieu du rapport $5 : 20$, mettant le rapport $7 : 28$,

$$3 + 4 + 5 : 12 + 16 + 20 = 7 : 28,$$

proportion qui donne encore, en vertu de la même propriété,

$$3 + 4 + 5 + 7 : 12 + 16 + 20 + 28 = 7 : 28.$$

A la place du rapport $7 : 28$ je pourrais mettre un autre quelconque des trois autres rapports égaux, ce qui donnerait en tout quatre proportions, c'est-à-dire autant qu'il y a de rapports égaux dans la suite proposée.

429. 4ᵉ PROPRIÉTÉ. — *Si, après avoir placé les unes sous* *les autres deux ou plusieurs proportions, on les multiplie terme à terme, les quatre produits résultants forment aussi une proportion.*

DÉMONSTRATION. Soient, par exemple, les trois proportions

$$2 : 5 = 6 : 15,$$
$$4 : 7 = 8 : 14,$$
$$3 : 11 = 9 : 33.$$

Je peux les écrire sous la forme suivante :

$$\frac{2}{5} = \frac{6}{15},$$
$$\frac{4}{7} = \frac{8}{14},$$
$$\frac{3}{11} = \frac{9}{33},$$

et multipliant ces égalités membre à membre, les deux produits seront évidemment égaux. J'aurai donc, en indiquant seulement les produits,

$$\frac{2 \times 4 \times 3}{5 \times 7 \times 11} = \frac{6 \times 8 \times 9}{15 \times 14 \times 33},$$

que je puis écrire sous la forme ordinaire des proportions

$$2 \times 4 \times 3 : 5 \times 7 \times 11 = 6 \times 8 \times 9 : 15 \times 14 \times 33;$$

ce qu'il fallait démontrer.

430. On appelle *proportion continue* une proportion dans laquelle les deux moyens sont égaux, telle que $12 : 6 = 6 : 3$.

Dans ce cas, le produit du moyen par lui-même est égal au produit des deux extrêmes.

Si l'on avait la proportion continue $3 : x = x : 12$, comme on a $x \times x = 3 \times 12$, il faudrait trouver pour x un nombre qui, multiplié par lui-même, reproduisît $3 \times 12 = 36$. Ce nombre est évidemment 6.

On l'appelle *moyen proportionnel* entre les deux nombres 3 et 12.

On verra plus bas comment on peut trouver un moyen proportionnel entre deux nombres.

Questionnaire.

Qu'est-ce qu'une proportion par quotient ou simplement proportion?(418)

Quelle est la propriété fondamentale des proportions par quotient? (419)

Comment peut-on déterminer le quatrième terme d'une proportion dont les trois autres termes sont connus ? (425)

Démontrer que dans toute proportion la somme ou la différence des antécédents est à la somme ou à la différence des conséquents comme un antécédent est à son conséquent? (427)

Quelle est la propriété des rapports égaux ? (428)

Démontrer cette propriété. (428)

Démontrer que si l'on multiplie terme à terme deux ou plusieurs proportions, les quatre produits résultants forment aussi une proportion. (429)

Qu'entend-on par une proportion continue? (430)

Comment détermine-t-on le terme moyen d'une proportion continue dont les deux autres termes sont connus? (430)

Exercices (XXIX).

Déterminer le terme inconnu x dans les proportions suivantes :

1).
1° $7 : 18 = 21 : x$
2° $10 : 35 = x : 255$
3° $144 : x = 740 : 370$
4° $x : 28 = 2 : 8$
5° $3\frac{1}{2} : x = 4\frac{1}{2} : 1$

2).
1' $0,3 : x = 0,48 : 0,9$
2° $18,2 : 54,60 = x : 1,80$
3° $2\frac{1}{2} : 3\frac{3}{5} = 2,50 : x$
4° $4,20 : x = 21 : 0,6$
5° $x : 2\frac{1}{2} = 2,50 : 2,50$

3).
1° $\frac{1}{2} : \frac{1}{8} = 2\frac{1}{4} : x$
2° $3\frac{1}{4} : x = 8\frac{2}{3} : 4\frac{1}{5}$
3° $548 : 12\frac{1}{2} = x : \frac{2}{5}$
4° $1\frac{1}{2} : x = 2\frac{1}{3} : 3\frac{1}{4}$
5° $1,2 : 3,6 = x : 3,9$

Trouver les valeurs des inconnues dans les rapports égaux suivants :

4).
$$x : 2 = y : 6$$
$$x + y = 24$$

5).
$$x : 13 = y : 18$$
$$y - x = 48$$

6).
$$x : 2 = y : 3 = z : 4$$
$$x + y + z = 63$$

7).
$$x : \tfrac{1}{2} = y : \tfrac{1}{3} = z : \tfrac{1}{4}$$
$$x + y + z = 78$$

8).
$$x : 2 = y : 3 = z : 4 = u : 5$$
$$x + y + z + u = 14000$$

2. APPLICATIONS DES PROPORTIONS.

431. Dans les questions que l'on peut résoudre par les proportions, il y a au moins trois nombres connus, et on en demande un quatrième qui doit former avec les trois autres une proportion.

452. Il faut commencer par s'assurer si cette condition est remplie.

Pour cela, on examinera si l'énoncé du problème se compose de deux parties, dont la première renferme deux nombres respectivement de la même espèce que deux autres nombres renfermés dans la seconde partie. Ensuite, après avoir rangé ces nombres par ordre d'espèce, x représentant le nombre inconnu, on s'assurera si x devient 2 fois, 3 fois plus grand ou plus petit que le nombre de même espèce, lorsque le nombre d'espèce différente correspondant à x devient 2 fois, 3 fois plus grand ou plus petit que le nombre de même espèce que lui.

EXEMPLE. Si l'on avait à résoudre le problème : 32 mètres d'étoffe ont coûté 544 fr.; combien coûteront 45 mètres de la même étoffe?

On reconnaîtrait facilement les deux parties dont l'énoncé se compose : 1re PARTIE, 32 *mètres d'étoffe ont coûté 544 fr.*; 2e PARTIE, *combien coûteront 45 mètres de la même étoffe?* On verrait de plus que les deux nombres 32 mètres, 544 fr. renfermés dans la première partie, ont pour correspondants, dans la deuxième partie, les nombres respectivement de même espèce, 45 mètres, x francs.

Ensuite, après avoir disposé les nombres de même espèce ainsi qu'il suit :

$$32^m \quad 544^{fr}$$
$$45 \quad \quad x,$$

n verrait que d'après la nature de la question, pour un nombre de mètres double ou triple de 32 on devra payer une somme double ou triple de 544 fr.

Ces quatre nombres pourront former une proportion.

AUTRE EXEMPLE. 3 mètres ont coûté 28 fr.; combien coûteront 25 litres?

On voit sur-le-champ que les nombres 3 mètres, 25 litres

ne sont pas de même espèce; on ne pourra donc pas former une proportion avec ces quatre nombres.

AUTRE EXEMPLE. Une pierre en tombant a parcouru 85 mètres en 3 secondes; combien en parcourra-t-elle en 10 secondes?

Les distances parcourues n'étant pas doubles ou triples quand le temps devient double ou triple, on ne pourra donc pas non plus former une proportion avec ces quatre nombres.

455. Lorsqu'on s'est assuré que le problème peut être résolu par une proportion, il n'y a plus qu'à assigner aux quatre nombres la place qu'ils doivent occuper dans la proportion. C'est ce qu'on appelle mettre le problème en proportion.

RÈGLE. — *Pour mettre un problème en proportion, on commence par écrire le second rapport en prenant pour conséquent le nombre inconnu qu'on désigne par x, puis on écrit le premier rapport en ayant soin de prendre pour conséquent le plus grand ou le plus petit des deux nombres, selon que x doit être d'après l'énoncé plus grand ou plus petit que son antécédent.*

Ainsi, dans le problème précédent, j'écris pour deuxième rapport :

$$544 : x.$$

Ensuite observant que x fr., prix correspondant à 45 mètres, doit être nécessairement plus grand que 544 fr., prix correspondant à 32 mètres, le conséquent du premier rapport sera le plus grand des deux nombres 32 mètres et 45 mètres, j'aurai la proportion :

$$32^m : 45^m = 544^{fr} : x^{fr},$$

et considérant les deux termes du premier rapport comme des nombres abstraits, ce qui est toujours permis :

$$32 : 45 = 544^{fr} : x^{fr};$$

d'où
$$x^{fr} = \frac{544^{fr} \times 45}{32} = 765^{fr}.$$

Les 45 mètres coûteront donc 765 fr.

J'aurais pu simplifier la proportion en divisant les deux antécédents par 32, ce qui eût donné la proportion :

$$1 : 45 = 17 : x, \quad \text{d'où} \quad x = 17 \times 45 = 765.$$

PROBLÈME. 48 ouvriers ont mis 20 jours à faire un certain ouvrage; combien faudrait-il employer d'ouvriers pour faire le même ouvrage en 15 jours?

SOLUTION. Soit x le nombre d'ouvriers demandé. Il y aura proportion entre les trois nombres donnés et ce nombre inconnu; en effet, un nombre d'ouvriers 2, 3 fois plus grand mettra 2, 3 fois *moins* de jours pour faire le même ouvrage.

J'écris pour deuxième rapport $48^\circ : x^\circ$.

Maintenant, puisque, d'après l'énoncé, x°, conséquent du deuxième rapport correspondant à 15 jours, doit être plus grand que 48 correspondant à 20, je prendrai pour conséquent du premier rapport le plus grand des autres nombres, et j'aurai la proportion :

$$15^j : 20^j = 48^\circ : x^\circ,$$

et simplifiant le premier rapport en divisant les deux termes par 5,

$$3 : 4 = 48^\circ : x^\circ,$$

d'où
$$x^\circ = \frac{48^\circ \times 4}{3} = 64^\circ.$$

Il faudra donc 64 ouvriers pour faire le même ouvrage en 15 jours.

434. Lorsque le nombre inconnu de la deuxième espèce et son correspondant de la première doivent former les deux conséquents de la proportion, et que par conséquent les deux termes du premier rapport sont *écrits dans le même ordre* que leurs correspondants qui forment le second rapport, on dit que les deux nombres de la seconde espèce sont en *rapport direct* avec les deux nombres de la première, ou bien qu'ils sont *directement proportionnels* avec eux.

455. Lorsque, au contraire, le nombre inconnu de la seconde espèce étant toujours le conséquent du deuxième rapport, son correspondant de la première espèce est l'antécédent du premier rapport, de manière que les termes du premier rapport sont *écrits dans un ordre inverse* relativement à leurs correspondants qui forment le second rapport, on dit que les deux nombres de première espèce sont en *rapport inverse* avec les deux nombres de seconde espèce, ou bien qu'ils sont *inversement* ou *réciproquement* proportionnels avec eux.

Ainsi, dans le premier problème les deux nombres de mètres sont directement proportionnels aux nombres qui expriment les prix, et dans le deuxième problème les nombres d'ouvriers sont réciproquement proportionnels aux nombres de jours.

Au lieu de dire que deux quantités d'une première espèce sont en rapport direct ou inverse avec deux autres d'une seconde espèce, on dit aussi que chaque quantité de la première espèce est en *raison* directe ou *inverse* de sa correspondante de la seconde espèce.

Ainsi, dans les achats et ventes, les prix sont en raison directe du nombre des objets achetés ou vendus; ainsi le nombre d'ouvriers nécessaires pour faire un même ouvrage est en raison inverse du nombre des jours de travail.

456. Le raisonnement fait connaître dans chaque problème si les quantités sur lesquelles on opère sont en raison directe ou inverse; il sera donc toujours facile de mettre le problème en proportion.

3ᵉ **Problème**. Un vaisseau qui n'avait de vivres que pour 12 jours est rejeté par les vents contraires loin de sa route, ce qui augmentera probablement le voyage de 18 jours; à combien devra-t-on réduire la ration de chaque homme par jour?

Je désigne par 1 la ration de chaque homme avant que le vaisseau fût écarté de sa route et par x la ration de chaque homme quand le voyage doit durer $12 + 18 = 30$ jours. La ration de chaque homme sera évidemment en raison inverse du nombre de jours que durera le voyage; j'écrirai donc la proportion :

$$30 : 12 = 1 : x, \quad \text{d'où} \quad x = \tfrac{12}{30} = \tfrac{2}{5}.$$

La ration de chaque homme sera réduite aux $\tfrac{2}{5}$ de ce qu'elle était auparavant.

457. Lorsque l'énoncé du problème renferme plus de trois nombres connus, on détermine le nombre ou les nombres inconnus à l'aide de deux ou plusieurs proportions.

PROBLÈME. *40 ouvriers ont employé 24 jours à faire 600 mètres d'un certain ouvrage; en combien de jours 25 ouvriers pourraient-ils faire 500 mètres du même ouvrage?*

SOLUTION. Je suppose pour un moment que l'ouvrage à faire par les deux troupes d'ouvriers soit le même et égal au premier, c'est-à-dire à 600 mètres; la question ainsi simplifiée reviendrait à celle-ci :

40 ouvriers ont mis 24 jours à faire 600 mètres d'un certain ouvrage; combien 25 ouvriers emploieront-ils de temps pour faire le même ouvrage?

Désignant par x le nombre de jours correspondant à cet énoncé et observant que les nombres de jours sont en raison inverse des nombres d'ouvriers, j'aurai la proportion :

$$25 : 40 = 24 : x, \qquad\qquad [1]$$

de laquelle je pourrai tirer la valeur de x; mais je puis me dispenser de faire ce calcul, il me suffira de raisonner sur x comme s'il était connu.

En effet, x désignant le nombre de jours nécessaire pour faire les 600 mètres, j'ai maintenant à résoudre cette seconde question :

25 ouvriers ont mis x jours pour faire 600 mètres; combien de jours les mêmes ouvriers emploieront-ils à faire 500 mètres?

Je désigne par X, qu'on énonce grand x, le nombre de jours correspondant à ce nouvel ouvrage, lequel est véritablement le nombre de jours demandé, et observant que les nombres de jours de travail sont en *raison directe* des nombres de mètres à faire, on aura la proportion :

$$600 : 500 = x : X. \qquad [2]$$

Multipliant terme à terme les deux proportions [1] et [2], j'aurai :

$$600 \times 25 : 500 \times 40 = 24 \times x : x \times X.$$

Supprimant le facteur x commun aux deux termes du second rapport, j'obtiens :

$$600 \times 25 : 500 \times 40 = 24 : X, \qquad [3]$$

d'où
$$X = \frac{500 \times 40 \times 24}{600 \times 25}.$$

Afin de simplifier les calculs indiqués, je supprime les facteurs communs au numérateur et au dénominateur et j'obtiens successivement :

$$X = \frac{5 \times 40 \times 24}{6 \times 25} = \frac{5 \times 40 \times 4}{25} = \frac{40 \times 4}{5} = 8 \times 4 = 32,$$

en supprimant d'abord le facteur 100, puis le facteur 6, puis le facteur 5, et enfin une seconde fois le facteur 5.

Remarque. — Le premier rapport de la proportion [3] qui a servi à déterminer X, $600 \times 25 : 500 \times 40$ ou $\dfrac{600 \times 25}{500 \times 40}$, qui se réduit à $\dfrac{3}{4}$, n'est autre chose que le produit des rapports $\dfrac{600}{500}$ et $\dfrac{25}{40}$, autrement dit, ce rapport est composé des deux autres.

La proportion [3] elle-même est composée des proportions [1] et [2] : de là vient le nom de *règle de trois composée* que l'on donne quelquefois à cette méthode.

438. Problème. *25 hommes, travaillant 9 heures par jour, ont mis 12 jours à creuser un fossé de 50 mètres de long sur 4 mètres de large et 6 mètres de profondeur ; combien faudra-t-il employer d'hommes, travaillant 10 heures par jour pendant 18 jours, pour creuser un fossé de 100* *mètres de long sur 3 de large et 4 de profondeur, dans un terrain deux fois plus difficile à travailler.*

Voici le tableau du calcul qu'il sera facile d'expliquer par le raisonnement.

$$18 \;:\; 12 = 25 \;:\; x$$
$$10 \;:\; 9 = x \;:\; x' \quad (x \text{ prime}).$$
$$50 \;:\; 100 = x' \;:\; x'' \quad (x \text{ seconde})$$
$$4 \;:\; 3 = x'' \;:\; x''' \quad (x \text{ tierce}).$$
$$6 \;:\; 4 = x''' \;:\; x^{\mathrm{iv}} \quad (x \text{ quarte}).$$
$$1 \;:\; 2 = x^{\mathrm{iv}} \;:\; X \quad (\text{grand } x).$$

$$18 \times 10 \times 50 \times 4 \times 6 \times 1 : 12 \times 9 \times 100 \times 3 \times 4 \times 2 = 25 : X.$$

Les quantités x, x', x'', x''', x^{iv} disparaissent comme facteurs communs des deux termes du deuxième rapport :

$$X = \frac{12 \times 9 \times 100 \times 3 \times 4 \times 2 \times 25}{18 \times 10 \times 50 \times 4 \times 6 \times 1},$$

et supprimant les facteurs communs au numérateur et au dénominateur, on obtient facilement

$$X = 30.$$

Il faudrait par conséquent 30 hommes.

439. On peut se dispenser d'avoir recours à la règle de trois composée et résoudre par une seule règle de trois simple tous les problèmes qui pourraient donner lieu à ces combinaisons de proportions.

Pour le problème précédent, je raisonnerais ainsi : 25 hommes, travaillant pendant 12 jours, et 9 heures par jour, font autant que $25 \times 12 \times 9$ hommes, travaillant pendant une heure.

Un fossé de 50 mètres de long sur 4 de large et 6 de profondeur est la même chose qu'un fossé de $50 \times 4 \times 6$ mètres (cubes).

Pareillement, x hommes travaillant 18 jours, et 10 heures par jour, font autant que $x \times 18 \times 10$ hommes travaillant pendant une heure.

Un fossé de 100 mètres de long sur 3 de large et 4 de profondeur est la même chose qu'un fossé de $100 \times 3 \times 4$

mètres (cubes) ; et puisque le terrain est deux fois plus difficile à travailler, c'est comme s'il s'agissait d'un fossé double du précédent, c'est-à-dire $100 \times 3 \times 4 \times 2$ mètres (cubes).

Maintenant, puisque les nombres d'hommes sont en raison directe des nombres de mètres, j'aurai la proportion

$$50 \times 4 \times 6 : 100 \times 3 \times 4 \times 2 = 25 \times 12 \times 9 : x \times 18 \times 10,$$

d'où

$$x \times 18 \times 10 = \frac{100 \times 3 \times 4 \times 2 \times 25 \times 12 \times 9}{50 \times 4 \times 6},$$

Connaissant un produit et un des facteurs (18×10), j'obtiendrai l'autre facteur par la division, ce qui donne

$$x = \frac{100 \times 3 \times 4 \times 2 \times 25 \times 12 \times 9}{50 \times 4 \times 6 \times 18 \times 10} = 30,$$

même résultat que précédemment.

440. Les questions traitées dans la deuxième partie se résolvent très-promptement à l'aide des proportions.

PROBLÈME D'INTÉRÊT. — Quel est, à 5 pour 100, l'intérêt de 735 fr. 80 c. ?

SOLUTION. Puisque, pour un capital de 100 fr., on a 5 fr. d'intérêt, pour un capital 2, 3, 4 fois plus grand ou plus petit, on aura un intérêt 2, 3, 4 fois plus grand ou plus petit, c'est-à-dire qu'il y a relation directe entre les capitaux et les intérêts ; on aura donc la proportion

$$100 : 735,80 = 5 : x; \quad x = \frac{735,80 \times 5}{100} = 36^{\text{fr}},79.$$

2ᵉ PROBLÈME. — Quel est l'intérêt de 238 fr. 40 c., à 5 pour 100, au bout de 3 ans $\frac{1}{2}$?

SOLUTION. Cette question donne lieu aux deux proportions suivantes :

$$100 : 238,40 = 5 : x$$
$$1 : \quad 3\tfrac{1}{2} = x : X.$$

Multipliant, terme à terme, et réduisant, on obtient

$$100 \times 1 : 238,40 \times 3\tfrac{1}{2} = 5 : X,$$

d'où

$$X = \frac{238,40 \times 3\tfrac{1}{2} \times 5}{100} = 41^{\text{fr}},72.$$

On aurait pu dire, puisque l'intérêt pour un an est 5 fr., l'intérêt pour 3 ans $\frac{1}{2}$ sera $5 \times 3\frac{1}{2}$, et écrire la seule proportion suivante :

$$100 : 238,40 = 5 \times 3\frac{1}{2} : x,$$

d'où l'on tirerait la même valeur de $x = 41,72$.

441. PROBLÈME D'ESCOMPTE. — Quel est l'escompte en dedans d'un billet de 4050 fr. payable dans 2 mois $\frac{1}{2}$, l'escompte étant à 6 pour 100 ?

SOLUTION. Le taux de l'escompte étant 6 pour un an, pour 2 mois $\frac{1}{2} = \frac{5}{2}$ mois $= \frac{5}{24}$ de l'année, il sera $6 \times \frac{5}{24} = 1^{fr},25$. Je dis donc : si $101^{fr},25$ sont réduits par l'escompte à 100, à quoi sera réduite une somme de 4050 ? D'où la proportion :

$$101,25 : 100 = 4050 : x = \frac{4050 \times 100}{101.25} = 4000 \text{ fr.}$$

L'escompte sera donc de 50 fr.

442. PROBLÈME DE SOCIÉTÉ. — Trois associés ont mis en commun : le premier 20000 fr., le deuxième 25000 fr., et le troisième 35000 fr.; quelle est la part de chacun sur un bénéfice de 36000 fr.?

SOLUTION. Les questions de cette nature ne sont que des applications de la propriété des rapports égaux. En effet, désignant par x, y, z les trois parts inconnues, comme les parts sont en raison directe des mises, j'écris les trois rapports égaux :

$$20000 : x = 25000 : y = 35000 : z;$$

faisant la somme des antécédents et celle des conséquents, j'aurai d'après cette propriété :

$$
\begin{aligned}
80000 : 36000 = 20000 : x &= 20000 \times \tfrac{36}{80} = 9000 \\
= 25000 : y &= \phantom{20000 \times \tfrac{36}{80}} 11250 \\
= 35000 : z &= \phantom{20000 \times \tfrac{36}{80}} 15750 \\
\text{Total égal} & \overline{36000}
\end{aligned}
$$

443. PROBLÈME DE MÉLANGE. 2ᵉ ESPÈCE. — Avec du vin à 2 fr. 40 c. et à 80 c. le litre, faire un mélange qui revienne à 1 fr. 50 c. le litre.

SOLUTION. Soit x ce qu'on doit prendre de vin de la première espèce, y de la seconde.

La différence entre le prix le plus élevé et le prix moyen est

$$2^{fr},40 - 1,50 = 0^{fr},90.$$

Entre le prix moyen et le prix le plus bas,

$$1^{fr},50 - 0,80 = 0,70.$$

Ainsi, en vendant un litre de la première espèce à 1 fr. 50 c. on perdait 90 c., et l'on gagnerait 70 c. en vendant à 1 fr. 50 c. un litre de la seconde. Par conséquent la perte totale sur x litres sera $90 \times x$, et le gain total sur y litres, $70 \times y$. Pour que le gain compense la perte, il faut que ces deux quantités soient égales, et comme de deux produits égaux de deux facteurs on peut tirer une proportion, j'écris sur-le-champ :

$$x : y = 70 : 90$$

et simplifiant le second rapport

$$x : y = 7 : 9.$$

Questionnaire.

Quels sont les problèmes que l'on peut résoudre par les proportions? (431)

Comment peut-on s'assurer que les quatre nombres renfermés dans l'énoncé, y compris le nombre inconnu, forment une proportion? (432)

Quelle est la règle pour mettre un problème en proportion? (433)

Dans quel cas deux quantités sont-elles en rapport direct de deux autres? (434)

Que signifie cette expression? (434)

Dans quel cas deux quantités sont-elles en rapport inverse de deux autres? (435)

Que signifie cette expression? (435)

Dans quel cas peut-on résoudre le problème au moyen de plusieurs proportion? (437)

Ne peut-on pas résoudre ces sortes de problèmes par une seule proportion? (439)

Trouver par les proportions les règles d'intérêt. (440)

Trouver par les proportions les règles d'escompte. (441).

Trouver par les proportions les règles de société. (442)

Trouver par les proportions les règles de mélange ou d'alliage de deuxième espèce? (443)

LIVRE II.

THÉORIE DES PUISSANCES ET RACINES DES NOMBRES ; APPLICATIONS GÉOMÉTRIQUES.

§I. THÉORIE DES PUISSANCES ET RACINES DES NOMBRES.

1. DÉFINITIONS PRÉLIMINAIRES.

444. On appelle *puissance d'un nombre, le produit de ce nombre pris plusieurs fois comme facteur.*

La première puissance d'un nombre est ce nombre lui-même.

La seconde puissance d'un nombre, que l'on nomme aussi *carré* de ce nombre, est le produit de ce nombre deux fois facteur.

La troisième puissance, autrement dite aussi le *cube* d'un nombre, est le produit de ce nombre trois fois facteur.

La quatrième puissance est le produit d'un nombre quatre fois facteur, et ainsi de suite.

Les puissances s'indiquent par un petit chiffre placé à la droite et un peu au-dessus du nombre, et qui prend le nom d'*exposant*; ainsi, pour indiquer la 2ᵉ puissance de 9, on écrit 9^2, qu'on énonce *neuf puissance deux*, ou le carré de 9. De même, 12^5 exprime la 5ᵉ puissance de 12 et équivaut à $12 \times 12 \times 12 \times 12 \times 12$, cinq fois facteur.

Le nombre sans exposant est à la 1ʳᵉ puissance.

445. *On appelle racine 2ᵉ, 3ᵉ, 4ᵉ, etc., d'un nombre, le nombre qui, élevé à la puissance 2ᵉ, 3ᵉ, 4ᵉ, etc , reproduit le nombre proposé.*

Les racines s'indiquent par le signe $\sqrt{}$ qu'on énonce *racine;* dans le coin à gauche on met le chiffre indicateur, et le nombre au-dessous du trait horizontal. Ainsi, $\sqrt[3]{27}$ s'énonce racine *troisième*, ou mieux *racine cubique* de 27.

Le signe $\sqrt{}$ sans *indice* exprime la racine carrée.

2. DU CARRÉ ET DE LA RACINE CARRÉE.

446. *On appelle* CARRÉ *d'un nombre le produit de ce nombre par lui-même.*

447. Les carrés des neufs premiers nombres

$$1, \ 2, \ 3, \ 4, \ 5, \ 6, \ 7, \ 8, \ 9,$$

sont

$$1, \ 4, \ 9, \ 16, \ 25, \ 35, \ 49, \ 64, \ 81.$$

Le carré de $10 = 100$; le carré de $100 = 10000$, etc.

448. THÉORÈME. — *Le carré d'un nombre composé de deux parties contient le carré de chaque partie plus le double de leur produit.*

DÉMONSTRATION. — En effet, soit $13 = 6 + 7$ dont il s'agit de former le carré. Au lieu de multiplier 13 par 13, je multiplie $6 + 7$ par $6 + 7$, ce qui se fera en multipliant chaque partie du multiplicande, d'abord par 6, ensuite par 7, et additionnant les produits; effectuant cette multiplication, j'obtiens

$$
\begin{array}{lll}
13 & 6 + 7 & \text{Carré de } 6 = 36 \\
13 & 6 + 7 & 2 \text{ fois } 6 \times 7 = 84 \\
\hline
39 & 6 \times 6 + \quad 6 \times 7 & \text{Carré de } 7 = 49 \\
13 & \quad + \quad 6 \times 7 + 7 \times 7 & \overline{\quad 169} \\
\hline
169 & \text{Le carré de } 6 + 2^{\text{fois}} 6 \times 7 + \text{ le carré de 7.}
\end{array}
$$

449. PRINCIPE. — *Le carré d'un nombre quelconque composé de dizaines et d'unités contient : 1° le carré des dizaines; 2° deux fois le produit des dizaines par les unités; 3° le carré des unités.*

On pourrait donc former le carré d'un nombre, d'après ce principe en se souvenant que le carré des dizaines donne des centaines, et le double produit des dizaines par les unités un nombre de dizaines.

EXEMPLE. — Former le carré de 37.

Carré de 3 dizaines =	900	Preuve	37
Double produit des dizaines			37
par les unités. . . . . . . =	420		259
Carré des unités =	49		111
Carré demandé	1369		1369

Pour les nombres de plus de deux chiffres, il est plus simple de faire la multiplication.

450. Le carré d'une fraction ordinaire s'obtient en faisant le carré du numérateur et le carré du dénominateur.

451. Le carré d'un nombre décimal s'obtient comme celui des nombres entiers. Il contient toujours un nombre de chiffres décimaux double de celui que renferme le nombre proposé.

452. *On appelle* RACINE CARRÉE *d'un nombre, le nombre qui, multiplié par lui-même, reproduit le nombre proposé.* Ainsi la racine carrée de 36 est 6, puisque $6 \times 6 = 36$.

453. RÈGLE GÉNÉRALE. — *Pour extraire la racine carrée d'un nombre entier, on partage ce nombre en tranches de deux chiffres, en allant de droite à gauche. Le nombre de ces tranches est exactement le même que celui des chiffres de la racine.*

Puis, commençant par la gauche, on extrait la racine du plus grand carré contenu dans la première tranche, et l'on écrit le chiffre de la racine à la droite du nombre proposé dont on le sépare par un trait vertical. On fait le carré de la racine et on le retranche de la première tranche à gauche.

A la droite du reste on abaisse la tranche suivante, et l'on sépare le dernier chiffre par un point. On fait le double de la racine et on l'écrit en regard du nombre précédent dont on divise la partie séparée à gauche par le double de la racine. On écrit le chiffre du quotient à la droite du chiffre déjà obtenu à la racine ; on fait le carré de toute la racine et on le soustrait des deux premières tranches sur lesquelles on a opéré.

A la droite du reste, on abaisse la tranche suivante, ce qui donne un second nombre sur lequel on opère comme sur le précédent.

On continue ainsi cette suite d'opérations jusqu'à ce qu'on ait abaissé successivement toutes les tranches.

454. Exemple. — Soit proposé d'extraire la racine carrée de 2916.

J'écris le nombre proposé 2916, et je tire un trait vertical pour le séparer de la racine que j'écrirai à droite.

```
2 9.1 6 |  54        54
2 5     |            54
------   |          ------
  4 1.6 |  10        216
------   |           270
    0   |          ------
        |           2916
```

Ensuite je partage le nombre en tranches de deux chiffres, puis commençant par la 1re tranche à gauche, je dis : le plus grand carré contenu dans 29 est 25 dont la racine est 5.

J'écris 5 à la racine. Je fais le carré de 5 qui est 25, et je le soustrais de 29, ce qui donne pour reste 4. A la droite de ce reste, j'abaisse la tranche suivante, ce qui donne 416, dont je sépare le dernier chiffre à droite par un point.

Je double la racine, ce qui donne 10, que j'écris en regard de 416, et je divise 41 par 10 ; j'écris le chiffre 4 qui vient en quotient à la droite du chiffre 5 déjà obtenu à la racine, et je fais le carré de 54. J'obtiens ainsi 2916, qui, soustrait du nombre proposé, donne pour reste 0.

La racine demandée est 54.

```
2916 | 54
 416 | 104
   0 |
```

Afin de simplifier les calculs, je vérifie le chiffre 4 avant de le porter à la racine. Pour cela, je l'écris à la droite de 10, et je multiplie le nombre résultant 104 par ce même chiffre 4, et je soustrais en même temps le produit de 416, ce qui donne pour reste 0.

455. Démonstration.—En effet, 2916 étant plus grand que 100, carré de 10, la racine aura au moins deux chiffres. Elle contiendra donc des dizaines et des unités, et le nombre proposé, qui en est considéré comme le carré, devra renfermer les trois parties ci-dessus, savoir : le carré des dizaines, le double produit des dizaines par les unités et le carré des unités.

Mais le carré des dizaines étant un nombre de centaines ne peut se trouver que dans les centaines du nombre proposé. J'ai donc séparé par un point les deux derniers chiffres à droite, et j'ai cherché le plus grand carré contenu dans la partie à gauche 29, lequel est 25 dont la racine 5 est véritablement le chiffre des dizaines; car le nombre proposé 2916 étant compris entre 2500 et 3600, sa racine sera comprise entre 50 et 60.

Ayant trouvé le chiffre des dizaines, il reste à trouver le chiffre des unités; pour cela, après avoir abaissé la tranche suivante, j'ai remarqué que le nombre 416 qui reste après que j'ai eu retranché le carré des dizaines ne contient plus que les deux autres parties; savoir, le double produit des dizaines par les unités et le carré des unités. Or, le double produit des dizaines par les unités est un nombre de dizaines qui, par conséquent, ne se trouve que dans les dizaines de 416; voilà pourquoi j'ai séparé le dernier chiffre à droite par un point.

Maintenant, connaissant les dizaines de la racine 5, je les double, 10; et, divisant 41, qui renferme le produit de deux facteurs dont l'un est le double des dizaines et l'autre les unités, par le double des dizaines, j'obtiendrai, soit le chiffre des unités, soit un chiffre qui n'en différera pas beaucoup, et que, du reste, je pourrai vérifier. Ce que je fais, en effet, lorsque, écrivant le quotient 4 à la droite de 10 double des dizaines, je multiplie 104 par 4. Car, en multipliant 4 par 4, je fais le carré des unités, et en multipliant 10 par 4, je multiplie le double des dizaines par les unités.

456. On raisonnerait et on opérerait de la même manière, si le nombre proposé devait avoir plus de deux chiffres à sa racine.

EXEMPLE ET DÉMONSTRATION. — Soit proposé d'extraire la racine carrée de 23609881.

$$
\begin{array}{l|l}
2\ 3.6\ 0.9\ 8.8\ 1 & 4859 \\
\quad\ 7\ 6.0 & 88 \\
\quad\ \ 5\ 6\ 9.8 & 965 \\
\quad\quad\ 8\ 7\ 3\ 8.1 & 9709 \\
\quad\quad\quad\quad\ 0 &
\end{array}
$$

Le nombre proposé étant plus grand que 100, la racine contiendra au moins des dizaines et des unités.

Le carré du nombre des dizaines ne peut se trouver que dans la partie 236098 que j'obtiens après avoir séparé les deux derniers chiffres à droite par un point. Je suis donc conduit d'abord à extraire la racine du plus grand carré contenu dans 236098.

Mais ce nombre 236098 étant lui-même plus grand que 100, sa racine contiendra aussi des dizaines et des unités, et le carré de ces nouvelles dizaines ne pourra se trouver que dans la partie 2360, après avoir encore séparé deux chiffres.

Ce nombre étant encore plus grand que 100, sa racine aura donc aussi deux chiffres, et le carré de ces nouvelles dizaines ne se trouvera que dans la partie 23 en séparant encore les deux derniers chiffres; je suis donc amené à partager le nombre proposé en tranches de 2 chiffres, en allant de droite à gauche.

Puis extrayant la racine du plus grand carré contenu dans la dernière tranche à gauche, j'obtiens 4 pour premier chiffre de la racine. Je fais le carré de 4 qui est 16, je le retranche de 23, ce qui donne 7 pour reste, à côté duquel j'abaisse la tranche suivante, ce qui donne 760, dont je sépare le dernier chiffre à droite par un point. Je double la racine, ce qui donne 8 que j'écris en regard de 76.0 : je divise 76 par 8, ce qui donne 8 que j'écris à la droite du premier 8 qui a servi de diviseur.

Pour vérifier ce nouveau chiffre de la racine, je multiplie 88 par 8 et je soustrais en même temps le produit de 760, ce qui donne pour reste 56. J'écris 8 à la racine, j'abaisse la tranche suivante, ce qui donne 5698, dont je sépare le dernier chiffre à droite.

Je double la racine 48 et j'ai pour diviseur de 569, 96; le quotient est 5 que j'écris à la droite de 96, et je multiplie 965 par 5, en soustrayant en même temps le produit de 5698, et j'ai pour reste 873. J'écris 5 à la racine, j'abaisse la tranche suivante et dernière, et j'ai 87381, dont je sépare le dernier chiffre.

Le double de la racine 485 est 970, et je divise 8738 par 970; il vient pour quotient 9 que j'écris à la droite de 970, et je multiplie 9709 par 9; le produit, soustrait de 87381, donne 0 pour reste. Je porte 9 à la racine.

La racine demandée est donc 4859.

457. Les chiffres trouvés successivement par la division seront convenables : 1° si la soustraction a pu se faire, ce qui montre que le chiffre n'est pas trop fort; 2° si le reste obtenu est plus petit que le double de la racine déjà trouvée augmentée de 1, ce qui montre que le chiffre n'est pas trop faible. En effet, la différence entre les carrés de deux nombres consécutifs est égale au double du plus petit augmenté de 1, ce qu'on peut vérifier sur les carrés des premiers nombres.

458. Si, à la fin de toutes les opérations, on n'obtient aucun reste, le nombre proposé est dit *carré parfait*, et la racine, *exacte*.

459. S'il y a un reste, le nombre n'est pas carré parfait; mais la racine obtenue est celle du plus grand carré contenu dans le nombre, et elle est exacte à moins d'une unité près.

Le carré de la racine ajouté avec le reste doit reproduire

le nombre proposé, ce qui peut servir de preuve de l'opération.

Dans ce cas, il n'y a point de nombre qui, élevé au carré, donne le nombre proposé ; mais on peut approcher de la racine autant qu'on voudra, à l'aide de la règle suivante :

460. RÈGLE. — *Pour extraire, par approximation, la racine carrée d'un nombre entier qui n'est pas un carré parfait, on abaisse successivement, à la droite des restes, autant de couples de zéros que l'on veut avoir de chiffres décimaux à la racine, et l'on continue par ce moyen l'opération d'après la règle.*

DÉMONSTRATION. — En effet, si l'on veut avoir deux chiffres décimaux à la racine, par exemple, il faut abaisser successivement deux couples de zéros ou quatre zéros, ce qui revient à multiplier le nombre proposé par 10000 ; mais la racine serait 100 fois trop grande, et on la réduit à sa juste valeur en la divisant par 100, c'est-à-dire en séparant deux chiffres décimaux sur la droite de la racine.

461. RÈGLE. — *Pour extraire la racine carrée d'une fraction ordinaire, si le dénominateur est un carré parfait, on extrait la racine du numérateur, laquelle pourra n'être pas exacte, mais alors avec l'approximation qu'on voudra, ensuite on extrait la racine du dénominateur. Si le dénominateur n'est pas un carré parfait, on multiplie les deux termes par le dénominateur ; et le nouveau dénominateur étant un carré parfait, on opère comme il vient d'être dit.*

462. RÈGLE. — *Pour extraire la racine carrée d'un nombre décimal, on fait en sorte que le nombre proposé ait le double du nombre de chiffres décimaux que l'on veut avoir à la racine. S'il y en a moins, on y supplée par des zéros, s'il y en a davantage, on néglige le surplus, puis on opère comme sur un nombre entier, en ayant soin de séparer à la droite de la racine le nombre de chiffres décimaux qu'on veut avoir.*

463. Pour trouver un moyen proportionnnel entre deux

nombres, on multiplie ces deux nombres entre eux, et on extrait la racine carrée du produit.

EXEMPLE. Si l'on avait $3 : x :: x : 27$, on en tirerait $x^2 = 3 \times 27$, et, par conséquent, $x = \sqrt{3 \times 27} = \sqrt{81} = 9$, moyen proportionnel demandé.

Questionnaire.

Qu'appelle-t-on puissance d'un nombre? (444)

Quel nom donne-t-on à la seconde puissance, à la troisième puissance d'un nombre? (444)

Comment indique-t-on une puissance donnée d'un nombre? (444)

Qu'appelle-t-on racine cinquième d'un nombre? (445)

Comment indique-t-on la racine cinquième d'un nombre? (445)

Qu'est-ce que le carré d'un nombre? (446)

Comment fait-on le carré d'un nombre? (447)

De quoi se compose le carré d'un nombre composé de dizaines et d'unités? (449)

Comment fait-on le carré d'une fraction ordinaire? (450)

Comment fait-on le carré d'un nombre décimal? (451)

Qu'appelle-t-on racine carrée d'un nombre? (452)

Comment extrait-on la racine carrée d'un nombre entier?

Comment reconnait-on le nombre de chiffres que doit avoir la racine? (453)

Comment peut-on savoir si le chiffre écrit à la racine n'est pas trop fort ou trop faible? (457)

Qu'entend-on par un nombre carré parfait? (458)

Comment trouve-t-on la racine carrée par approximation? (460)

Comment extrait-on la racine carrée d'une fraction? (461)

Comment extrait-on la racine carrée d'un nombre décimal? (462)

Comment trouve-t-on un moyen proportionnel entre deux nombres donnés? (463)

Exercices (XXX).

Former le carré des nombres suivants :

1).	23	$\frac{2}{3}$	0,3
2).	45	$\frac{4}{7}$	2,5
3).	79	$\frac{13}{29}$	13,61
4).	134	$\frac{28}{81}$	0,08
5).	267	$\frac{49}{112}$	0,075
6).	549	$\frac{154}{345}$	3,216
7).	6231	$\frac{210}{739}$	0,00891
8).	9475	$\frac{485}{913}$	0,000053
9).	31743	$3 \frac{12}{17}$	0,0000092
10).	467825	$18 \frac{3}{4}$	9,0016

Extraire la racine carrée des nombres suivants :

11).	81	$\frac{9}{64}$	0,49
12).	1444	$\frac{49}{400}$	0,0169
13).	2401	$\frac{25}{169}$	29,16

14).	4225	$1\frac{156}{1444}$	0,011664
15).	6084	$2\frac{782}{961}$	547 à 0,1 près.
16).	11664	$\frac{2209}{6241}$	3481 à 0,01 près.
17).	32041	$\frac{102400}{3240000}$	$\frac{5}{7}$ à 0,001 près.
18).	12432676	$\frac{2500}{351712516}$	$2\frac{128}{307}$ à 0,0001 près.
19).	2939483089	$\frac{3721}{289782529}$	3,415 à 0,00001 près.
20).	192880829124	$\frac{976306626681}{64253089329}$	0,00479 à 0,000001 près.

Problèmes sur le carré et la racine carrée (**XXXV**).

1). Un marchand a vendu 35 kilogrammes d'une marchandise au prix d'autant de centimes par kilogramme, combien a-t-il retiré de sa vente?

2). Quel est le nombre dont la racine carrée, augmentée de 13, donne pour somme 29?

3). Quel est le nombre dont le triple de la racine carrée est égal à $5\frac{1}{2}$?

4). Trouver un nombre dont le carré augmenté de 7 est égal à 32.

5). Trouver un nombre dont le tiers multiplié par le quart donne pour produit 48.

6). Partager 25 en deux parties dont le produit soit 150.

7). Quelle est la fraction telle que si on la divise par cette fraction même renversée, le quotient soit $\frac{25}{64}$?

8). Trouver deux nombres dont la différence soit 30 et le produit 2800.

9). Sachant que la somme des carrés de deux nombres est 130 et la différence des carrés de ces mêmes nombres 32, déterminer ces deux nombres.

10). La différence de deux nombres est 7, et la différence de leurs carrés est 350; quels sont ces nombres?

3. DU CUBE ET DE LA RACINE CUBIQUE.

464. *On appelle* CUBE *d'un nombre le produit de ce nombre trois fois facteur.*

465. RÈGLE. — *Pour former le cube d'un nombre, on le multiplie d'abord par lui-même, ce qui donne le carré, et ensuite on multiplie encore le carré par le même nombre.*

Les cubes des neuf premiers nombres

$$1,\ 2,\ 3,\ 4,\ 5,\ 6,\ 7,\ 8,\ 9,$$

sont :   1, 8, 27, 64, 125, 216, 343, 512, 729.

Le cube de 10 = 1000, le cube de 100 = 1000000, etc.

466. THÉORÈME. — *Le cube d'un nombre composé de deux parties contient le cube de la première partie, plus trois fois le carré de la première multiplié par la deuxième, plus trois fois la première multipliée par le carré de la deuxième, plus le cube de la deuxième.*

DÉMONSTRATION. — Soit en effet le même nombre 13 = 6 + 7 dont il s'agit de former le cube. Au lieu de multiplier 13 par 13, ce qui donnerait le carré de 13, et de multiplier ensuite le carré par 13, je multiplie 6 + 7 par 6 + 7 ce qui donne, n° **448** :

$$6 \times 6 + 2^{\text{fois}} 6 \times 7 + 7 \times 7.$$

Je multiplie donc encore

$$6 \times 6 + 2^{\text{fois}} 6 \times 7 + 7 \times 7$$

Par $6 + 7$

$$6 \times 6 \times 6 + 2^{\text{fois}} 6 \times 6 \times 7 + \quad 6 \times 7 \times 7$$
$$+ \quad 6 \times 6 \times 7 + 2^{\text{fois}} 6 \times 7 \times 7 + 7 \times 7 \times 7$$

Et j'obtiens pour le cube de (6 + 7)

$$(6+7)^3 = 6 \times 6 \times 6 + 3^{\text{fois}} 6 \times 6 \times 7 + 3^{\text{fois}} 6 \times 7 \times 7 + 7 \times 7 \times 7$$

Ce qu'il fallait démontrer.

De là le principe suivant.

467. PRINCIPE. — *Le cube d'un nombre quelconque composé de dizaines et d'unités contient : 1° le cube des dizaines ; 2° trois fois le carré des dizaines multiplié par les unités ; 3° trois fois les dizaines multipliées par le carré des unités ; 4° le cube des unités.*

On pourra s'exercer à former, d'après ce principe, le cube d'un nombre en se souvenant que le cube des dizaines donne des mille, que le carré des dizaines donne des centaines, et que le produit des dizaines par le carré des unités donne des dizaines.

Exemple. Former le cube de 27.

<table>
<tr><td>D'après le principe.</td><td></td><td>Par la multiplication.</td></tr>
<tr><td>27</td><td></td><td>27</td></tr>
<tr><td>8000</td><td>cube des dizaines.</td><td>27</td></tr>
<tr><td>8400</td><td>3^{fois} le carré des dizaines par les unités.</td><td>189</td></tr>
<tr><td>2940</td><td>3^{fois} les dizaines par le carré des unités.</td><td>54</td></tr>
<tr><td>343</td><td>cubes des unités.</td><td>729</td></tr>
<tr><td>19683</td><td>cube de 27.</td><td>27</td></tr>
<tr><td></td><td></td><td>5103</td></tr>
<tr><td></td><td></td><td>1458</td></tr>
<tr><td></td><td></td><td>19683</td></tr>
</table>

Pour les nombres de plus de deux chiffres, il est plus simple de faire la multiplication.

468. Le cube d'une fraction ordinaire s'obtient en faisant le cube du numérateur et le cube du dénominateur.

469. Le cube d'un nombre décimal s'obtient comme celui des nombres entiers. Il contient toujours un nombre de chiffres décimaux triple de celui que renferme le nombre proposé.

470. *On appelle* RACINE CUBIQUE *d'un nombre, le nombre dont le carré multiplié par le nombre lui-même reproduit le nombre proposé.*

Ainsi, la racine cubique de 512 est 8, puisque $8 \times 8 \times 8 = 512$.

471. RÈGLE GÉNÉRALE. — *Pour extraire la racine cubique d'un nombre entier, on partage le nombre en tranches de trois chiffres en allant de droite à gauche. Le nombre de ces tranches est exactement le même que celui des chiffres de la racine. Puis on tire un trait vertical pour séparer le nombre proposé de la racine que l'on écrit à droite et sur la même ligne.*

Cela fait, commençant par la gauche, on cherche la racine du plus grand cube contenu dans la première tranche, laquelle pourra n'avoir qu'un ou deux chiffres. On écrit le chiffre trouvé à la place désignée pour la racine.

On fait le cube du chiffre trouvé à la racine, et on le soustrait de la première tranche à gauche.

A la droite du reste, on abaisse la seconde tranche, ce qui donne un nombre dont on sépare par un point les deux derniers chiffres à droite. Puis on divise la partie à gauche par le triple carré de la racine déjà trouvée, lequel doit être écrit en regard du dividende. On écrit le chiffre obtenu en quotient à la droite du chiffre déjà obtenu à la racine. On fait le cube de toute la racine et on le soustrait des deux premières tranches.

A la droite du reste on abaisse la tranche suivante sur laquelle on opère comme sur le nombre précédent.

On continue ainsi cette série d'opérations jusqu'à ce qu'on ait abaissé toutes les tranches.

472. EXEMPLE ET DÉMONSTRATION. — Soit à extraire la racine cubique de 185 193.

$$
\begin{array}{ll|l}
1\ 8\ 5.1\ 9\ 3 & 57 & \qquad 57 \\
1\ 2\ 5 & & \qquad 57 \\
\hline
\quad 6\ 0\ 1.9\ 3 & 75 & \qquad 399 \\
\qquad\qquad 0 & & \qquad 285 \\
& & \overline{\quad 3249} \\
& & \qquad 57 \\
& & \overline{\quad 22743} \\
& & \quad 16245 \\
& & \overline{\quad 185193}
\end{array}
$$

J'écris le nombre proposé, puis je tire une ligne verticale pour le séparer de la racine que j'écrirai à la droite et sur la même ligne ainsi qu'on le voit dans ce tableau.

Le nombre proposé étant plus grand que 1 000 et moindre que 1 000 000 qui sont les cubes de 10 et 100, ne pourra avoir que deux chiffres à sa racine cubique, et le nombre 185 193, qui est considéré comme le cube de ce nombre composé de dizaines et d'unités, devra contenir les quatre parties énoncées ci-dessus ; mais le cube des dizaines donne des mille, par conséquent le cube des dizaines de la racine n'est compris que dans les mille du nombre proposé.

Je sépare donc par un point les trois derniers chiffres à droite.

Le plus grand cube contenu dans 185 est 125 dont la racine est 5. J'écris ce chiffre 5 à la racine et j'en soustrais le cube 125 de la première tranche à gauche 185, ce qui donne 60 pour reste. Le chiffre 5 est véritablement le chiffre des dizaines, car le nombre proposé étant compris entre 125 000 et 216 000 sa racine cubique sera comprise entre 40 et 60.

A la droite de ce reste, j'abaisse la tranche suivante, ce qui donne le nombre 60 193, lequel ne contient plus que les trois parties suivantes, savoir :

3 fois le carré des dizaines par les unités,
3 fois les dizaines par le carré des unités,
Le cube des unités.

Or, le carré des dizaines donnant des centaines, la première de ces trois parties ne peut être renfermée que dans les centaines de 60 193. Je sépare donc les deux derniers chiffres à droite, et je divise la partie à gauche 601 par trois fois le carré des dizaines déjà trouvées à la racine. Ce triple carré est 75 que j'écris en regard de 601.93 comme pour la division.

Le quotient de 601 par 75 est 7.

J'écris ce chiffre 7 à la droite du chiffre déjà obtenu à la racine, et je fais le cube de 57 qui est précisément 185 193, qui, retranché du nombre proposé, donne pour reste 0.

La racine cubique du nombre proposé est donc 57.

<pre>
1 8 5.1 9 3 │ 57
6 0 1.9 3   │ ‾‾‾‾‾‾‾
        0   │   7)75
            │   105
            │   40
            │ ‾‾‾‾‾‾‾
            │ 8599
</pre>

473. Avant d'écrire le chiffre 7 à la racine, il est important de vérifier s'il n'est pas trop fort. Pour cela je l'écris un peu à gauche du diviseur 75, en le séparant par un petit crochet, et je forme, en supposant que 57 soit la racine, les trois parties qui doivent être contenues dans 60 193 ; ou, ce qui revient au même, je forme trois fois le carré des dizaines, trois fois le produit des dizaines par les unités, le carré des unités ; je fais la somme de ces parties et je la multiplie par les unités. Or, 75 est déjà trois fois le carré des dizaines ; en triplant les dizaines 5, ce qui donne 15, et multipliant ce produit par 7, j'obtiens 105 dizaines que j'écris sous 75, en avançant d'un rang le premier chiffre à droite ; car 75 représente des centaines et 105 seulement des dizaines. Le carré des unités 7 est 49 que j'écris sous 105 en avançant de même, et par une raison semblable, le premier chiffre d'un rang vers la droite. Je fais la somme de ces trois parties et je multiplie cette somme 8599 par 7, en soustrayant en même temps le produit de 60193, ce qui donne 0 pour reste.

Ce procédé de vérification doit être employé pour chacun des chiffres qu'on écrit à la racine après le premier. Si la soustraction peut se faire, le chiffre n'est pas trop fort.

474. Pour former le triple carré de la racine qui doit servir de diviseur, on se sert des nombres formés précédemment, ainsi qu'il suit : *on ajoute le double du troisième nombre avec le nombre qui est au-dessus et la somme qui est au-dessous*, en ayant égard au rang des chiffres.

$$
\begin{array}{r|l}
75 & 9747 = \text{triple carré de 57.} \\
105 & \\
\underline{49} & \\
8599 &
\end{array}
$$

Ainsi, dans l'exemple précédent, je double 49 et j'ajoute le résultat avec 105 et avec 8599, en disant : 2 fois 9 = 18 + 9 = 27, je pose 7 et retiens 2 ; 2 fois 4 = 8 + 2 de retenue = 10 + 5 = 15 + 9 = 24, je pose 4 et retiens 2 ; 2 de retenue + 5 = 7, je pose 7 ; 1 + 8 = 9, je pose 9 ; et j'ai 9747 pour le triple carré de la racine 57.

En effet, la somme 8599 renfermant 75 = 3 fois le carré des dizaines, 105 = 3 fois le produit des dizaines par les unités, et 49 = le carré des unités, si l'on ajoute à cette somme le nombre 105 et le double de 49, elle renfermera trois fois le carré des dizaines, six fois le produit des dizaines par les unités, et trois fois le carré des unités; donc elle sera égale à trois fois le carré de 57.

475. On raisonnerait et on opérerait de même si le nombre proposé devait avoir plus de deux chiffres à la racine.

Le raisonnement est analogue à celui qu'on a vu pour l'extraction de la racine carrée.

EXEMPLE. Soit proposé d'extraire la racine cubique de 41314084993.

```
41.314.084.993 | 3457
    14 314      | 4)27      5)3468      7)357075
   2 010 084    |   36        510          7245
     250 459 993|   16         25            49
           0    | 3076      351925      35779999
```

La racine cubique demandée est 3457.

476. On reconnaît qu'un chiffre écrit à la racine est trop faible si le reste est au moins égal au triple carré de la racine plus le triple de cette même racine plus un; car la différence entre les cubes de deux nombres consécutifs est toujours égale à trois fois le carré du plus petit nombre, plus trois fois ce même nombre plus un.

477. Si, à la fin de toutes les opérations, on ne trouve pas de reste, le nombre proposé est dit *cube parfait* et la racine *exacte*.

S'il y a un reste, le nombre n'est pas un cube parfait, et la racine trouvée n'est que la racine du plus grand cube contenu dans le nombre; elle est exacte à moins d'une unité près.

Le cube de la racine trouvée ajouté avec le reste doit reproduire le nombre proposé; ce qui peut servir de preuve de l'opération.

Dans ce cas il n'y a point de nombre qui, multiplié deux fois par lui-même, reproduise le nombre proposé; mais on peut obtenir la racine avec tout le degré d'approximation qu'on voudra.

478. RÈGLE. — *Pour extraire par approximation la racine cubique d'un nombre entier qui n'est pas un cube parfait, on abaisse successivement à la droite des restes trois zéros autant de fois que l'on veut avoir de chiffres décimaux à la racine, et l'on continue par ce moyen l'opération d'après la règle.*

DÉMONSTRATION.—En effet, supposons qu'on veuille avoir la racine à moins d'un centième près, par exemple; on abaissera d'après la règle deux fois 3 zéros, ce qui revient à opérer comme si le nombre proposé avait été multiplié par 1000000, mais alors la racine trouvée serait 100 fois trop grande; pour la rendre à sa juste valeur, il faudrait la diviser par 100, c'est-à-dire séparer deux chiffres décimaux sur la droite de la racine.

479. RÈGLE. — *Pour extraire la racine cubique d'une fraction ordinaire, si le dénominateur est un cube parfait, on extrait la racine du numérateur, laquelle pourra n'être pas exacte, mais alors avec l'approximation qu'on voudra; ensuite on extrait la racine du dénominateur.*

Si le dénominateur n'est pas un cube parfait, on multiplie les deux termes par le carré du dénominateur, ce qui donne une fraction équivalente dont le dénominateur est un cube parfait, et sur laquelle on opère comme il vient d'être dit.

480. RÈGLE. — *Pour extraire la racine cubique d'un nombre décimal, on fait en sorte que le nombre proposé ait le triple du nombre de chiffres décimaux qu'on veut avoir à la racine, soit en y suppléant par des zéros, s'il y en a moins, soit en négligeant le surplus s'il y en a davantage; puis on opère comme sur un nombre entier, en ayant soin de séparer sur la droite de la racine le nombre de chiffres décimaux qu'on veut avoir.*

481. En étendant les raisonnements précédents à la formation des puissances des degrés supérieurs et à l'extraction des racines des indices supérieurs au troisième, on comprendra facilement la règle suivante :

Règle générale. — Pour extraire une racine quelconque d'un nombre entier, on partage le nombre en tranches d'autant de chiffres qu'il y a d'unités dans l'indice de la racine ; puis, commençant par la gauche, on extrait la racine de la première tranche. On écrit le chiffre à la place indiquée par la racine, et l'on soustrait de la première tranche à gauche la puissance de ce chiffre marquée par l'indice de la racine proposée.

A la droite du reste, on abaisse la tranche suivante et on sépare sur la droite un chiffre de moins qu'il y a d'unités dans l'indice de la racine ; ensuite on divise la partie à gauche par un nombre formé de la puissance de la racine inférieure d'une unité, multiplié par l'indice de la racine.

On écrit à la racine le chiffre obtenu en quotient et l'on fait de toute la racine la puissance marquée par l'indice, que l'on soustrait du nombre, formé par les deux premières tranches employées.

A la droite du reste, on abaisse la tranche suivante, ce qui donne un nouveau nombre, sur lequel on opère comme sur le précédent.

On continue ainsi cette série d'opérations jusqu'à ce qu'on ait abaissé successivement toutes les tranches.

La racine d'un nombre entier qui n'est point une puissance exacte ne peut être exprimée d'une manère finie par aucun nombre, ni fractionnaire ni décimal. En effet, si l'on admettait pour un moment que cette racine fût égale à une expression fractionnaire qu'on peut toujours supposer réduite à sa plus simple expression, il faudrait que la puissance de cette fraction, du même degré que l'indice de la racine, reproduisît le nombre entier proposé. Ce qui est impossible, puisque les puissances de deux nombres premiers entre eux sont aussi des nombres premiers entre eux.

La racine d'un nombre entier qui n'est pas une puissance parfaite est dite *irrationnelle* ou *incommensurable*, c'est-à-dire qui n'a point de commune mesure avec l'unité, ni par conséquent avec aucun nombre entier ou fractionnaire.

Questionnaire.

Qu'est ce que le cube d'un nombre? (464)

Comment forme-t-on le cube d'un nombre entier? (465)

De quoi se compose le cube d'un nombre composé de dizaines et d'unités? (487)

Comment forme-t-on le cube d'une fraction ordinaire? (468)

Comment forme-t-on le cube d'un nombre décimal? (469)

Qu'appelle-t-on racine cubique d'un nombre? (470)

Quelle est la règle pour extraire la racine cubique d'un nombre entier? (471)

Comment peut-on reconnaître d'avance combien de chiffres aura la racine? (471)

Comment peut-on s'assurer si le chiffre qu'on veut écrire à la racine ne sera ni trop fort ni trop faible? (473, 476)

Qu'entend-on par un nombre cube parfait? (477)

Comment peut-on extraire la racine cubique d'un nombre entier à tel degré d'approximation qu'on voudra? (478)

Comment fait-on pour extraire la racine cubique d'une fraction? (479)

Comment fait-on pour extraire la racine cubique d'un nombre décimal? (480)

Comment extraire une racine quelconque d'un nombre entier? (481)

Exercices (XXXI).

Former le cube des nombres suivants :

1).	12	$\frac{2}{7}$	0,3
3).	29	$\frac{13}{25}$	0,08
3).	75	$1\frac{1}{2}$	1,35
4).	132	$3\frac{5}{9}$	2,006
5).	429	$12\frac{2}{3}$	0,004
6).	548	$25\frac{11}{19}$	0,00573
7).	2547	$128\frac{3}{4}$	0,00009
8).	3769	$3\frac{152}{241}$	0,3428
9).	74302	$29\frac{72}{135}$	0,000007
10).	129458	$8\frac{429}{7340}$	34,005

Extraire la racine cubique des nombres suivants :

11).	512	$\frac{8}{125}$	50,653
12).	1728	$3\frac{3}{8}$	1,191016
13).	59319	$\frac{343}{1000}$	17173,512
14).	140608	$\frac{1728}{59319}$	4258 à 0,1 près.
15).	405224	$\frac{2744}{4913}$	349 à 0,01 près.
16).	2460375	$1\frac{2402}{6859}$	$3\frac{5}{9}$ à 0,001 près.
17).	11089567	$162\frac{378}{1331}$	0,28 à 0,01 près.
18).	325660672	$\frac{1}{4}+\frac{11}{64}$	0,00459 à 0,0001 près.
19).	85766121	$\frac{1}{5}+\frac{2}{25}+\frac{29}{125}$	$81\frac{21}{125}$ à 0,001 près.
20).	4930360408	$\dfrac{\frac{1}{2}+\frac{3}{4}}{\frac{1}{5}-\frac{3}{25}}$	0,00000943 à 0,000001 près.

Problèmes sur le cube et la racine cubique (**XXXVI**).

1). Quel est le nombre dont la racine cubique diminuée de 3 est égale à 24?

2). On a acheté 25 caisses renfermant chacune autant d'objets qui coûtent chacun autant de centimes qu'il y a de caisses; quel est le prix total de ces objets?

3). Quel est le nombre dont la moitié, le tiers et le quart, multipliés ensemble, donnent pour produit 9?

4). Trouver un nombre dont le tiers multiplié par le carré donne pour produit 1944.

5). On sait qu'un nombre est tel que si l'on divise sa quatrième puissance par sa huitième partie, l'excès de ce quotient sur 2000 est 197: quel est ce nombre?

6). On a acheté pour 164 fr. 64 c. des oranges renfermées dans un certain nombre de caisses dont chacune contient trois fois autant d'oranges qu'il y a de caisses; chaque orange coûte deux fois autant de centimes qu'il y a de caisses. Combien de caisses et d'oranges?

7). Des négociants ont fait une société pour laquelle chacun a mis 1000 fois autant de francs qu'ils sont d'associés; cette affaire leur ayant rapporté 2560 fr., il se trouve qu'ils ont gagné précisément la moitié autant pour cent qu'ils sont d'associés. Combien sont-ils d'associés?

8). A combien s'élève un capital de 30000 fr. placé à intérêts composés, au bout de trois ans, au taux de 5 pour 100?

9). Partager le nombre 130 en deux parties dont la somme des cubes soit 637000?

10). Un capital de 10000 fr. placé à intérêts composés s'est élevé au bout de trois ans à 11576 fr. 25 c.; à quel taux a-t-il été placé?

11). Trouver trois nombres tels que si l'on multiplie 1° le carré du premier par le deuxième, le résultat soit 112; 2° le carré du deuxième par le troisième, 588; 3° le carré du troisième par le premier, 576

4 PROGRESSIONS.

482. *On appelle en général* PROGRESSION *une suite de nombres tels, que le rapport de deux termes consécutifs est constamment le même.*

Il y a deux sortes de progressions, comme il y a deux sortes de rapports, la progression par différence et la progression par quotient.

On les nomme aussi progression arithmétique et progression géométrique : mais ces dénominations sont surannées et peu exactes comme celles de proportion arithmétique et proportion géométrique pour désigner les proportions par différence et par quotient.

Le rapport constant d'un terme à celui qui le suit se nomme la *raison* de la progression.

1° Progressions par différence.

483. *Une progression par différence est une suite de nombres tels, que chacun surpasse celui qui le précède, ou en est surpassé, d'un nombre constant, qui est la* raison *de la progression.*

Les suites des nombres suivants :

$$\div 3.5.7.9.11\ldots\ldots \qquad \div 28.24.20.16\ldots\ldots$$

forment deux progressions par différence : la première est dite *croissante*, parce que les termes vont en augmentant et la raison constante est 2; la deuxième est dite *décroissante*, parce que les termes vont en diminuant, et la raison est 4.

La manière d'exprimer la progression est motivée par la définition même de la progression. En effet, trois termes consécutifs quelconques forment une progression par différence continue.

On énonce la progression en disant : 3 *est à* 5 *comme* 5 *est à* 7, *comme* 7 *est à* 9, et ainsi de suite, ou plus simplement, en disant : *soit la progression* 3, 5, 7, etc.

484. Règle. — *Un terme de rang quelconque d'une progression par différence s'obtient en ajoutant au premier terme, ou en retranchant du premier terme autant de fois la raison qu'il y a de termes avant lui, selon que la progression est croissante ou décroissante.*

Démonstration. — Soit proposé de déterminer le 15° terme de la progression croissante

$$\div 3.8.13.18\ldots\ldots$$

Puisque, d'après la définition, chacun des termes surpasse celui qui le précède de la raison qui est ici 5, le 2e terme sera égal au 1er augmenté de 5, le 3e sera égal au

2e augmenté de 5, et par conséquent égal au 1er augmenté de 2 fois 5, le 4e sera égal au 3e augmenté de 5, et par conséquent au 1er, augmenté de 3 fois 5, et ainsi de suite, jusqu'au 15e terme qui sera égal au 1er augmenté de 14 fois $5 = 3 + 5 \times 14 = 73$.

Soit proposé de déterminer le 28e terme de la progression décroissante

$$\div 625.621.617.613\ldots\ldots$$

D'après la définition, on a le 2e terme égal au 1er, diminué de la raison qui est ici 4; le 3e égal au 2e diminué de 4, et par conséquent égal au 1er diminué de 2 fois 4; le 4e égal au 3e diminué de 4, et par conséquent égal au 1er diminué de 3 fois 4, et ainsi de suite, jusqu'au 28e terme qui sera égal au 1er diminué de 27 fois $4 = 625 - 4 \times 27 = 517$.

Cette règle dispense, comme on le voit, d'écrire tous les nombres intermédiaires jusqu'au nombre cherché.

485. RÈGLE. — *Pour déterminer le premier terme d'une progression par différence dont on connaît le dernier terme, le nombre des termes et la raison, on soustrait du dernier terme ou on lui ajoute, selon que la progression est croissante ou décroissante, autant de fois la raison qu'il y a de termes avant le dernier.*

486. RÈGLE. — *Pour déterminer la raison d'une progression par différence dont on connaît le premier terme et le dernier, ainsi que le nombre des termes, on divise la différence des deux termes par le nombre de termes diminué de 1.*

Ce qui donne le moyen de déterminer tous les termes intermédiaires.

487. PROPRIÉTÉ FONDAMENTALE. — *Dans toute progression par différence la somme de deux termes à égale distance des extrêmes est constante et égale par conséquent à la somme du premier terme et du dernier.*

DÉMONSTRATION. — En effet, soit une progression quelconque

$$\div 3.7.11.15.19.23.27.31.35.$$

Le 2e terme est égal au 1er, 3, augmenté de la raison 4 ;
mais l'avant-dernier 31 est égal au dernier 35, diminué de
la raison 4 ; donc le 2e $+$ l'avant-dernier $= 3 + 4 + 35 -$
$4 = 3 + 35$. Pareillement

$$11 + 27 = 7 + 31 \text{ et par conséquent} = 3 + 35,$$
$$15 + 23 = 11 + 27 \text{ et par conséquent} = 3 + 35,$$

et ainsi de suite.

488. RÈGLE. — *Pour trouver la somme de tous les termes
d'une progression par différence dont on connaît le premier
terme, le dernier et le nombre de termes, on multiplie la
somme du premier et du dernier terme par le nombre de
termes, et l'on prend la moitié du produit.*

DÉMONSTRATION. — Soit la progression.

$$\div 3 . 7 . 11 . 15 . 19 . 23 . 27 . 31 . 35.$$

Je renverse l'ordre des termes, ce qui donne la même progression, mais décroissante, que j'écris terme pour terme
sous la première.

$$\div 35 . 31 . 27 . 23 . 19 . 15 . 11 . 7 . 3.$$

Maintenant si je fais la somme de ces deux progressions
terme à terme, toutes les sommes partielles $(3 + 35)$,
$(7 + 31)$, etc., seront égales entre elles et à $(3 + 35)$,
d'après la propriété fondamentale, et il y aura autant de
ces sommes partielles qu'il y a de termes dans la progression, c'est-à-dire 9. La somme totale des deux progressions sera donc $(3 + 35)$ 9 ; mais ces deux progressions
sont composées des mêmes nombres, par conséquent leur
somme est égale au double de la somme des termes d'une
seule, de la progression proposée ; donc la somme des
termes de la progression sera égale à

$$\frac{(3 + 35)\, 9}{2} = \frac{38 \times 9}{2} = 19 \times 9 = 171.$$

Cette règle dispense, comme on le voit, d'écrire tous les
termes de la progression et d'en faire l'addition, ce qui
serait très-long.

489. Si l'on ne connaissait que le premier terme, la

raison et le nombre de termes, il faudrait commencer par calculer le dernier terme, et ensuite on trouverait la somme d'après la règle précédente.

Questionnaire.

Qu'est-ce qu'une progression ? (482)

Combien y a-t-il de sortes de progressions ? (482)

Qu'est-ce que la raison d'une progression ? (482)

Qu'est-ce qu'une progression par différence ? (483)

Comment s'écrit une progression par différence ? (483)

Pourquoi l'écrit-on ainsi ? (483)

Comment trouve-t-on un terme de rang quelconque d'une progression par différence ? (484)

Comment trouve-t-on le premier terme d'une progression par différence dont on connaît le nombre de termes, le dernier terme et la raison ? (485)

Quelle est la règle pour trouver la raison d'une progression par différence dont on connaît le premier, le dernier et le nombre de termes ? (486)

Quelle est la propriété fondamentale des progressions par différence ? (487)

Comment trouve-t-on la somme de tous les termes d'une progression par différence dont on connaît le premier, le dernier et le nombre de termes ? (488)

Ou seulement le premier, la raison et le nombre de termes ? (489)

Problèmes sur les progressions par différence (XXXVII).

1). Un domestique, entrant dans une maison, reçoit la 1re année 240 fr. de gages, et son maître promet de lui donner 36 fr. de plus chaque année, s'il est content de lui : le domestique ayant toujours bien servi, on demande combien il recevra à la fin de la 17e année, et combien il a reçu en tout pendant ces 17 ans ?

2). Une personne a dépensé dans un jour 3 fr. 40 c.; le lendemain 20 centimes de plus, et ainsi de suite : combien a-t-elle dépensé le 16e jour, et pendant tout ce temps ?

3). On donne à un ouvrier, pour creuser un puits de 20 mètres de profondeur, 2 fr. pour le premier mètre, et 50 centimes de plus pour chaque mètre suivant, à raison de la difficulté du travail : combien lui donnera-t-on pour le dernier mètre, et pour tout l'ouvrage ?

4). On a placé une somme de **3500 fr.** à 4 pour 100 ; chaque année pendant 24 ans de suite, on ajoute 300 fr. au capital de l'année précédente : on demande à combien se montent les intérêts ?

5). Un voyageur qui veut arriver en 19 jours, s'arrange de manière à faire chaque jour 1 kilomètre de plus que le jour précédent; le dernier jour il a fait 58 kilomètres. Combien a-t-il fait de kilomètres le premier jour et dans tout son voyage ?

6). On demandait à un domestique combien il recevait de gages par an ? Je reçois maintenant 550 fr., répondit-il; la première année je n'ai reçu que 100 fr.; mais chaque année mes gages sont augmentés de 50 fr. Depuis combien de temps le domestique est-il dans la maison?

7). On sait qu'un corps tombant dans le vide parcourt, dans la première seconde de sa chute, $4^m,90$, et qu'à chaque seconde suivante il parcourt $9^m,80$ de plus qu'à la seconde précédente. En supposant qu'un corps soit tombé pendant 20 secondes, combien de mètres aura-t-il parcourus dans la dernière seconde de sa chute, et pendant ces vingt secondes?

8). Une somme de 800 fr. doit être acquittée par portions, au moyen de payements mensuels, savoir : 20 fr. le premier mois, et en augmentant à chaque mois d'une même somme, de sorte que le dernier payement soit de 80 fr. Dans combien de mois la somme sera-t-elle acquittée, et de combien chaque payement mensuel augmente-t-il?

9). Deux courriers sont partis en même temps de deux lieux, distants de 420 kilomètres, en allant à la rencontre l'un de l'autre: le premier parcourt chaque jour 8 kilomètres, et le second 12 kilomètres de plus que le jour précédent; ces courriers se sont rencontrés après 6 jours de marche, et le second a parcouru 36 kilomètres de plus que le premier. On demande de déterminer le nombre de kilomètres parcourus, le premier jour, par chacun des deux courriers.

10). Un ouvrier a économisé 1596 fr. en mettant de côté chaque mois 4 fr. de plus que le mois précédent; le premier mois il n'avait pu économiser que 3 fr. Combien a-t-il mis de mois à économiser cette somme?

2e Progressions par quotient.

490. *Une progression par quotient est une suite de termes tels que chacun est égal à celui qui le précède multiplié par un nombre constant*, qui est la *raison* de la progression.

La progression est *croissante* ou *décroissante*, selon que la raison est plus grande ou plus petite que 1.

Les suites des nombres :

$$\div\ 2 : 6 : 18 : 54\ldots\ldots$$
$$\div\ 1296 : 324 : 81, 20\tfrac{1}{4} : 5\tfrac{1}{16}\ldots\ldots\ldots$$

forment deux progressions, dont la première est croissante, car la raison $\frac{6}{2} = 3$ est plus grande que 1, et la seconde décroissante, puisque la raison $\frac{324}{1296} = \frac{1}{4}$ est plus petite que 1.

On énonce les progressions par quotient de la même

manière que les progressions par différence (nº **483**); et leur notation vient de ce que, d'après la définition même des progressions par quotient, trois termes consécutifs d'une suite semblable forment toujours une proportion continue par quotient (nº **424**).

491. Règle. — *Un terme de rang quelconque d'une progression par quotient s'obtient en multipliant le premier terme par la raison élevée à une puissance marquée par le nombre de termes qui le précèdent.*

Démonstration. — En effet, soit proposé de déterminer le 10ᵉ terme de la progression ÷ 3 : 6 : 12 : 24......

$$6 = 3 \times 2,$$
$$12 = 6 \times 2 = 3 \times 2 \times 2 = 3 \times 2^2,$$
$$24 = 12 \times 2 = 3 \times 2 \times 2 \times 2 = 3 \times 2^3,$$

et par conséquent le 10ᵉ terme $= 3 \times 2^9 = 3 \times 512 \times 1536$.

On tire de là facilement les règles suivantes :

492. Règle. — *Pour déterminer le premier terme d'une progression par quotient dont on connaît le dernier terme, le nombre de termes et la raison, on divise ce dernier terme par la raison élevée à une puissance marquée par le nombre de termes qui le précèdent.*

493. Règle. — *Pour déterminer la raison d'une progression par quotient dont on connaît le premier et le dernier terme, ainsi que le nombre des termes, on divise le dernier par le premier terme, et l'on extrait du quotient une racine d'un degré marqué par le nombre de termes diminué de 1.*

Ce qui permet d'insérer un nombre donné de moyens proportionnels entre deux nombres.

494. Propriété fondamentale. — *Dans toute progression par quotient, le produit de deux termes à égale distance des extrêmes est constant, et égal par conséquent au produit du premier par le dernier.*

Démonstration. — En effet, soit encore la progression

$$\div\ 3 : 6 : 12 : 24 : 48 : 96 : 192.$$

Le 2ᵉ terme $6 = 3 \times 2$;

l'avant-dernier $96 = 192 \times \frac{1}{2}$;

donc $6 \times 96 = 3 \times 192 \times 2 \times \frac{1}{2} = 3 \times 192$;

de même $12 \times 48 = 6 \times 96$;

et par conséquent $= 3 \times 192$, et ainsi de suite.

495. RÈGLE. — *Pour trouver le produit de tous les termes d'une progression par quotient, on multiplie entre eux les deux extrêmes, on élève ce produit à une puissance marquée par le nombre de termes, et l'on extrait la racine carrée du résultat.*

DÉMONSTRATION. — En effet, soit la progression

$$\div 3 : 6 : 12 : 24 : 48 : 96 : 192.$$

J'écris la même progression, en renversant l'ordre des termes $\div 192 : 96 : 48 : 24 : 12 : 6 : 3.$

Maintenant, si je fais le produit de ces deux progressions terme à terme, tous les produits partiels (3×192), (6×96), etc., seront égaux entre eux et à (3×192), d'après la propriété fondamentale, et il y aura autant de ces produits qu'il y a de termes dans la progression, c'est-à-dire 7 ; le produit de tous ces produits partiels sera donc égal à $(3 \times 192)^7$; mais ces deux progressions sont composées des mêmes nombres ; par conséquent leur produit est égal au carré du produit de tous les termes de chacune d'elles, de la progression proposée ; donc le produit de tous les termes de la progression sera

$$\sqrt{(3 \times 192)^7}.$$

496. RÈGLE. — *Pour trouver la somme de tous les termes d'une progression croissante par quotient, on multiplie le dernier terme par la raison, on retranche du produit le premier terme, et l'on divise le reste par la raison diminuée de 1.*

DÉMONSTRATION. — Soit, en effet, la progression par quotient $\div 2 : 6 : 18 : 54 : 162 : 486,$

dont la somme sera $2 + 6 + 18 + 54 + 162 + 486.$

Je multiplie tous les termes par la raison qui est **3**, et observant que le produit de chaque terme par la raison est égal au terme suivant, j'aurai pour résultat

$$6 + 18 + 54 + 162 + 486 + 486 \times 3,$$

qui représente le triple de la somme de la progression ; retranchant ces deux sommes l'une de l'autre, et ayant égard aux termes qui disparaissent, j'aurai

$$(486 \times 3) - 2,$$

qui ne représentera plus que le double de la somme, c'est-à-dire la somme multipliée par $(3 - 1)$.

Connaissant un produit et un des facteurs, j'obtiendrai pour la somme demandée

$$\frac{(486 \times 3) - 2}{3 - 1} = \frac{1456}{2} = 728.$$

497. Si l'on ne connaissait que le premier terme, la raison et le nombre de termes, il faudrait commencer par calculer le dernier terme, et l'on trouverait ensuite la somme d'après la règle précédente.

498. Si la progression était décroissante, on soustrairait du premier terme le produit du dernier multiplié par la raison, et l'on diviserait le reste par la différence entre l'unité et la raison, qui, dans ce cas, est plus petite que 1.

Exemple. — Soit la progression par quotient décroissante

$$\div\div \; 16 : 8 : 4 : 2 : 1 : \tfrac{1}{2} : \tfrac{1}{4} : \tfrac{1}{8} \ldots\ldots$$

Si l'on demandait la somme des neuf premiers termes, on trouverait d'abord que le neuvième terme est $\frac{1}{16}$, et par conséquent la somme demandée serait

$$\frac{16 - \frac{1}{32}}{1 - \frac{1}{2}} = \frac{\dfrac{512 - 1}{32}}{\frac{1}{2}} = \frac{511}{32} \times 2 = \frac{511}{16} = 31\tfrac{15}{16}.$$

499. Remarque. — Lorsqu'il s'agit de trouver la somme des termes d'une progression par quotient, si la progression est croissante, la somme est de plus en plus grande à mesure que le nombre des termes augmente; mais cela n'a plus lieu quand il s'agit d'une progression décroissante. En effet, plus on avance dans la série, plus les nombres sont petits, au point que, lorsque le nombre des termes est très-grand, le dernier terme que l'on considère est extrêmement petit, et comme il doit être encore multiplié par la raison qui est plus petite que 1, le produit sera plus petit encore, et pourra être négligé à l'égard du premier terme, dont il fallait le soustraire. La somme, dans ce cas, s'obtient donc en divisant le premier terme par l'excès de l'unité sur la raison, c'est *la limite* que ne peut jamais dépasser la somme de tous les termes d'une progression par quotient, quel que soit le nombre de termes que l'on prenne.

Règle. — *La limite de la somme de tous les termes d'une progression par quotient décroissante à l'infini s'obtient en divisant le premier terme par l'excès de l'unité sur la raison.*

Ainsi, la limite de la somme de tous les termes de chacune des progressions suivantes décroissante à l'infini :

$$\div \; 1 : \tfrac{1}{2} : \tfrac{1}{4} : \tfrac{1}{8} \cdots\cdots ;$$
$$\div \; 1 : \tfrac{1}{3} : \tfrac{1}{9} : \tfrac{1}{27} \cdots\cdots ;$$

est pour la première,

$$\frac{1}{1 - \tfrac{1}{2}} = \frac{1}{\left(\tfrac{1}{2}\right)} = 2,$$

pour la seconde,

$$\frac{1}{1 - \tfrac{1}{3}} = \frac{1}{\left(\tfrac{2}{3}\right)} = \tfrac{3}{2} = 1\tfrac{1}{2}.$$

500. Au surplus, on pourrait déterminer l'erreur que l'on commet, en prenant la limite au lieu de la somme exacte d'un nombre donné de termes d'une progression décroissante.

Soit proposé de trouver la somme des quinze premiers termes de la progression décroissante

$$\div \; 1 : \tfrac{1}{10} : \tfrac{1}{100} : \tfrac{1}{1000} \cdots\cdots ;$$

et qu'on prenne pour la somme demandée, la limite

$$\frac{1}{1 - \frac{1}{10}} = \frac{1}{\left(\frac{9}{10}\right)} = 1\tfrac{1}{9}.$$

Comme le quinzième terme serait

$$\frac{1}{10^{14}} = \frac{1}{1 \text{ suivi de } 14 \text{ zéros}},$$

l'erreur ne serait que

$$\frac{\frac{1}{10^{14}} \times \frac{1}{10}}{1 - \frac{1}{10}} = \frac{1}{9} \text{ de } \frac{1}{10^{14}},$$

nombre extrêmement petit en effet.

501. Les fractions décimales périodiques peuvent être considérées comme la somme des termes d'une progression par quotient décroissante à l'infini.

En effet, la fraction décimale périodique 0,373737.... peut être écrite sous la forme :

$$\tfrac{37}{100} + \tfrac{37}{10000} \; \tfrac{37}{1000000}\ldots \text{ ou bien } \tfrac{37}{100}\left(1 + \tfrac{1}{100} + \tfrac{1}{10000} + \ldots\right).$$

Or, la limite de la somme de toutes les fractions renfermées dans la parenthèse, dans lesquelles on reconnaît facilement les termes d'une progression décroissante, est, d'après la règle précédente,

$$\frac{1}{1 - \frac{1}{100}} = \frac{1}{\left(\frac{99}{100}\right)} = \frac{100}{99};$$

par conséquent la limite de la fraction décimale proposée

$$0{,}373737\ldots\ldots = \tfrac{37}{100} \times \tfrac{100}{99} = \tfrac{37}{99}.$$

De là cette règle : *Pour réduire en fraction ordinaire une fraction décimale périodique simple, on écrit pour numérateur les chiffres de la période et pour dénominateur autant de 9 qu'il y a de chiffres dans la période.*

Si l'on avait la fraction périodique mixte 0,53737..., cette fraction peut être mise sous la forme $\tfrac{5}{10} + \tfrac{1}{10} \times 0{,}3737\ldots$, la fraction périodique équivaut à $\tfrac{37}{99}$, et par conséquent la proposée

$$= \frac{5}{10} + \frac{37}{990} = \frac{5 \times 99 + 37}{990} = \frac{500 - 5 + 37}{990} = \frac{537 - 5}{990},$$

d'où l'on peut tirer une règle générale;

Questionnaire.

Qu'est ce qu'une progression par quotient? (490)

Quand la progression est décroissante, qu'est-ce que la raison? (490)

Quelle est la règle pour calculer un terme de rang quelconque connaissant le premier terme, la raison et le rang du terme inconnu? (491)

La règle pour calculer le premier terme quand on connaît le dernier, le nombre des termes et la raison? (492)

La règle pour calculer la raison, connaissant le premier, le dernier terme et le nombre de termes? (497)

Comment fait-on pour trouver un nombre donné de moyens proportionnels entre deux nombres? (493)

En quoi consiste la propriété fondamentale des progressions par quotient? (494)

Comment calcule-t-on le produit de tous les termes d'une progression par quotient, connaissant le premier, le dernier terme et le nombre des termes? (495)

Comment calcule-t-on la somme de tous les termes d'une progression par quotient, connaissant le premier, le dernier, le nombre des termes et la raison? (496)

Ou seulement le premier, la raison et le nombre des termes? (497)

Lorsque la progression est décroissante, quelle modification la règle reçoit-elle? (498)

Qu'est-ce que la limite de la somme de tous les termes d'une progression par quotient décroissante à l'infini? (499)

Comment obtient-on cette limite? (499)

Problèmes sur les progressions par quotient (XXXVIII).

1). Un Anglais, à Saint-Pétersbourg, offrait de parier que la Néva serait prise par les glaces le 8 novembre; les conditions du pari étaient que, pour chaque jour de retard ou d'avance, il donnerait ou recevrait 3 fois plus que le jour précédent, en commençant le premier jour par 5 centimes; la Néva ayant été prise le 20 novembre, combien a-t-il dû donner le dernier jour, et combien a-t-il perdu en tout?

2). Quelqu'un offrait de vendre son cheval aux conditions suivantes: il demandait 1 centime pour le premier clou des fers, 2 pour le deuxième, 4 pour le troisième, et ainsi de suite, en doublant pour chaque clou, jusqu'au trente-deuxième et dernier, le prix du clou précédent; quel serait, à ce compte, le prix du cheval?

3). Un ouvrier mineur, chargé d'ouvrir une galerie, a reçu 2 francs pour le premier mètre, un quart en sus pour le deuxième mètre, et ainsi de suite, avec augmentation d'un quart en sus du mètre précédent pour le prix de chaque mètre suivant. L'ouvrier a achevé la galerie, qui a 10 mètres de longueur; combien lui revient-il?

4). 1 franc, placé à intérêts composés à 5 pour 100 par an, à quelle somme s'élève-t-il après 20 ans?

5). Chaque année, pendant 20 ans, on place 1 franc à intérêts composés; quelle somme aura-t-on en capital et intérêts, au bout de ces 20 années?

6). On a semé, la première année, 1 litre de blé; la deuxième anrée, on sème toute la récolte, et ainsi de suite jusqu'à la dixième année, où l'on a récolté 1 048 576 litres. En supposant que le rapport de blé soit le même chaque année, quel est ce rapport?

7). Une personne charitable, rencontrant 10 pauvres, fait l'aumône à chacun d'eux, en doublant toujours ce qu'elle a donné au précédent ; le dixième a reçu 25 fr. 60 c.; combien a-t-elle donné au premier, et combien a-t-elle dépensé en tout?

8). Une autre personne charitable, dans les mêmes circonstances, a donné en tout 204 fr. 75 c., et il n'y avait qu'un petit nombre de pauvres de plus; combien?

9). Une personne acquitte sa dette en un an, en donnant 50 fr. le premier mois, et en triplant toujours à chaque mois suivant; à combien s'élève sa dette?

10). Un autre débiteur voudrait acquitter une dette de 48400 fr. en divers payements successivement triples les uns des autres, en commençant par 400 fr.; combien de payements?

11). L'inventeur du jeu des échecs, si l'on en croit l'histoire, se contenta de demander 1 grain de blé pour la première case de l'échiquier, 2 pour la deuxième, 4 pour la troisième, et ainsi de suite, jusqu'à la soixante-quatrième et dernière case. En admettant qu'il y ait 25000 grains de blé dans 1 litre, et que chaque hectolitre de blé vaille 20 fr., quelle somme cela fait-il?

§ II. APPLICATIONS GÉOMÉTRIQUES.

1. DÉFINITIONS PRÉLIMINAIRES.

502. On donne généralement le nom de *corps* à tout ce qu'on peut voir, toucher ou peser.

Les corps sont ou *solides*, comme les métaux, les pierres, le bois; ou *liquides*, comme l'eau, le vin, etc.; ou enfin *gazeux*, comme l'air qu'on respire, le gaz qui sert à l'éclairage, etc.

503. On ne peut se figurer un corps qui ne soit étendu, c'est-à-dire qui n'occupe une certaine portion de l'espace.

504. *Le* VOLUME *d'un corps est la portion de l'espace que ce corps occupe.*

505. *La* SURFACE *d'un corps est la partie extérieure de ce corps, ce qui le sépare du reste de l'espace.*

On distingue les surfaces *planes*, comme la façade d'une maison, le dessus d'une table, une glace polie, etc.; et les surfaces *courbes*, qui ue sont ni planes ni composées de surfaces planes, comme un rouleau, une boule, etc.

506. *La* LIGNE *est ce qui termine la surface.*

On distingue la ligne *droite*, comme le bord d'une règle bien dressée, comme la direction que prend un fil à l'extrémité duquel on suspend un objet pesant; et la ligne *courbe*, qui n'est ni droite ni composée de lignes droites, comme la circonférence d'un cercle, le bord d'un bassin, etc.

507. *Le* POINT *est l'extrémité de la ligne.*

508. Il est bien évident que l'on peut ne considérer que la surface d'un corps sans penser à son volume.

De même qu'on peut ne considérer que la ligne qui borne la surface sans songer à la surface elle-même; que le point qui termine la ligne sans penser à la ligne elle-même.

509. La forme d'un corps est celle de sa surface extérieure; la forme d'une surface plane est celle de son contour.

2. DES FIGURES OU FORMES GÉOMÉTRIQUES.

510. La distance entre deux points se mesure sur la ligne droite qui joint ces deux points ; car c'est la plus courte ligne qu'on puisse mener entre ces deux points.

511. L'*angle* est l'écartement de deux lignes qui se rencontrent; le point de rencontre de ces deux lignes s'appelle le *sommet* de l'angle.

512. Lorsqu'une ligne rencontre une autre ligne, elle fait avec celle-ci deux angles généralement inégaux. Lorsque ces deux angles sont égaux, on dit que la première ligne est *perpendiculaire* sur l'autre, et les angles égaux s'appellent des angles *droits*.

La distance d'un point à une droite se mesure sur la perpendiculaire menée de ce point à la droite; car c'est la plus courte ligne qu'on puisse mener du point à la droite.

513. Deux lignes sont dites *parallèles* lorsqu'elles sont partout également éloignées l'une de l'autre.

La distance entre deux droites parallèles se mesure sur la perpendiculaire menée par un point de l'une de ces droites à l'autre. C'est encore la plus courte ligne qu'on puisse mener entre deux parallèles.

514. On appelle en général *polygone*, une figure géométrique formée par des lignes droites qui se coupent deux à deux, et qui renferment une certaine surface plane.

Les lignes droites qui composent la figure s'appellent les *côtés* du polygone.

On distingue les polygones par le nombre de leurs côtés.

515. La plus simple de toutes les figures est le triangle, qui se compose de trois angles et de trois côtés.

516. On appelle *quadrilatère, pentagone, hexagone*, etc., la figure de *quatre, cinq, six*, etc., côtés, et d'autant d'angles.

517. Un polygone *régulier* est celui dont tous les côtés sont égaux entre eux, ainsi que les angles.

518. Parmi les quadrilatères on distingue :

1° Le *parallélogramme*, dont les côtés opposés sont parallèles.

Le *losange* est un parallélogramme dont les quatre côtés sont égaux.

2° Le *trapèze*, qui n'a que deux côtés parallèles.

519. Parmi les parallélogrammes, on distingue le *rectangle*, dont les quatre angles sont des angles droits, et les côtés contigus inégaux.

Le *carré* est un rectangle dont les quatre côtés sont égaux.

520. La plus simple de toutes les lignes

courbes est la *circonférence* de cercle dont tous les points sont également éloignés d'un point intérieur qu'on appelle *centre*.

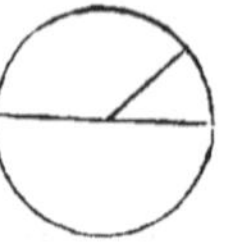

Le *cercle* est la surface comprise dans la circonférence.

On appelle *rayon* toute ligne droite qui va du centre à la circonférence : tous les rayons sont égaux entre eux.

On nomme *diamètre* toute ligne droite qui joint deux points de la circonférence en passant par le centre. Le diamètre se compose de deux rayons. Tous les diamètres sont égaux entre eux.

521. La circonférence du cercle se divise en 360 parties égales qu'on nomme degrés; le degré en 60 minutes; la minute en 60 secondes, etc.

L'*arc* est une portion de la circonférence; la *corde* de l'arc est la droite qui en joint les extrémités.

On nomme angle d'un degré, l'angle qui, ayant son sommet au centre de la circonférence, intercepte entre ses côtés un arc d'un degré.

3. MESURE DES LONGUEURS, DES CIRCONFÉRENCES ET DES ANGLES.

522. On mesure une longueur en portant sur elle la longueur prise pour unité de mesure, le mètre, le décamètre, le décimètre, etc.

523. Le contour d'un polygone n'est autre chose que la somme des longueurs de ses côtés.

524. Le contour d'une circonférence est la longueur de la circonférence supposée déroulée en ligne droite, en un mot la circonférence *rectifiée*.

Le rapport de toute circonférence à son diamètre est un nombre constant qu'on désigne généralement par la lettre grecque π (prononcez *pi*), et qui est égal à $\frac{22}{7}$, ou plus exactement à 3,1415926....

Ainsi, *pour trouver le contour d'une circonférence, d'un*

rayon ou d'un diamètre donné, on multiplie le diamètre par $\frac{22}{7}$ *ou par* 3,1415926.... en s'arrêtant au chiffre décimal qu'on voudra, selon le degré d'approximation nécessaire. Dans les usages ordinaires, on se contente de multiplier par $\frac{22}{7}$, c'est-à-dire de multiplier le diamètre par 3 et d'ajouter $\frac{1}{7}$ du diamètre au produit.

525. *L'unité de mesure des angles est l'angle d'un degré. Pour mesurer un angle, on suppose décrit de son sommet, comme centre, avec un rayon quelconque, une portion de circonférence,* et l'on cherche, à l'aide d'un instrument appelé *rapporteur*, demi-cercle dont la circonférence est divisée en degrés, le nombre de degrés compris dans l'arc

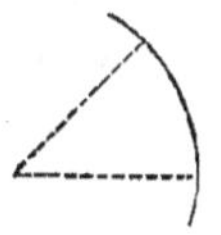

intercepté par les côtés de l'angle. Si cet arc est de 60⁰, l'angle est égal à 60 petits angles d'un degré, et l'on dit, pour abréger, qu'il est de 60⁰. L'angle droit vaut 90⁰.

Dans tout triangle la somme des trois angles vaut toujours deux angles droits ou 180⁰.

Questionnaire.

Qu'est-ce qu'un corps? (502)

En combien de classes divise-t-on tous les corps? (502)

Qu'entend-on par le volume d'un corps? (504)

Qu'entend-on par la surface d'un corps? (505)

Comment divise-t-on les surfaces? (505)

Qu'est-ce qu'une ligne? (506)

Comment divise-t-on les lignes? (506)

Qu'est-ce qu'un point? (507)

Qu'entend-on par la forme d'un corps? (509)

Qu'est-ce que la forme d'une surface plane? (509)

Qu'est-ce que la distance entre deux points? (510)

Qu'est-ce qu'un angle? (511)

Quand est-ce qu'une droite est perpendiculaire à une autre ligne droite? (512)

Sur quoi mesure-t-on la distance d'un point à une ligne droite? (512)

Qu'est-ce que deux lignes droites parallèles? Qu'est-ce que la distance entre deux droites parallèles? (513)

Qu'est-ce qu'un polygone? Comment distingue-t-on les polygones? (514)

Qu'est-ce qu'un triangle? (515)

Qu'est-ce qu'un quadrilatère, un pentagone, un hexagone, etc.? (516)

Qu'est-ce qu'un polygone régulier? (517)

Qu'est-ce qu'un parallélogramme? (518)

Qu'est-ce qu'un losange? (518)

Qu'est-ce qu'un trapèze? (518)

Qu'est-ce qu'un rectangle? (519)

Que devient un rectangle lorsque sès côtés contigus sont égaux? (519)

Qu'est-ce que la circonférence? (520)

Qu'entend-on par un rayon, un diamètre? (520)

Qu'est-ce qu'un arc, une corde? (521)

De quelle manière mesure-t-on une longueur? (522)

Comment mesure-t-on le contour d'un polygone? (523)

Qu'est-ce que le contour d'une circonférence? (524)

Quel est le rapport constant entre toute circonférence et son diamètre? Comment indique-t-on ce rapport quand on ne veut pas l'écrire en chiffres? (524)

Quelle est l'unité de mesure des angles? Avec quel instrument mesure-t-on les angles? (525)

Problèmes sur les longueurs, les circonférences et les angles (XXXIX).

1). Quel est le contour d'un triangle dont les côtés sont de 25 mètres 5 décimètres, 32 mètres 4 décimètres, 48 mètres?

2). Combien faut-il de mètres de cordes pour tendre un rectangle dont les deux côtés adjacents ont 185 mètres et 129 mètres de longueur?

3). Quelle est la vitesse d'un cheval qui fait deux fois le tour du Champ de Mars en 3 minutes $\frac{1}{2}$? Les côtés du rectangle parcouru ont 1080 mètres et 450 mètres.

4). Une place rectangulaire est bordée d'arbres plantés à la distance de 10 mètres, l'un des côtés du rectangle est le $\frac{1}{3}$ de l'autre et il y a en tout 240 arbres; combien sur chaque côté?

5). Quel est le contour d'un puits circulaire dont le diamètre est de 2 mètres 45 centimètres?

6). Pour déterminer le diamètre d'un bassin circulaire, on a mesuré sa circonférence, qui a donné 17 mètres 60 centimètres quelle est la grandeur du diamètre?

7). En supposant le rayon de l'équateur terrestre de 6378000 mètres; quelle est la vitesse d'un point de la terre situé sur l'équateur par suite de la rotation diurne?

8). En admettant que la distance moyenne de la terre au soleil soit de 34600000 lieues, quelle est la vitesse de la terre par suite de son mouvement annuel de révolution autour du soleil? Le degré terrestre, 360e partie du méridien, comprenait 25 lieues anciennes.

9). En supposant le rayon équatorial de 6378000 mètres; quelle est la distance en kilomètres de deux lieux situés sur l'équateur et à 'a distance l'un de l'autre de 16° 28′ 45″?

4. MESURES DES SURFACES PLANES.

526. La mesure des surfaces dépend de la mesure de certaines lignes qui en font partie.

527. L'unité de mesure des surfaces est la surface du carré qui a pour côté l'unité de mesure de longueur.

528. La surface d'un rectangle s'obtient en multipliant entre eux les deux côtés contigus d'un même angle.

Ce qui veut dire que si, en mesurant le plus grand côté, on trouve 15 mètres, par exemple, et 10 pour le plus petit, le produit $15 \times 10 = 150$ exprimera que la surface du rectangle contient 150 fois la surface du mètre carré, qu'elle est de 150 mètres carrés.

On le démontre facilement en partageant l'un des côtés en 15 parties égales, l'autre en 10 et menant réciproquement des parallèles qui partageront la surface en 15×10 carrés égaux.

Le plus grand des deux côtés contigus est la *longueur* du rectangle, et le plus petit la *largeur*.

529. La surface d'un carré s'obtient en multipliant le côté par lui-même, c'est-à-dire en faisant le carré du côté.

Si, par exemple, le côté a 8 mètres, le carré aura $8 \times 8 = 64$ mètres carrés de surface.

En effet, le carré n'est autre chose qu'un rectangle dont deux côtés contigus sont égaux.

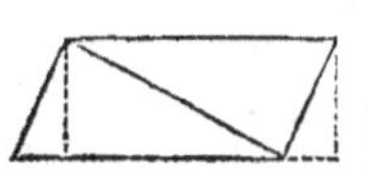

530. La surface d'un parallélogramme s'obtient en multipliant un de ses côtés par sa distance au côté qui lui est parallèle.

Si l'on regarde ce côté comme *base*, la distance de son parallèle sera la *hauteur* de la figure; on dit pour abréger que la surface d'un parallélogramme est égale au produit de sa base par sa hauteur.

En effet, un parallélogramme a la même surface qu'un rectangle de même base et de même hauteur.

Pour le losange, il suffit de multiplier entre elles ses deux diagonales, et prendre la moitié du produit.

531. La surface d'un triangle s'obtient en multipliant sa base par sa hauteur et prenant la moitié du produit.

Comme on peut considérer un triangle comme reposant sur chacun de ses côtés, chacun des trois côtés peut être considéré comme base du triangle, et sa hauteur est la distance du sommet de l'angle opposé, à ce même côté pris pour base.

En effet, la surface d'un triangle est la moitié de celle d'un parallélogramme qui a même base et même hauteur.

532. On peut encore mesurer la surface d'un triangle d'après la règle suivante :

Après avoir mesuré successivement chacun des trois côtés, on fait la somme de ces trois longueurs et on en prend la moitié. De ce demi-contour du triangle, on retranche successivement chacun des côtés, ce qui donne trois restes ; on multiplie entre eux ces quatre nombres, c'est-à-dire le demi-contour et les trois restes, et on extrait la racine carrée du produit.

Si l'unité de mesure de longueur est le mètre, la racine exprimera en mètres carrés la surface du triangle.

533. Pour obtenir la surface d'un polygone quelconque, on décompose la figure en autant de triangles qu'il y a de côtés moins deux, en menant de l'un quelconque des sommets à tous les autres des droites appelées *diagonales*.

On mesure la surface de chacun de ces triangles, et on en fait la somme.

Il suit de là que la surface d'un trapèze s'obtient en multipliant la somme de ses côtés parallèles par leur distance et prenant la moitié du produit.

534. Pour obtenir la surface d'un cercle, on multiplie sa circonférence par la moitié du rayon ou par le quart du diamètre.

Ou ce qui revient au même, on multiplie le carré du rayon par le nombre $\pi = \frac{22}{7}$ ou 3,1415926....

La surface d'un secteur qui n'est qu'une portion du cercle comprise entre deux rayons et l'arc s'obtient en multipliant l'arc par la moitié du rayon.

Questionnaire.

Quelle est l'unité de mesure des surfaces? (527)

Comment mesure-t-on la surface des rectangles? (528)

Comment mesure-t-on la surface d'un carré? (529)

Comment mesure-t-on la surface d'un parallélogramme? (530)

Comment mesure-t-on, particulièrement, la surface d'un losange? (530)

Comment mesure-t-on la surface d'un triangle? (531, 532)

Comment mesure-t-on la surface d'un polygone quelconque? (533)

Comment mesure-t-on, particulièrement, la surface d'un trapèze? (533)

Comment mesure-t-on la surface d'un cercle? (534)

Comment mesure-t-on la surface d'un secteur? (534)

Problèmes sur les surfaces planes à contour rectiligne ou circulaire (XL).

1). Combien faut-il au plus de rouleaux de papier de 4 décimètres 5 centimètres de large et de 10 mètres de longueur pour tapisser une chambre qui a les dimensions suivantes : longueur 5 mètres, largeur 4 mètres, hauteur 3 mètres 60 centimètres ?

2). Quelle est en hectares la surface d'un terrain triangulaire dont la base est de 1440 mètres et la hauteur 840 ?

3). Quel est le côté du carré qui aurait la même surface qu'un triangle dont les côtés sont de 25 mètres, 30 mètres, 45 mètres?

4). Combien entre-t-il de pavés, dont la surface extérieure est un carré de 2 décimètres 40 millimètres de côté, dans une chaussée de 360 mètres de long sur 4 de large?

5). Pour calculer le rapport d'un champ de blé ayant la forme d'un trapèze, on a mesuré les deux côtés parallèles qui sont respectivement de 420 mètres et 350 mètres et la distance entre ces deux côtés, qui est 280 mètres.

En admettant qu'un hectare rapporte 22 hectolitres $\frac{1}{2}$ de blé; quelle est la production moyenne du champ mesuré?

6). Quelle est la surface d'un cercle dont le diamètre est de 3 mètres 50 centimètres; et quel est le côté du carré qui aurait la même surface?

7). Un terrain circulaire a 44 mètres de circonférence; quelle est sa surface?

8). Un menuisier a construit une porte ayant la forme d'un rectangle surmonté d'un cintre demi-circulaire. La hauteur totale de la porte, y compris le cintre, est de 5 mètres 60 centimètres, et la largeur 2 mètres 10 centimètres; le bois qu'il a employé lui coûte 2 fr. 50 c. le mètre carré. A combien revient le bois seul de la porte?

9). Quel serait le rayon du cercle équivalent, c'est-à-dire ayant autant de surface que deux autres cercles dont les rayons sont de 3 mètres et de 4 mètres?

10). On a couvert la surface d'un carré avec des pièces de 5 fr. dont le diamètre est de 37 millimètres; il y a 15 pièces sur chaque côté du carré. Combien d'espace vide ces pièces laissent-elles entre elles?

5. FORMES GÉOMÉTRIQUES DES CORPS.

535. Les corps qui ont une forme géométrique sont terminés, soit par des surfaces planes, soit par des surfaces courbes; il n'y a que les corps solides qui conservent leur forme; les corps liquides ou gazeux prennent la forme des vases ou bassins dans lesquels ils sont renfermés.

Parmi les solides terminés par des surfaces planes, et qu'on nomme *polyèdres*, on distingue :

536. Le *prisme*, qui a pour base deux polygones égaux et parallèles, et dont les faces latérales sont des parallélogrammes.

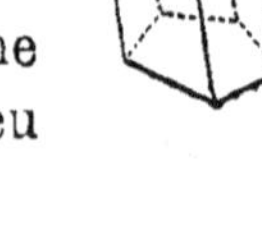

Un prisme est dit triangulaire, quadrangulaire, pentagonal, hexagonal, etc., selon que sa base est un triangle, un quadrilatère, un pentagone, un hexagone, etc.; on le désigne aussi par le nombre des faces latérales, qu'on nomme *pans*, et l'on dit un prisme à six pans au lieu d'un prisme hexagonal.

La hauteur d'un prisme est la distance entre les plans parallèles de ses deux bases.

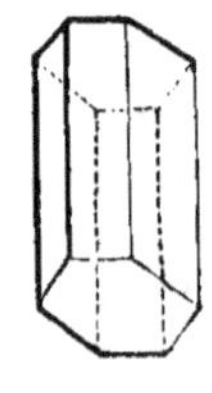

537. Les prismes sont *droits* lorsque leurs arêtes latérales sont perpendiculaires sur les deux bases, et *réguliers* lorsque les deux bases sont, en outre, deux polygones réguliers.

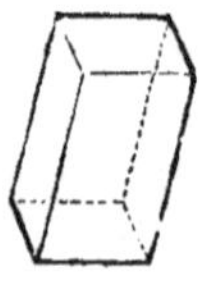

538. Lorsque la base d'un prisme quadrangulaire est un parallélogramme, il prend le nom de *parallélipipède;* les six faces sont alors toutes des parallélogrammes égaux et parallèles deux à deux.

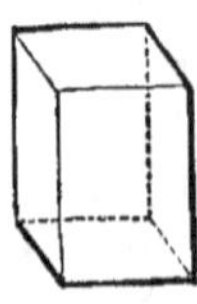

539. On l'appelle *parallélipipède rectangle* lorsque ses six faces sont toutes des rectangles, comme une boîte fermée, une chambre, un bloc de pierre bien équarri.

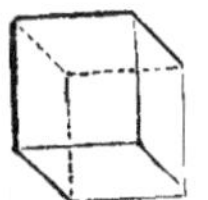

Le *cube* est une espèce de parallélipipède rectangle dont les six faces sont des carrés égaux.

540. La *pyramide* a pour base un polygone et pour faces latérales des triangles qui, ayant pour base chacun un des côtés du polygone, ont tous leurs sommets en un même point qu'on appelle aussi *sommet* de la pyramide.

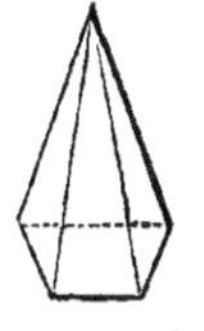

Les pyramides sont triangulaires, quadrangulaires, pentagonales, etc., selon que la base est un triangle, un quadrilatère, un pentagone, etc.

La hauteur d'une pyramide est la distance de son sommet à sa base, c'est-à-dire la longueur de la perpendiculaire abaissée du sommet sur le plan de sa base.

Une pyramide régulière est celle dont la base est un polygone régulier et dont la perpendiculaire menée du sommet tombe précisément au centre du polygone, qui est le même que le centre de la circonférence qui passerait par les sommets de tous les angles.

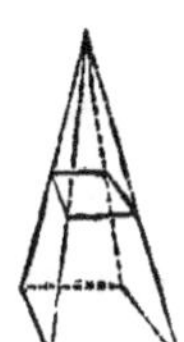

Si l'on coupe une pyramide par un plan parallèle à la base, on obtient ce qu'on appelle un *tronc de pyramide.*

541. Parmi les solides terminés par des surfaces courbes, on distingue :

Le *cylindre*, vulgairement appelé *rouleau*, dont les deux bases sont des cercles égaux et parallèles. On peut se le figurer comme un prisme dont la base serait un polygone d'un nombre infini de côtés.

La hauteur du cylindre est la perpendiculaire commune aux deux bases. C'est la droite qu'on peut mener d'un point de la circonférence supérieure à l'inférieure.

542. Le *cône*, dont la forme est celle d'un pain de sucre, a pour base un cercle; on peut se le figurer comme une pyramide dont la base serait un polygone d'une infinité de côtés.

La hauteur du cône est la distance du sommet au plan de sa base.

Le cône est *droit* quand la perpendiculaire abaissée du sommet tombe précisément sur le centre de la base; dans tout autre cas le cône est oblique.

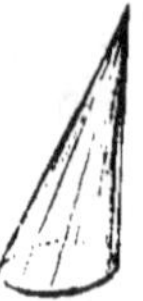

Le côté du cône droit est la droite qui joint le sommet à un point quelconque de la base.

Si l'on coupe un cône par un plan parallèle à la base, on obtient ce qu'on appelle un *tronc de cône*.

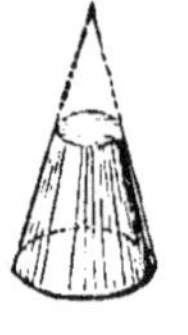

543. Enfin, la *sphère*, vulgairement appelée *boule*, qui est terminée de toutes parts par une surface courbe dont tous les points sont également éloignés d'un point intérieur qu'on nomme centre.

Le *rayon* de la sphère est la droite qui joint le centre avec un point quelconque de sa surface; tous les rayons d'une même sphère sont égaux.

Le *diamètre* de la sphère est la droite qui joint deux points de sa surface en passant par le centre. Le diamètre se compose de deux rayons; tous les diamètres sont égaux dans une même sphère.

6. MESURES DES SURFACES EXTÉRIEURES DES CORPS.

544. La surface extérieure des solides terminés par des faces planes s'obtient en mesurant la surface de chacune des faces et faisant la somme de toutes ces surfaces.

545. La surface latérale d'un prisme droit s'obtient en multipliant le contour de la base par la hauteur, qui n'est autre chose que la longueur de chacune des arêtes latérales.

546. La surface latérale d'une pyramide régulière s'obtient en multipliant le contour de la base par la hauteur d'un des triangles latéraux et prenant la moitié du produit.

547. La surface convexe d'un cylindre s'obtient en multipliant la circonférence de la base par le côté, qui n'est autre chose que la hauteur du cylindre.

548. La surface convexe d'un cône s'obtient en multipliant la circonférence de la base par le côté du cône et prenant la moitié du produit.

La surface d'un tronc de cône s'obtient en multipliant la somme des circonférences des deux bases par le côté et prenant la moitié du produit.

549. La surface d'une sphère est égale à quatre fois la surface d'un cercle qui aurait le même diamètre, et par conséquent elle s'obtient en multipliant le carré de son diamètre par le nombre $\pi = \frac{22}{7}$ ou 3,1415926.

On peut développer sur un plan la surface d'un cylindre ou d'un cône, de même qu'on peut donner à un plan la forme cylindrique ou conique, ainsi que font les ferblantiers pour construire des tuyaux cylindriques ou des entonnoirs coniques; mais on ne pourrait dérouler la surface d'une sphère sur un plan sans la déchirer ou la plier. Cependant on doit comprendre qu'en prenant de très-petites portions de la surface, on pourrait les considérer comme de petites surfaces planes dont la réunion formerait la surface totale de la sphère.

Questionnaire.

Qu'est-ce qu'un prisme? (536)

Qu'est ce qu'un prisme droit? (537)

Qu'est-ce qu'un prisme régulier? (537)

Qu'est-ce qu'un parallélipipède? (538)

Qu'est-ce qu'un parallélipipède rectangle? (539)

Qu'est-ce qu'un cube? (539)

Qu'est-ce qu'une pyramide? une pyramide régulière? (540)

Qu'est-ce qu'un cylindre? (541)

Qu'est-ce qu'un cône? (542)

Qu'est-ce qu'un cône droit? (542)

Qu'est-ce que la hauteur, le côté d'un cône? (542)

Qu'est-ce qu'un tronc de cône? (542)

Qu'est-ce qu'une sphère? (543)

Qu'est-ce que le diamètre, le rayon d'une sphère? (543)

Comment mesure-t-on la surface des polyèdres? (544)

Comment mesure-t-on la surface latérale d'un prisme droit? (545)

Comment mesure-t-on la surface latérale d'une pyramide régulière? (546)

Comment mesure-t-on la surface convexe d'un cylindre? (547)

Comment mesure-t-on la surface convexe d'un cône droit? (548)

Comment mesure-t-on la surface convexe d'un tronc de cône droit? (548)

Comment mesure-t-on la surface d'une sphère? (549)

Problèmes sur les surfaces des solides (XLI).

1). La surface d'un toit se compose de deux trapèzes et de deux triangles séparés par une arête culminante de 45 mètres. La longueur de la base de chaque trapèze est de 50 mètres, celle des triangles de 8 mètres et la hauteur des triangles et des trapèzes est de

3 mètres; combien faut-il, pour couvrir ce toit, d'ardoises de 30 centimètres sur 22, et si le prix du millier d'ardoises est de 17 fr. 50 c., à combien revient le prix d'achat des ardoises? On en prendra un tiers en sus à cause du déchet provenant du recouvrement des ardoises les unes sur les autres?

2). Combien faut-il de toile d'emballage pour couvrir 20 caisses dont les dimensions sont 3 mètres, 2 mètres, 1 mètre 50 centimètres, et à combien revient la toile au prix de 35 c. le mètre carré?

3). Une pyramide à base carrée a été couverte avec des feuilles de cuivre de 6 décimètres de largeur et 3 mètres de longueur. Si l'on suppose que le contour de la base de la pyramide soit de 10 mètres et la hauteur de chaque triangle latéral de 25 mètres, combien a-t-on employé de feuilles de cuivre?

4). On fait un tuyau de plomb de 4 décimètres 60 millimètres de diamètre et de 143 mètres de long; combien a-t-on employé de feuilles de plomb de 2 mètres 80 centimètres de longueur et 1 mètre 50 centimètres de largeur?

5). On a employé 13 mètres carrés 20 décimètres carrés d'étoffe pour couvrir une colonne cylindrique de 28 centimètres de rayon; quelle est la hauteur de la colonne?

6). Quelle est la surface extérieure d'un cône droit dont la base a 2 décimètres 3 centimètres de rayon et dont la distance du sommet à un point quelconque de la circonférence de la base est de 5 décimètres 8 centimètres?

7). Un seau qui a la forme d'un tronc de cône a pour rayons de ses bases 4 décimètres et 3 décimètres, et pour côté 5 décimètres; quelle est sa surface?

8). Quelle est la surface d'une sphère qui a 2 mètres 50 centimètres de diamètre?

9). Quelle est en myriamètres carrés la surface de la terre supposée parfaitement sphérique et dont les méridiens seraient par conséquent des circonférences exactes?

10). Le rayon du pôle est de 6356740 mètres et celui de l'équateur de 6378000. Calculer la surface du globe terrestre considérée comme moyenne entre les surfaces des deux sphères qui auraient pour rayons, l'une le rayon polaire, l'autre le rayon équatorial.

7. MESURE DES VOLUMES.

550. La mesure des volumes dépend de la mesure de certaines lignes qui en font partie.

551. L'unité de mesure des volumes est le cube qui a pour côté l'unité de longueur.

552. Le volume d'un prisme s'obtient en multipliant sa base par sa hauteur.

553. Le volume d'un parallélipipède rectangle a pour mesure le produit des trois arêtes qui se réunissent au même point. Ces trois lignes sont appelées *longueur, largeur* et *hauteur.* Ce sont, en effet, la longueur du grand côté du rectangle qui sert de base, la largeur de cette même base qui est aussi la largeur du solide, et la hauteur. On dit, pour abréger, que le volume d'un parallélipipède rectangle est égal au produit de ses trois dimensions.

Si la longueur est, par exemple, de 5 mètres, la largeur de 3 et la hauteur de 7, le volume sera exprimé par $5 \times 3 \times 7 = 105$, ce qui signifie que le volume équivaut à 105 mètres cubes.

Le volume d'un cube est égal au cube de son côté; car les trois dimensions sont égales.

554. Le volume d'une pyramide s'obtient en multipliant la surface de la base par la hauteur et prenant le tiers du produit.

555. Le volume d'un cylindre s'obtient en multipliant la surface du cercle de base par le côté ou hauteur.

556. Le volume d'un cône s'obtient en multipliant le cercle de la base par la hauteur et prenant le tiers du produit.

Pour un tronc de cône on fait la somme des deux bases et d'une moyenne proportionnelle entre ces deux bases, on multiplie cette somme par la hauteur, et l'on prend le tiers du produit.

557. Le volume d'une sphère s'obtient en multipliant sa surface par le rayon et prenant le tiers du produit; ou ce qui revient au même, en multipliant la surface par le diamètre et prenant le sixième du produit.

Enfin, comme la surface de la sphère est égale au carré de son diamètre multiplié par le nombre π, on peut évaluer le volume d'une sphère en multipliant le cube de son diamètre par le nombre $\pi = \frac{22}{7}$ ou $3,1415926\ldots$, et prenant le sixième du produit.

558. Deux corps peuvent être semblables sans être égaux; il en est de même des figures tracées sur un plan qui peuvent se ressembler sans être égales.

Deux figures sont égales quand elles peuvent s'appliquer exactement l'une sur l'autre.

Deux figures sont dites semblables quand elles ont la même forme sans être égales : telles sont deux circonférences de rayon différent, etc.

559. Les contours de deux figures semblables sont dans le rapport de deux lignes correspondantes dans ces figures.

Les surfaces, dans le rapport des carrés de deux lignes correspondantes.

Les volumes, dans le rapport des cubes.

Ainsi, deux circonférences sont entre elles comme leurs rayons ou leurs diamètres; les surfaces de deux cercles comme les carrés de leurs rayons ou de leurs diamètres. Il en est de même des surfaces de deux sphères; les volumes de deux sphères sont entre eux comme les cubes de leurs rayons ou de leurs diamètres.

560. Pour que deux cylindres ou deux cônes soient semblables, il faut que les rayons de leurs bases soient dans le rapport des hauteurs.

561. Le volume d'un tonneau s'obtient en faisant la somme du cercle de base et du double du cercle du milieu du tonneau, en multipliant cette somme par la longueur et prenant le tiers du produit.

Quand on veut avoir la capacité du tonneau, on prend les mesures à l'intérieur du tonneau pour n'y pas comprendre l'épaisseur du bois.

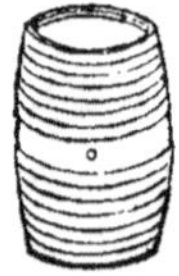

Questionnaire.

Quelle est l'unité de mesure des volumes? (551)

Comment mesure-t-on le volume d'un parallélipipède rectangle? (553)

Comment mesure-t-on le volume d'un cube? (553)

Comment mesure-t-on le volume d'un prisme droit? (552)

Comment mesure-t-on le volume d'une pyramide? (554)

Comment mesure-t-on le volume d'un cylindre? (555)

Comment mesure-t-on le volume d'un cône? (556)

Comment mesure-t-on le volume d'un tronc de cône? (556)

Comment mesure-t-on le volume d'une sphère ? (557)

Quand est-ce qu'on dit que deux figures ou deux solides sont semblables? (559)

Dans quel rapport sont les contours de deux figures semblables? (559)

Dans quel rapport sont les surfaces de deux solides semblables ? (559)

Dans quel rapport sont les volumes de deux solides semblables? (559)

Quand est-ce que deux cylindres ou deux cônes sont semblables? (560)

Comment évalue-t-on le volume et la capacité d'un tonneau? (561)

Problèmes sur le volume des solides (XLII).

1). Dans une boîte ayant la forme d'un parallélipipède rectangle et dont les dimensions seraient de 4, 3, 5 décimètres, combien pourrait-on mettre de petites boîtes de même forme et dont les dimensions seraient de 10, 8, 6 centimètres?

2). Quel est le poids de l'eau distillée contenue dans une caisse dont les dimensions sont 1 mètre 80 centimètres, 1 mètre 50 centimètres, 90 centimètres ?

3). Le litre du commerce destiné à mesurer les grains, etc., a autant d'épaisseur que de hauteur ; quelle est sa hauteur?

4). Un cylindre dont la base a 3 mètres de circonférence et la hauteur 5 mètres, est rempli aux $\frac{3}{4}$ d'eau distillée; quel est le poids de cette eau?

5). Pour calculer le volume de petits objets de forme irrégulière, on s'est servi d'un cylindre de 14 centimètres de diamètre dans lequel on avait versé les $\frac{3}{8}$ d'un litre d'eau. Après l'immersion des objets, l'eau s'est élevée de 1 centimètre $\frac{1}{2}$; quelle est la hauteur de l'eau dans le cylindre et quel est le volume des objets?

6). Quel est le rapport des surfaces et des volumes d'une sphère et d'un cylindre qui auraient la même dimension?

7). Quelle est la hauteur d'un cône qui aurait 2 mètres 10 centimètres de rayon de base et même volume qu'une pyramide à base carrée de 3 mètres de côté et de 10 mètres de hauteur?

8). Quel est le volume d'une sphère de 5 mètres de rayon ?

9). Quel est le diamètre d'une sphère dont le volume est de 480 mètres cubes?

10). Quelle est la surface d'une sphère dont le volume est de 168 mètres cubes?

11). Quel est le volume d'une sphère dont la surface est de 28 mètres carrés?

12). Quel est le côté du cube équivalent en volume à une sphère de 3 mètres de rayon?

8. ÉVALUATION DU POIDS DES CORPS PAR LEUR VOLUME, ET LEUR POIDS SPÉCIFIQUE.

562. On évalue le poids d'un corps en multipliant son poids spécifique par son volume.

563. Le poids spécifique d'un corps est le poids d'un volume quelconque de ce corps comparé à celui d'un même volume d'eau distillée.

Ainsi, quand on dit que le poids spécifique d'un corps est 4, cela signifie qu'un volume quelconque de ce corps, 1 décimètre cube par exemple, pèse 4 fois autant que 1 décimètre cube d'eau distillée.

Comme 1 décimètre cube d'eau distillée pèse 1 kilogramme, il s'ensuit que 1 décimètre cube du corps dont il s'agit pèserait 4 kilogrammes.

564. On a constaté avec beaucoup de soin le poids spécifique de toutes les substances importantes. Le tableau suivant présente quelques-uns de ces résultats.

TABLEAU DES POIDS SPÉCIFIQUES DES PRINCIPALES SUBSTANCES SOLIDES, LIQUIDES ET GAZEUSES.

SOLIDES.		LIQUIDES.		GAZ.	
Platine......	22,0690	Acide sulfurique.....	1,8409	Air.........	0,0013
Or..........	19,3617	Acide nitrique.......	1,3175	Acide carbo-	
Mercure.....	15,5980	Eau de 'a mer.......	1,0263	nique.....	0,0020
Plomb.	11,3523	Lait...............	1,0300	Oxygène. ...	0,0014
Argent......	0,4743	Vin de Bordeaux.....	0,9939	Azote.......	0,0012
Cuivre......	8,8785	Vin de Bourgogne ...	0,9915	Gaz à brûler.	0,0907
Acier.	7,8163	Huile d'olive........	0,9153	Hydrogène. .	0,00009
Fer en barre.	7,7880	Alcool.	0,7920	(On rapporte ordi	
Fer fondu...	7,2070	Éther sulfurique.....	0,7155	nairement à l'air le	
Rubis.......	4,2833			poids spécifique des	
Diamant.....	3,5313			gaz.)	
Marbre......	2,8376				
Perles......	2,7509				
Verre.......	2,4882				
Ivoire.......	1,9170				
Bois de chene	0,8520				
Liége........	0,2400				

565. Problème. — *Quel est le poids d'un bloc de marbre de la forme d'un parallélipipède rectangle dont la longueur est de 2 mètres 3 décimètres, la largeur de 1 mètre 25 centimètres, et la hauteur de 97 centimètres, le poids spécifique du marbre étant 2,8376 ?*

Le volume du bloc sera

$$2^m,3 \times 1^m,25 \times 0^m97 = 2^{m\cdot cub},78875 = 2788^{decim\cdot cub},750\,;$$

puisque le décimètre cube du marbre pèse $2^{kilog},8376$, lé poids demandé sera $2^{kilog},8376 \times 2788,75 = 7913^{kilog},35$ à moins d'un centième près.

566. Réciproquement. — *Pour trouver le volume d'un corps de forme quelconque connaissant son poids absolu et son poids spécifique, on divise le poids absolu par le poids spécifique.*

Problème. — Quel est le volume d'une masse de fonte du poids de 248 kilogrammes, le poids spécifique du fer fondu étant 7,2070 ?

Je divise 248 kilogrammes par 7,2070 ; ce qui donne 34^{kilog}, 411 pour le poids d'un même volume d'eau, lequel volume sera par conséquent de $34^{decim\cdot cub}$,411, puisque 1 décimètre cube d'eau pèse 1 kilogramme.

Questionnaire.

Comment peut-on évaluer le poids d'un corps sans le peser? (562 et 565)	Comment peut-on déterminer le volume d'un corps à l'aide de son poids absolu et de son poids spécifique? (566)
Qu'entend-on par poids spécifique d'un corps? (563)	

Problèmes sur le poids absolu des corps déterminé par leur volume, et sur leur volume déterminé par leur poids absolu (XLIII).

1). Quel est le poids d'une planche de chêne de 3 mètres de longueur 4 décimètres de largeur et 5 centimètres d'épaisseur? Le poids spécifique du chêne étant 0,8520.

2). Une voiture est chargée de 20 barres de fer, à base carrée, dont chacune a 2 mètres 25 centimètres de long et 8 centimètres d'épaisseur; quel est le poids de la charge? Le poids spécifique du fer en barre étant de 7,7880.

3). On demande le poids de 150 pains de sucre supposés de même forme conique régulière dont la hauteur est de 45 centimètres et le rayon de base de 3 centimètres? Le poids spécifique du sucre est 1,3580.

4). La pression de l'air qui entoure la terre est équivalente à celle d'une colonne de mercure de 76 centimètres de hauteur. En admettant que la surface du corps humain soit de 1 mètre carré 50 décimètres carrés, quelle est la pression éprouvée par le corps humain? Le poids spécifique du mercure est 13,5980.

5). Selon le principe découvert par Archimède, tout corps pesé dans un milieu quelconque y perd une partie de son poids égale au poids du volume du milieu qu'il déplace. D'après cela combien pèserait, dans l'eau distillée, une boule de fer de 10 centimètres 5 millimètres de rayon? Le fer fondu a pour poids spécifique 7,2070.

6). Quel serait le diamètre d'une boule d'or du même poids qu'une boule d'argent de 35 millimètres de rayon? Le poids spécifique de l'or est 19,3617 et celui de l'argent 10,4743.

7). Avec une masse de 400 kilogrammes de fer fondu, combien peut-on faire de tringles cylindriques de 3 mètres de long et de 1 centimètre 4 millimètres de rayon?

8). Quelle est la valeur d'une barre d'argent ayant 135 millimètres de longueur, 48 de largeur, 30 d'épaisseur?

9). Quel est le poids de l'air renfermé dans une chambre ayant pour dimension : longueur, 5 mètres; largeur, 3 mètres; hauteur, 4 mètres? Le poids spécifique de l'air est 0,0013.

10). Quelle serait la valeur d'une boule d'or de 2 centimètres 1 millimètre de rayon?

11). Quel serait le diamètre d'une boule d'argent de la valeur de 1000 francs?

PROBLÈMES

DE RÉCAPITULATION GÉNÉRALE

---

1). 35 kilogrammes de bœuf, première qualité, ont coûté 42 fr.; combien coûteront 23 kilogrammes?

2) Une machine a fait 34 mètres d'étoffe en 8 heures; combien mettra-t-elle de temps pour en *faire* 238?

3). 29 ouvriers ont achevé un ouvrage en 18 jours; combien de jours 87 ouvriers emploieront-ils pour faire le même ouvrage?

4). Une pièce de vin de 250 litres a coûté 80 fr.; combien coûtera une pièce de 300 litres du même vin?

5). On a payé 45 fr. pour la façon de deux douzaines de chemises; combien payera-t-on pour 5 douzaines $\frac{1}{2}$?

6). Le sac de blé de 1 hectolitre 20 litres coûte 18 fr.; quel sera le prix d'un sac de blé de même qualité contenant 1 hectolitre 60 litres?

7). Une machine à vapeur a vidé 36 mètres cubes d'eau en 2 heures 6 minutes; combien de temps mettra-t-elle pour vider 2140 mètres cubes?

8). Il faut 3 mètres de toile à $\frac{3}{4}$ de largeur pour doubler une étoffe; si l'on prend de la toile à $\frac{5}{8}$ de largeur, combien faudra-t-il de mètres?

9). Avec 16 rouleaux de papier peint, à 64 centimètres de largeur, on peut tapisser une chambre. Si l'on prend du papier à 50 centimètres, combien faudra-t-il de rouleaux?

10). Un ouvrier devait être payé pour un travail qui devait durer 18 jours, à raison de 135 fr.: il n'a travaillé que 12 jours 6 heures, combien recevra-t-il? La journée est de 12 heures.

11). 18 ouvriers ont mis 15 jours pour faire 60 mètres d'ouvrage; combien 30 ouvriers travaillant 20 jours en feront-ils?

12). Si 5 ouvriers travaillant 10 jours et 12 heures par jour ont fait 300 mètres d'ouvrage, combien en feront 8 ouvriers de la même force qui travailleraient 6 jours et 10 heures par jour?

13). Il faut 180 kilogrammes de foin pour la nourriture de 6 chevaux pendant 4 jours; combien en faudra-t-il pour nourrir 20 chevaux pendant 10 jours?

14). On a payé 450 fr. pour le transport de 120 ballots de marchandise pesant chacun 90 kilogrammes, combien payera-t-on pour le transport de 340 ballots pesant chacun 80 kilogrammes?

15). Une troupe de 20 ouvriers a creusé en 8 jours un fossé de 160 mètres de long, sur 2 mètres de large, et 1 mètre 2 décimètres de profondeur; combien faudra-t-il de jours à une seconde troupe de 24 ouvriers pour creuser un fossé de 90 mètres de long sur 1 mètre 80 centimètres de large et 1 mètre 6 décimètres de profondeur?

16). Pour faire 360 mètres d'ouvrage, 20 ouvriers ont travaillé 6 jours et 12 heures par jour; combien faudra-t-il de jours à 15 ouvriers pour faire 160 mètres du même ouvrage, s'ils travaillent seulement 10 heures par jour?

17). 4 voyageurs, ayant dépensé 45 francs en 3 jours, rencontrent 3 amis avec lesquels ils continuent leur voyage, et ils dépensent 262 fr. 50 c. en faisant la même dépense par personne qu'auparavant; combien sont-ils restés de temps ensemble?

18). 40 ouvriers ont gagné 1600 fr. en 10 jours, travaillant 12 heures par jour; combien faudra-t-il que 25 ouvriers travaillent d'heures par jour pendant 6 jours pour gagner 550 fr. ?

19). On a employé 34 kilogrammes de laine pour faire 25 mètres d'un tissu qui a 60 centimètres de largeur; avec 108 kilogrammes 80 décagrammes de la même laine quelle serait la longueur du tissu qu'on pourrait faire, mais qui aurait 80 centimètres de largeur?

20). L'entretien d'une famille de 6 personnes a coûté 780 fr. pendant 39 jours; la famille s'étant augmentée de 3 personnes, combien coûtera l'entretien pendant 45 jours?

21). Une personne a fait venir 5 pièces de vin de Bordeaux qui lui coûtent sur place 45 fr. la pièce de 2 hectolitres $\frac{1}{2}$; les frais de transport s'élèvent à 25 fr. et le droit d'entrée à 18 fr. 50 c. par hectolitre; à combien lui revient le litre?

22). Quel est le poids d'une pièce de vin de 2 hectolitres $\frac{1}{2}$, le litre de vin pesant 940 grammes et le fût 17 kilogrammes 45 décagrammes?

23). En 2 jours $\frac{1}{2}$ un ouvrier a fait 35 mètres; combien mettra-t-il de temps pour faire 31 mètres 50 centimètres?

24). Quel est l'intérêt de 8400 fr. pour 4 ans $\frac{1}{2}$, à 7 pour 100 par an?

25). Un marchand a acheté une pièce de vin de 250 litres au prix de 100 fr.: il veut gagner 25 pour 100; à combien doit-il vendre le litre?

26). Quel est le capital qui, placé à 4 pour 100, est devenu 6840 fr. après 3 ans $\frac{1}{2}$?

27). Un épicier a acheté 100 kilogrammes de vermicelle à 90 fr.: il ne peut les revendre que 80 c. le kilogramme; combien perd-il pour 100?

28). Un capitaliste a retiré, après 5 ans 4 mois, 614400 fr. pour un capital de 500000 fr.; à quel taux l'avait-il placé?

29). Un marchand a acheté du sucre à 113 fr. les 100 kilogrammes; il donne $\frac{1}{2}$ pour 100 au courtier et se réserve de gagner 10 pour 100; combien doit-il vendre au détail le kilogramme de sucre?

30). En revendant au détail 161 fr. 25 c. les 100 kilogrammes d'huile, un marchand a payé $\frac{1}{2}$ pour 100 de commission et a fait un bénéfice de 7 pour 100; combien avait-il payé les 100 kilogrammes?

31). Un agent de change a acheté 3000 fr. de rentes 3 pour 100 au cours de 84,10; la rente baisse de 25 c.; quelle serait sa perte s'il revendait?

32). Un chemin de fer dont les actions sont de 1000 francs donne 125 fr. de dividende; à quel taux a-t-on placé son argent en prenant de ces actions?

33). Est-il plus avantageux de prendre des actions à 1250 fr. par action de 1000 fr. que d'acheter des rentes 5 pour 100 au cours de 122,20?

34). Un négociant retiré des affaires s'est fait un revenu de 15700 fr. en plaçant à 5 pour 100 le capital provenant de ses économies; quel est ce capital?

35). Une personne voulant acheter une propriété de 500000 fr. vend les rentes de l'État dont elle était porteur, savoir : 17500 fr. de rente 5 pour 100, et 8000 fr. de rente 3 pour 100; le cours du premier est de 121,40 et celui du second 83,50; combien lui reste-t-il de disponible après l'achat de la propriété?

36). Lorsque le 5 pour 100 est à 121,60, quel doit être le cours correspondant du 4 $\frac{1}{2}$, du 4 et du 3 pour 100?

37). Si la rente 5 pour 100 baisse de 80 centimes, quelle doit être la baisse correspondante du 3 pour 100?

38). Trois personnes ont à partager une somme de 6400 fr. de manière que la deuxième ait le triple de la première, et la troisième autant que les deux autres ensemble; combien revient-il à chaque personne?

39). Une personne a cédé pour 1200 fr. un billet de 1500 fr. payable dans 3 ans; à quel taux le billet a-t-il été escompté?

40). Un billet de 2560 fr., escompté à 6 pour 100, a été réduit à 2500 fr.; à combien de jours d'échéance était-il?

41). Un marchand avait acheté le 10 février pour 3600 fr. de marchandise et fait un billet payable le 15 septembre; le 15 mars, il paye un à-compte de 1500 fr.; combien de temps pourra-t-il garder le restant de la somme?

42). Un négociant a souscrit le 15 janvier 4 billets, savoir: le premier de 2500 fr., payable le 10 mars; le deuxième de 1800 fr., payable le 25 juin; le troisième de 1500 fr., payable le 20 septembre; le quatrième de 3000 fr., payable le 15 décembre; il désire payer le montant des 4 billets en une seule fois: à quelle époque?

43). Un marchand achète 94 barriques brut à 57 fr. la barrique avec 15 pour 100 de tare et remise de 3 ¼ pour 100 s'il paye comptant; combien doit-il payer comptant?

44). On avait acheté 5000 fr. de rentes 5 pour 100 au cours de 121,50; on les revend avec un bénéfice de 350 fr.; de combien la rente était-elle remontée?

45). Un marchand a fait 3 billets : le premier de 800 fr., payable dans 3 mois; le deuxième de 900 fr., payable dans 6 mois ; le troisième de 1000 fr., payable dans 9 mois; il voudrait les échanger contre un seul billet de 2700 fr.; quelle sera l'époque de l'échéance du billet?

46). Partager 36 fr. entre 2 personnes, de manière que l'une ait 3 fois plus que l'autre.

47). Partager 48 fr. entre 3 ouvriers qui ont travaillé, le premier 7 jours, le deuxième 6 jours et le troisième 5 jours; combien revient-il à chacun?

48). 2 ouvriers ont à partager 6 fr. 70 c. de gratification : le premier a travaillé 10 jours et 8 heures par jour; le deuxième 6 jours et 9 heures par jour; combien revient-il à chaque ouvrier?

49). Une personne a laissé par testament 5400 fr. à partager entre 3 serviteurs, en raison du nombre d'enfants qu'ils ont : le premier en a 2, le deuxième 3, le troisième 5; combien chaque serviteur recevra-t-il?

50). 4 vieillards indigents, âgés de 75, 78, 81, 82 ans, ont reçu 620 fr. qu'ils doivent se partager en raison de leur âge ; combien revient-il à chaque vieillard?

51). 4 personnes ont 8745 fr. à se partager entre elles, de manière que la deuxième ait le double de la première, la troisième la moitié de la somme des deux premières, et la quatrième le tiers de la somme des précédentes; combien revient-il à chaque personne?

52). 2 négociants ont mis en commun ; le premier 50000 fr., le deuxième 60000 fr.; combien revient-il à chacun sur un bénéfice de 4400 fr.?

53). 3 marchands ont fait une société pour 3 ans ; dès le commencement, le premier a fourni 2000 fr.; le deuxième, six mois après, 3000 fr.; le troisième, au commencement de la deuxième année, a fourni 4000 fr. ; l'association ayant rapporté 38700 fr., les associés, après avoir retiré leur mise, se partagent le bénéfice; quelle est la part de chacun?

54). 2 personnes ont fait un fonds commun de 9000 fr. qui a rapporté, après deux ans d'association, 3400 fr. de bénéfice; la première qui avait mis 5000 fr. dès le début a retiré 2000 fr.; à quelle époque la deuxième a-t-elle fourni sa mise?

55). 3 entrepreneurs ont fait un ouvrage qui leur a été payé 6060 fr.; le premier avait employé 30 ouvriers pendant 20 jours à 10 heures par journée ; le deuxième, 18 ouvriers pendant 15 jours à 12 heures par journée ; le troisième, 15 ouvriers pendant 24 jours à 8 heures par journée ; combien revient-il à chaque entrepreneur ?

56). 3 personnes étant associées ont fait une perte de 2500 fr.: la première avait mis 2500 fr. ; la deuxième, 6000 fr. ; la troisième, 9000 fr. ; quelle est la perte de chaque sociétaire ?

57). 4 personnes ont acheté en commun une propriété : la première a contribué à cet achat pour 30000 fr. ; la deuxième, 25000 fr ; la troisième, 20000 fr. ; la quatrième, 15000 fr. ; la propriété a rapporté 3600 hectolitres de blé ; combien revient-il à chaque associé ?

58). 2 personnes ont fait une association pour 4 ans ; la première a mis au commencement 6000 fr. et le deuxième, au commencement de la deuxième année, 7000 fr. ; la première, au commencement de la troisième année, a retiré 2000 fr., et la deuxième, au commencement de la quatrième année, 3000 fr. ; le bénéfice a été de 10000 fr. ; comment se fera le partage ?

59). 3 capitalistes ont fait une association : le premier a mis 80000 fr. pour 8 mois, et il a retiré 6000 fr. de bénéfice ; le deuxième a mis 60000 fr. pour 10 mois, et le troisième 100000 fr. pour 4 mois ; quel est le bénéfice total de la société et celui des 2 derniers associés ?

60). Un marchand avait acheté du riz à 60 fr. les 100 kilogrammes et du vermicelle à 75 fr. ; il les revend, le riz à 80 c. le kilogramme et le vermicelle à 90 c. ; sur laquelle des deux denrées a-t-il gagné le plus et combien pour 100 ?

61). Un spéculateur achète 4500 fr. de rente 4 $\frac{1}{2}$ pour 100 au cours de 116 fr., et les revend avec perte de 800 fr. ; de combien la rente avait-elle baissé ?

62). 2 négociants ont mis en commun : le premier, 30000 fr. qui sont restés 6 mois en société ; le deuxième, 40000 fr. pendant 3 mois ; l'association a rapporté 84000 fr. ; combien revient-il à chacun ?

63). Partager 735 fr. entre 3 personnes de manière que la deuxième ait les $\frac{2}{3}$ de la première et la troisième les $\frac{3}{4}$ de la somme des deux précédentes.

64). 2 marchands ont mis en commun les sommes provenant de la vente de leurs marchandises : le premier a fourni 20 pièces de drap à 450 fr. la pièce ; le deuxième, 35 pièces de vin à 160 fr. la pièce ; ils ont fait un bénéfice de 2920 fr. ; combien revient-il à chacun ?

65). 2 négociants ont fait une société dans laquelle ils ont mis en commun 60000 fr. ; le premier a retiré 3500 fr. de bénéfice et le deuxième 1000 fr. de moins ; quelle était la mise de chacun ?

66). 3 marchands ont mis en commun une somme de 28350 fr.: le premier a retiré pour sa part de bénéfice 3600 fr. ; le deuxième, les $\frac{4}{5}$ du premier; le troisième la $\frac{1}{2}$ de la somme des deux précédents; quelle a été la mise de chaque marchand?

67). Pour mesurer la longueur d'une allée, on a compté à dix reprises différentes : 357, 382, 380, 377, 379, 380 $\frac{1}{2}$, 376 $\frac{1}{2}$, 381 $\frac{1}{4}$, 378 $\frac{1}{2}$, 380 $\frac{1}{4}$ pas; quelle est la longueur de l'allée en supposant le pas de 60 centimètres?

68). 10 épreuves faites avec une pièce d'artillerie ont donné les résultats suivants : 2568, 2563, 2559, 2570, 2583, 2569, 2572, 2574, 2579, 2576 mètres; quelle est la portée de la pièce?

69). Pour calculer le revenu probable d'une propriété, on a compté les revenus pendant 10 années consécutives, lesquels ont été de 4820, 4743, 3765, 4283, 4538, 3924, 3982, 4526, 4737, 3998 fr.; quel est le revenu moyen de la propriété?

70). Un ouvrier qui travaille à la pièce a gagné pendant chaque jour de la semaine : 3 fr. 40 c., 3 fr. 75 c., 3 fr. 20 c., 4 fr. 15 c., 3 fr. 80 c., 4 fr.; combien gagne-t-il par jour?

71). Un marchand fait un mélange de 3 pièces de vin dont la première de 240 litres lui coûte 120 fr.; la deuxième de 200 litres, 80 fr.; la troisième de 160 litres, 64 fr.; il veut gagner 60 fr. sur le tout; combien doit-il vendre le litre du mélange?

72). Si l'on fait un mélange de vins à 1 fr. 80 c. et à 60 c. le litre, à combien revient le litre du mélange?

73). 4 personnes ont fait un fonds commun de 100000 fr., les mises sont dans le rapport des nombres 1, 2, 3, 4; les temps pendant lesquels les mises sont restées dans l'association sont comme les nombres 5, 6, 7, 8; le bénéfice total a été de 78400 fr.; quels sont la mise et le bénéfice particulier de chaque associé?

74). Un marchand a acheté pour 4500 fr. de marchandises, pour laquelle somme il a fait 2 billets, l'un de $\frac{1}{3}$ de la somme payable en 6 mois et l'autre du restant payable en 12 mois; s'il ne voulait ne faire qu'un payement, quand devrait-il le faire?

75). Quelle est l'échéance commune de 3 billets de 2000, 3000, 4000 fr. payables respectivement dans 3 mois, 4 mois et 6 mois?

76). Un marchand a acheté pour 6000 fr. de marchandises à 18 mois de crédit; mais ayant payé 2000 fr. au bout de 6 mois, combien de temps pourra-t-il garder le reste pour compenser l'avance qu'il a faite?

77). J'avais à payer 3000 fr. dans un an; mais au moyen d'une avance que j'ai faite, il ne me reste plus à payer que 1800 fr. dans 18 mois; à quelle époque ai-je fait cette avance?

78). Un négociant en faisant son compte avec son correspondant trouve qu'il a 4000 fr. payables comptant, 3000 fr. payables dans 4 mois, 5000 fr. dans 10 mois; et le correspondant consent à recevoir un billet unique pour ces trois billets, quelle sera la date de l'échéance?

79). Un marchand a fait un achat pour 12600 fr. dont il doit payer $\frac{1}{2}$ dans 4 mois, $\frac{1}{3}$ dans 6 mois et le reste dans 1 an; le vendeur consent à recevoir un billet unique; à quelle échéance?

80). Un marchand devait 5000 fr. à quinze mois de crédit; mais il paye les $\frac{3}{4}$ avant l'échéance, de manière qu'il peut garder le reste 2 ans 6 mois sans faire tort à son créancier; à quelle époque a-t-il fait cette avance?

81). J'ai acheté pour 2000 fr. à 6 mois de crédit; au bout de 2 mois je ferai une avance et je pourrai garder le reste 1 an sans faire tort à mon créancier; quel est le montant de chaque payement?

82). Un marchand doit 6000 fr. payables dans 4 mois, 4000 fr. dans 5 mois et 8000 fr. dans 8 mois; il paye 10000 fr. au bout de 6 mois; combien de temps peut-il garder le reste?

83). Un marchand achète 75 fr. une pièce de vin de 2 hectolitres qu'il transverse dans une pièce de 2 hectolitres $\frac{1}{2}$, en achevant de remplir cette dernière avec de l'eau; il vend le mélange à 40 c. le litre; combien gagne-t-il pour 100?

84). Un marchand a acheté 15 pièces de bordeaux à 75 fr. la pièce à 1 an de crédit; s'il paye la moitié comptant, dans combien de temps doit-il payer l'autre moitié?

85). A combien revient le litre du mélange de 80 litres de vin qui ont coûté 25 fr. et 20 litres d'eau?

86). Une personne a payé 24 fr. pour du café de 3 qualités différentes, savoir: à 2 fr. 50 c., 2 fr. 60 c., 2 fr. 90 c. le kilogramme dont elle a acheté une égale quantité; combien a-t-elle dépensé pour chaque qualité de café?

87). Comment peut-on mesurer 336 litres avec des mesures d'un décalitre et d'un demi-litre en employant autant de l'une que de l'autre?

88). Payer 455 fr. avec un nombre égal de pièces de 5 fr., de 1 fr. et de 50 c.

89). On a partagé une somme à 3 ouvriers qui avaient travaillé: le premier 5 heures, le deuxième 6 heures et le troisième 9 heures; le premier a reçu pour sa part 2 fr. 50 c.; quelle était la somme à partager?

90). Comment payer 107 fr. avec des pièces de 5 fr. et de 2 fr., en n'employant que 28 pièces en tout?

91). Un bassin de 3 mètres cubes est rempli par 2 fontaines, dont l'une donne 20 litres et l'autre 40 litres à l'heure; combien de temps faudra-t-il laisser couler les deux fontaines pour que le bassin soit rempli?

92). Un marchand a du blé de trois espèces différentes à 18, 17, 15 fr. l'hectolitre; il en fait un mélange de 20 hectolitres de la première espèce, 30 de la deuxième, 40 de la troisième; à combien revient l'hectolitre du mélange?

93). Combien faut-il mettre d'eau dans 100 litres de vin qui coûtent 60 fr. pour que le litre du mélange revienne à 50 c.?

94). On a un mélange de 20 kilogrammes d'eau et 5 kilogrammes de sel; combien faut-il ajouter d'eau pour que sur 4 kilogrammes du mélange il n'y ait que 25 décagrammes de sel?

95). Comment payer 105 fr. avec des pièces de 5 fr. et de 2 fr. en employant 15 fois plus de pièces de la deuxième espèce que de la première ?

96). 2 ouvriers travaillent ensemble à un même ouvrage que le premier peut faire en 3 jours $\frac{1}{2}$ et le deuxième en 4 jours $\frac{1}{4}$; en combien de temps l'ouvrage sera-t-il achevé ?

97). On laisse couler ensemble dans un bassin 2 fontaines, dont la première pourrait le remplir en 10 heures $\frac{1}{2}$, et la deuxième en 11 heures $\frac{1}{3}$; en combien de temps le bassin sera-t-il rempli ?

98). Le sucre coûte 2 fr. 30 c. le kilogramme, et le café 2 fr. 70 c., une personne a acheté pour 18 fr. autant de l'une que de l'autre denrée; combien de chacune?

99). On mêle ensemble trois pièces de vin : la première de 250 litres à 60 c. le litre; la deuxième de 240 litres à 50 c., la troisième de 180 litres à 75 c.; quel sera le prix d'une pièce du mélange de 260 litres?

100). On allie ensemble quatre lingots d'argent du poids de 3 kilogrammes, 5 kilogrammes, 6 kilogrammes, 8 kilogrammes, aux titres respectifs de 900, 850, 800, 750 millièmes de fin : quel est le titre de l'alliage ?

101). 3 fontaines pourraient remplir un bassin, chacune seule en 3 heures, 4 heures, 5 heures : si elles coulent ensemble, en combien de temps le bassin sera-t-il rempli?

102). 4 ouvriers travaillent à un même ouvrage que le premier seul pourrait achever en 8 jours, le deuxième en 9, le troisième en 10, et le quatrième en 11 jours ; en combien de jours l'ouvrage sera-t-il achevé ?

103). 2 fontaines, coulant ensemble, remplissent un bassin en 5 heures $\frac{1}{2}$; la première seule le remplirait en 7 heures $\frac{3}{4}$; en combien de temps la deuxième le remplirait-elle ?

104). Dans quel rapport faut-il mêler du vin à 50 et à 65 c. le litre pour que le litre du mélange revienne à 55 c.?

105). Avec du vin à 50 et à 80 c. le litre, comment faire un mélange de 200 litres qui revienne à 60 c. le litre ?

106). Dans quelle proportion faut-il allier deux métaux d'argent aux titres de 0,900 et 0,800 pour que l'alliage soit au titre de 0,840?

107). Combien faut-il prendre de litres de vin de deux espèces, savoir : 1 fr. 20 c. et 80 c. le litre pour que le mélange puisse se vendre à 95 c. le litre?

108). On a trois espèces de blé à 24, 30, 32 fr. l'hectolitre, dont on veut faire un mélange qui revienne à 26 fr. l'hectolitre ; combien doit-on prendre de chaque espèce ?

109). Avec du blé à 24, 30, 32 fr. l'hectolitre, on peut faire un mélange de 100 hectolitres qui revienne à 26 fr. l'hectolitre ; combien doit-on prendre de chaque espèce ?

110). Un orfévre a de l'or de trois titres différents, savoir : à 0,910 ; 0,900 ; 0,840 de fin, combien doit-il prendre de chaque espèce pour faire un alliage de 10 kilogrammes dont le titre soit à 0,890 ?

111). Partager le nombre 67 en trois parties telles, que la plus grande surpasse la moyenne de 5, et que la moyenne surpasse la plus petite de 13 ?

112). Quel est le nombre qui, augmenté de sa moitié et de son tiers plus 1, donne 111 ?

113). Combien avez-vous dans votre bourse, demandait-on à quelqu'un ? Celui-ci répondit : Si j'avais un neuvième de plus avec 10 fr. encore, j'aurais 60 fr. ; combien avait-il ?

114). Un négociant, ayant fait de mauvaises spéculations, perd le $\frac{1}{5}$ de sa fortune ; aussi malheureux une seconde fois, il perd encore le $\frac{1}{5}$ de ce qui lui reste, et continue ainsi jusqu'à la cinquième et dernière fois ; il ne lui reste plus alors que 640 fr. ; combien avait-il en commençant ?

115). Quel est le nombre qui, augmenté de son tiers, de son quart et de 10, donne pour résultat 48 ?

116). Quel est le nombre dont la moitié surpasse le tiers de 4 ?

117). On a divisé un terrain en trois lots : le premier d'un tiers, le deuxième d'un quart, et le troisième de 1 hectare 75 ares ; quelle est la superficie du terrain ?

118). Dans une maison d'éducation, la division des petits contient le tiers ; celle des moyens les $\frac{2}{5}$ du nombre total des élèves, et celle des grands renferme 80 élèves ; combien d'élèves en tout ?

119). Un marchand a fait quatre ventes de pièces d'étoffe, en tout 60 pièces : dans la première, il en a vendu 5 de plus que dans la deuxième ; dans la deuxième, 2 de plus que dans la troisième ; dans la troisième, 1 de plus dans la quatrième ; combien de pièces a-t-il vendues chaque fois ?

120). J'ai pensé un nombre : j'en prends le quart ; je multiplie ce quart par 5, je prends les $\frac{2}{3}$ du résultat, et je trouve 20 ; quel est le nombre pensé ?

121). J'ai 40 pièces de monnaie dans les deux mains, et 8 de plus dans la main droite que dans la main gauche ; combien de pièces de monnaie dans chaque main ?

122). On a partagé 36000 fr. entre deux personnes, de manière que l'une d'elles a eu 8000 fr. de plus que l'autre : comment s'est fait le partage ?

123). 2 personnes ont chacune une certaine somme ; si la première donnait 5 fr. à la deuxième, elles auraient le même nombre de francs ; si la deuxième en donnait 5 à la première, celle-ci en aurait le double de l'autre : combien de francs chaque personne a-t-elle ?

124). Un capitaliste a partagé une somme de 25000 francs en deux parties qu'il fait valoir, l'une à 4 pour 100, l'autre à 5 pour 100 ; le total des intérêts s'est élevé à 1100 fr. ; quelles sont les deux parties ?

125). Deux personnes avaient 140 fr. à elles deux : la première a dépensé les $\frac{3}{4}$ de ce qu'elle avait, et la deuxième les $\frac{2}{3}$ de son argent, il ne leur reste plus en tout que 40 francs ; combien chaque personne avait-elle ?

126). Un marchand a acheté du blé de deux espèces différentes. Dans un premier achat, il a dépensé 810 fr. pour 20 hectolitres de la première espèce, et 30 de la deuxième ; dans un deuxième achat, 25 hectolitres de la première et 16 de la deuxième lui ont coûté 690 fr. ; quel est le prix de chaque espèce ?

127). Pour donner 3 feuilles de papier à chacun des élèves d'une classe, il faudrait avoir 20 feuilles de plus ; si on en donnait 2 à chacun, il en resterait 20 ; combien d'élèves dans la classe ?

128). 2 ouvriers ont fait 59 mètres, en travaillant, le premier 3 jours, et le deuxième 5 jours. Une seconde fois, ils ont fait 74 mètres en travaillant, le premier 4 jours, et le deuxième 6 jours. Combien chacun des deux ouvriers fait-il de mètres par jour ?

129). On a laissé couler deux fontaines dans un bassin, l'une pendant 3 heures et l'autre pendant 5 heures ; à elles deux elles ont donné 490 litres d'eau. Une seconde fois, elles ont donné 1040 litres en coulant, la première 6 heures, et la deuxième 8 heures. Combien de litres d'eau chacune des fontaines donne-t-elle par heure ?

130). 2 personnes ont fait un fonds commun de 2760 fr., pour lequel l'une des deux a mis le double de l'autre ; quelle est la mise de chacune ?

131). Partager 2500 fr. entre 2 personnes, de manière que l'une ait autant de pièces de 20 fr. que l'autre de 5 fr.

132). 2 personnes avaient 30 fr. à se partager, de manière que la première eût autant de pièces de 2 fr. que l'autre de 50 c. ; quelle a été la part de chacune ?

133). Partager 234 fr. entre deux personnes, de manière que l'une ait le quart en sus de l'autre.

134). Trouver 2 nombres dont la somme soit 210, et tels que l'un ne soit que les $\frac{3}{4}$ de l'autre.

135). Partager 350 fr. en 2 parties telles, que la plus grande dépasse la plus petite de $\frac{1}{3}$ de cette dernière.

136). Partager 1800 fr. entre 2 personnes, de manière que les parts soient entre elles comme 2 est à 7.

137). Le $\frac{1}{4}$ et le $\frac{1}{5}$ de ce que j'ai dans ma bourse font 2 fr. 25 c., combien ai-je?

138). Deux amis veulent acheter un cheval à frais communs : l'un d'eux ne pourrait payer que le $\frac{1}{5}$ du prix et l'autre le $\frac{1}{7}$; mais en réunissant les deux sommes, il leur faudrait donner encore 276 fr. pour payer le cheval; quel est le prix du cheval?

139). Partager 46 en deux parties telles, que la somme des quotients que l'on obtiendra en divisant l'une par 7 et l'autre par 3, soit égale à 10.

140). Une personne a acheté pour 129 fr. 23 mètres d'étoffe de deux qualités différentes, savoir : à 7 fr. et 3 fr. le mètre; combien a-t-elle payé pour chaque espèce?

141). Quel est le nombre dont les $\frac{5}{8}$ surpassent le $\frac{2}{7}$ de 114?

142). Dans une société de 266 personnes composée d'hommes, de femmes et d'enfants, il y a 2 fois autant d'hommes que de femmes et 2 fois autant de femmes que d'enfants; combien y a-t-il d'hommes, de femmes et d'enfants?

143). La garnison d'une place se compose de 2600 hommes parmi lesquels il y a 9 fois autant de fantassins et 3 fois autant d'artilleurs que de cavaliers; combien de chaque arme?

144). Un voyageur a parcouru 3040 kilomètres sur lesquels il en a parcouru 3 fois $\frac{1}{2}$ autant par eau qu'à cheval et 2 fois $\frac{1}{3}$ autant à pied que par eau; combien de kilomètres a-t-il parcourus par eau, à cheval et à pied?

145). En multipliant un certain nombre par 4 et divisant le produit par 3 on obtient 24; quel est ce nombre?

146). On a partagé entre trois personnes un terrain de 8 hectares 64 ares; la part de la première est à celle de la deuxième comme 5 est à 11, et celle de la troisième égale la somme des deux autres; combien chaque personne a-t-elle reçu?

147). On a partagé 1170 fr. entre 3 personnes proportionnellement à leur âge. La deuxième est de $\frac{1}{3}$ plus âgée que la première qui n'a que la moitié de l'âge de la troisième; quelle est la part de chaque personne?

148). Dans une levée de 594 hommes, 3 villes doivent fournir leur contingent proportionnellement à leur population. La population de la première est à celle de la deuxième comme 3 est à 5, et celle de la deuxième à celle de la troisième comme 8 est à 7; combien chacune de ces villes fournirait-elle d'hommes?

149). 4 créanciers ont à se partager 21 000 fr. La créance du premier n'est que les $\frac{2}{3}$ de celle du deuxième; celle du deuxième les $\frac{4}{5}$ de celle du troisième, et celle du troisième les $\frac{6}{7}$ de celle du quatrième; combien revient-il à chaque créancier?

150). Un ouvrier dépense le $\frac{1}{3}$ de ce qu'il gagne pour sa nourriture, le $\frac{1}{8}$ pour son habillement et son logement, le $\frac{1}{10}$ en dépenses courantes, et il place chaque année 318 fr.; combien gagne-t-il par an?

151). Un marchand a calculé que ses bonnes spéculations lui ont rapporté 15 pour 100 de son capital, ce qui porte son avoir total à 15571 fr.; quel était son capital?

152). Un capital a rapporté $4\frac{1}{2}$ pour 100 dans l'année. Le revenu et le capital réunis se montent à 13167 fr.; quel est le capital?

153). Quel est le capital qui, placé à 3 pour 100, est devenu au bout de 5 ans, intérêts simples et capital, 69000 fr.?

154). Le rapport d'une propriété mieux administrée s'est accru de 8 pour 100 comparé à celui de l'année précédente; il est de 1890 fr.; quel a été celui de l'année d'avant?

155). Au prix de 1 fr. 80 c. le kilogramme, un marchand gagne $12\frac{1}{2}$ pour 100; combien lui coûtent les 100 kilogrammes?

156). Un capital est tel que, augmenté de ses intérêts simples pendant 5 ans, à 4 pour 100, il s'élève à la somme de 8208 fr.; quel est ce capital?

157). Un marchand fait 3 ventes en un jour : sur la première la perte est de $\frac{1}{6}$ de la valeur totale des objets mis en vente; sur la deuxième de $\frac{1}{10}$; mais sur la troisième il gagne le tiers; son compte fait, il trouve qu'il a gagné 3 fr.; quelle était la valeur totale des objets vendus?

158). Quels sont les deux nombres dont la somme est 96 et dont l'un est plus grand que l'autre de 16?

159). 2 marchands se partagent 500 fr. de manière que l'un d'eux ne doit avoir que la moitié de ce qu'il revient à l'autre, plus 50 fr. pour ses peines; combien chacun aura-t-il?

160). Partager 1520 fr. entre 3 personnes, de telle sorte que la deuxième ait 100 fr. de plus que la première, et la troisième 270 fr. de plus que la deuxième?

161). Un héritage de 7500 fr. doit être partagé entre une mère et ses 5 enfants, 2 garçons et 3 filles, de telle sorte que la part des garçons soit le double de celle des filles, et celle de la mère égale à celle de tous les enfants ensemble avec 500 fr. de plus ; combien revient-il à la mère et à chaque enfant?

162). Dans une société composée d'hommes, de femmes et d'enfants, en tout 90 personnes, il y a 4 hommes de plus que de femmes, et 10 enfants de plus que d'adultes; combien d'enfants, de femmes et d'hommes?

163). 3 fermiers se partagent 80 hectares de bois, le deuxième a 2 hectares 76 ares de moins que le premier, et le troisième 11 hectares 12 ares de plus que le deuxième; combien chacun a-t-il pour sa part?

164). Un père envoie à ses 5 enfants 1000 fr. qu'ils se partagent de manière que chacun ait 20 fr. de plus que celui qui le suit immédiatement par ordre d'âge; quelle est la part du plus jeune?

(165). 3 personnes ont une certaine somme à partager. La première doit avoir 3000 fr. de moins que la moitié de la somme totale; la deuxième 1000 fr. de moins que le tiers, et la troisième 800 fr. de plus que le quart; quelle est la somme à partager et la part de chaque personne?

166). Un homme laisse par son testament la moitié de sa fortune à sa mère qui a 2 enfants, à chacun de ces 2 enfants la 6e partie, la 12e partie à son domestique, et 600 fr. qui restent, aux pauvres; à combien se monte l'héritage?

167). Une prairie de 28 hectares 50 ares est partagée entre 3 cultivateurs. La part du premier est à celle du deuxième comme 11 est à 6, et le troisième doit avoir 3 hectares de plus que les 2 autres ensemble ; quelle est la part de chacun?

168). Quatre héritiers ont 2520 fr. à partager; le premier doit avoir le double du deuxième moins 1000 fr.; le deuxième autant que le troisième et le quatrième, et le troisième 360 fr.; quelle est la part des trois autres?

169). Comment partager 5600 fr. entre cinq personnes, de manière que la deuxième ait le double de la première et 200 fr. de plus; la troisième le triple de la première et 400 fr. de moins; la quatrième la moitié de la somme de la deuxième et de la troisième et 150 fr. de plus ; la cinquième le quart des 4 autres parts réunies plus 475 fr.?

170). Cinq joueurs ont perdu ensemble 17 fr. 75 c. La perte du deuxième dépasse de $\frac{1}{2}$ fr. le triple de la perte du premier; la perte du troisième est égale au double de celle du deuxième moins 2 fr.; le quatrième a perdu $\frac{1}{4}$ fr. de moins que le premier et le deuxième ensemble; le cinquième deux fois autant que le deuxième moins 3 fr.; combien chacun des joueurs a-t-il perdu?

171). Un marchand a vendu un certain nombre de kilogrammes de marchandise sur 40 ; il en garde 8 de plus qu'il n'en a vendu; combien en a-t-il vendu?

172). J'avais 42 fr.; j'en ai dépensé une partie, mais il m'en reste 3 fois autant que j'en ai dépensé; combien ai-je dépensé?

173). 2 personnes jouent ensemble à 1 fr. la partie; avant de commencer, la première avait 42 fr. et la deuxième 24 ; au bout d'un certain nombre de parties la première se trouve avoir 5 fois autant que ce qui reste à la deuxième; combien la première a-t-elle perdu de parties de plus que la deuxième?

174). Une garnison se compose de 1250 hommes, cavalerie et infanterie. Chaque cavalier reçoit 15 fr. par mois et chaque fantassin 10 fr. La solde du mois de la garnison entière coûte 13500 fr.; combien y a-t-il de fantassins et de cavaliers?

175). Le maître maçon, 12 maçons et 4 manœuvres ont coûté 196 fr. 65 c.; le maître reçoit 3 fr. 45 c. par jour; chaque maçon 1 fr. 25 c., chaque manœuvre 85 c.; combien de jours ont-ils travaillé?

176). Un capitaliste a placé les $\frac{4}{5}$ de ses fonds à 4 pour 100 et le $\frac{1}{5}$ restant à 5 pour 100 : il retire du tout 2940 fr. ; combien a-t-il placé en tout?

177). Dites à quelqu'un de penser un nombre ; faites-le multiplier par 7, ajouter 3 au produit, diviser le résultat par 2 et retrancher 4 du quotient ; si on vous répond que le reste est 15, quel est ce nombre?

178). Trouver 3 nombres dont la somme soit égale à 70, et tels que le premier divisé par le deuxième donne 2 pour quotient et 1 pour reste, et que le troisième divisé par le deuxième donne 3 pour quotient et pour reste.

179). Combien d'argent as-tu? demandait quelqu'un à son ami. Le nombre de francs que j'ai, répondit celui-ci, est tel qu'en retranchant 3 de son produit par 5 et ajoutant 2 au produit du reste par 4, le résultat est égal à 23, sans tenir compte du 0 qui termine le nombre : combien a-t-il?

180). Un maître proposait à ses élèves de deviner un nombre qu'il avait pensé. En multipliant, disait-il, ce nombre par 5 et retranchant du produit 24, puis divisant le reste par 6 et ajoutant 13 au quotient, vous retrouverez le nombre lui-même : quel est ce nombre?

181). Un voyageur parti 10 jours après un autre suit ses traces pour le rattraper; le premier ne fait que 4 myriamètres par jour, tandis que le deuxième en fait 9; après combien de jours l'aura-t-il rejoint?

182). 2 voyageurs vont l'un à la suite de l'autre; le premier est parti 12 jours d'avance; mais sa vitesse est à celle du deuxième comme 3 est à 8; dans combien de temps le deuxième rejoindra-t-il le premier?

183). On a expédié un courrier qui fait 7 myriamètres en 5 heures; 8 heures après son départ, on fait partir pour le rejoindre un autre courrier, qui fait 5 myriamètres en 3 heures. Dans combien de temps le deuxième courrier aura-t-il atteint le premier?

184). Les données étant les mêmes, si le premier courrier avait 8 myriamètres d'avance, combien faudrait-il de temps au deuxième pour le rejoindre?

185). Deux régiments partent pour changer réciproquement de garnison, le premier fait 3 myriamètres $\frac{1}{2}$ par jour; le deuxième ne part que 8 jours après, et fait 5 myriamètres $\frac{1}{6}$ par jour. La distance des deux villes est de 80 myriamètres. A quel jour, depuis le départ du premier régiment, la rencontre se fera-t-elle?

186). Une division ennemie, partie 2 jours d'avance d'une position, fait 4 myriamètres $\frac{1}{2}$ par jour; la division qui la poursuit se met en marche du même endroit dans le dessein de l'atteindre le sixième jour. Combien doit-elle faire de myriamètres par jour?

187). Il est trois heures et demie; à quelle heure les deux aiguilles de la montre se rencontreront-elles pour la première fois?

188). Un bassin est rempli par 2 orifices de dimensions inégales, d'où l'eau tombe avec des vitesses différentes; les dimensions sont dans le rapport de 5 à 13, et les vitesses d'écoulement dans le rapport de 8 à 7; on sait de plus que l'un de ces orifices verse dans un certain temps 561 centimètres cubes d'eau de plus que l'autre; combien d'eau chaque orifice verse-t-il dans ce temps? On doit admettre que les quantités de liquide versées dans le même temps sont en raison composée des dimensions et des vitesses.

189). Un lévrier poursuit un lièvre qui a 50 sauts d'avance sur lui; le lévrier en fait 5 pendant que le lièvre en fait 6; mais 9 sauts du lièvre n'en valent que 7 du lévrier; combien le lièvre fera-t-il de sauts avant d'être atteint par le lévrier?

190). 2 mortiers lancent des bombes sur une ville assiégée. Le premier en a lancé 36 avant que le deuxième ait commencé son feu, et il en envoie 8 dans le même temps que le deuxième en envoie 7; mais le deuxième dépense en 3 coups la même quantité de poudre que le premier en 4; on demande combien de bombes doit lancer le deuxième mortier pour dépenser la même quantité de poudre que le premier.

191). Comment se fait-il, disait un voyageur à son compagnon, que tu m'aies dépassé de 3000 pas, quand chacun de mes pas est double de chacun des tiens? — C'est vrai, répondit l'autre, mais je fais dans le même temps 5 fois plus de pas que toi. Combien chacun des voyageurs a-t-il fait de pas?

192. Une personne fait valoir deux capitaux, l'un de 5500 fr. à 4 pour 100, à 4 ans $\frac{1}{2}$ plus tard, l'autre de 8000 fr. à 5 pour 100; dans combien de temps ces deux capitaux auront-ils rapporté le même intérêt?

193). La roue de devant d'une voiture dont la circonférence est de 1 mètre $\frac{3}{4}$, a fait 2000 tours de plus que la roue de derrière qui a 2 mètres $\frac{3}{8}$ de circonférence; quelle est la longueur de la route parcourue?

194). Un marchand a deux espèces de vin à 36 et 20 c. le litre; il veut en faire un mélange de 50 litres qu'il puisse vendre, sans profit ni perte, au prix de 30 c.; combien devra-t-il prendre de litres de chaque espèce?

195). Un orfévre a deux lingots d'argent à deux titres différents, le premier à 0,910 de fin, le deuxième à 0,875; il veut en faire un alliage de 100 grammes à 0,889 de fin; combien doit-il prendre de chaque espèce?

196). Un marchand de vin a acheté 136 litres de vin à 2 fr. le litre; mais, craignant que ses pratiques ne trouvent le prix trop élevé, il s'avise d'y mettre de l'eau, afin de pouvoir le vendre à 1 fr. 60 c.; combien de litres d'eau doit-il mettre dans son vin?

197). On a 35 kilogrammes d'argent à 0,900 de fin; combien faut-il y mêler de cuivre pour que l'alliage soit 0,787 $\frac{1}{2}$?

198). Combien faut-il allier d'or au titre de 0,780 à 3 kilogrammes 20 décagrammes d'or à 0,640, pour que le kilogramme d'alliage contienne 0,720 de fin?

199). Quelqu'un demande pour la valeur de 14 fr. des pièces de monnaie de 50 c. et de 2 fr. ; 16 en tout, combien lui donnera-t-on de pièces de chaque espèce?

200). Un de mes amis, âgé de 40 ans, a un fils de 9 ans; dans combien d'années l'âge du père, qui est maintenant un peu plus du quadruple de celui du fils, n'en sera-t-il plus que le double?

201). De deux personnes, l'une a 30 ans et l'autre 20 ; leurs âges sont par conséquent dans le rapport de 3 à 2 ; dans combien de temps ce rapport sera-t-il égal à $\frac{4}{3}$?

202). Combien y a-t-il de temps que l'âge de la première personne était le sextuple de celui de la seconde?

203). Ces deux personnes ont un frère qui n'a maintenant que 6 ans; dans combien de temps l'âge réuni des deux plus jeunes sera-t-il égal à celui de leur aîné?

204). L'oncle de ces trois frères a 49 ans, et par conséquent l'âge réuni des trois frères dépasse de 7 ans le sien; il y a eu un moment où l'âge des trois neveux était précisément égal à celui de l'oncle; combien y a-t-il de temps que cela est arrivé?

205). Un jour, l'oncle disait à ses deux neveux (le plus jeune n'était pas encore né) que son âge était de $\frac{1}{4}$ plus grand que l'âge réuni des deux frères: quand cela est-il arrivé?

206). On a mêlé du salpêtre et du soufre dans la proportion de 7 parties de salpêtre et 3 de soufre, pour en faire une masse de 80 kilogrammes, combien faudrait-il ajouter de salpêtre pour que la proportion des éléments fût de 11 parties de salpêtre et de 4 de soufre?

207). Combien, au contraire, faudrait-il retrancher de soufre pour que le rapport des deux ingrédients fût encore de 11 à 4?

208). Si l'on suppose qu'on ait retranché autant de soufre qu'ajouté de salpêtre, sans que le rapport $\frac{11}{4}$ ni le poids 80 kilogrammes soient altérés, combien a-t-on ajouté de salpêtre?

209). Dans une société nombreuse, il y avait primitivement trois fois autant d'hommes que de femmes; après le départ de 8 couples, le nombre des hommes devient 5 fois aussi grand que celui des femmes; combien y avait-il d'abord d'hommes et de femmes?

210). Un tonneau plein de vin a 3 robinets; si le premier était seul ouvert, le tonneau serait vidé dans 2 heures; dans 3 heures et dans 4, si le deuxième et le troisième restaient seuls ouverts; combien faudrait-il de temps pour vider le tonneau, si les trois robinets restaient ouverts à la fois?

211). Un bassin est rempli par 3 fontaines qui, coulant seules, le rempliraient en 1 $\frac{1}{3}$, 3 $\frac{1}{3}$, 5 heures : combien leur faudrait-il de temps pour remplir le bassin, si elles coulaient toutes les trois ensemble?

212). 3 maçons construisent une muraille; le premier peut en bâtir 8 mètres cubes en 5 jours, le deuxième, 9 mètres cubes en 4 jours, et le troisième, 10 mètres cubes en 6 jours; combien leur faudra-t-il de temps pour en bâtir 755 mètres cubes en travaillant ensemble?

213). Un bassin, de la contenance de 755 mètres cubes $\frac{1}{4}$, doit être rempli par 3 fontaines :

La première donne 12 mètres cubes en 3 $\frac{1}{4}$ heures.
La deuxième » 15 $\frac{1}{3}$ » 2 $\frac{1}{2}$ »
La troisième » 17 » 3 »

Dans combien de temps le bassin sera-t-il rempli par les 3 fontaines coulant ensemble?

214). On a 3 petits lingots de métal de même volume, mais de poids différents :

5 centimètres cubes du premier pèsent 69 $\frac{3}{4}$ grammes.
3 $\frac{1}{3}$ » du deuxième » 41 »
4 $\frac{2}{7}$ » du troisième » 91 »

Les 3 lingots pèsent ensemble 949 grammes $\frac{2}{3}$, quel est le volume de chacun?

215). Dans une société nombreuse, quelqu'un proposait de faire une collecte pour les pauvres; en donnant chacun 16 fr., il trouvait que ce serait trop de 240 fr., mais en ne donnant que 10 fr., c'était trop peu de 300 fr. pour faire la somme nécessaire; on demande le nombre de personnes et la somme dont on avait besoin.

216). Un marchand se trouve contraint de vendre au prix coûtant une partie de sa marchandise pour payer une dette pressante : la négligence qu'il apporte dans le soin de ses affaires fait qu'il a oublié le poids et le prix de sa marchandise : tout ce dont il peut se souvenir, c'est qu'en la vendant au prix de 30 fr. les 100 kilogrammes, il aurait gagné 120 fr., mais qu'il aurait perdu 360 fr. en la vendant au prix de 22 fr. les 100 kilogrammes; on demande ce qu'il a vendu de sa marchandise.

217). Quelqu'un veut mettre sa montre en loterie, en faisant un certain nombre de billets; à 4 fr. le billet, il perdrait 30 fr. sur le prix de sa montre; il gagnerait, au contraire, 50 fr. à 5 fr. le billet; combien a-t-il fait de billets; et quel est le prix de la montre?

218). Un maître maçon a pris un certain nombre d'ouvriers pour bâtir un édifice; il a calculé qu'en donnant 1 fr. 40 c. par jour à chaque ouvrier, il dépenserait 3 fr. de moins qu'il n'est passé aux ouvriers, et en leur donnant 1 fr. 75 c. il serait obligé de débourser 2 fr. 25 c. de surplus; combien a-t-il retenu d'ouvriers, et quelle est la somme accordée?

219). Si l'on multiplie un certain nombre successivement par 5 et par 7, on obtient 2 produits qui surpassent un autre nombre de 10 et de 34 ; quels sont ces deux nombres ?

220). Trouver un nombre tel, que son produit par 5 surpasse d'autant le nombre 20 qu'il est lui-même au-dessous de 20.

221). Pour payer toutes mes dépenses, disait un ouvrier, il me faudrait gagner 540 fr. par an, mais je ne les gagne pas ; si je gagnais 3 fois $\frac{1}{2}$ autant que ce que je gagne réellement, non-seulement je payerais toutes mes dépenses, mais j'épargnerais chaque année autant que ce qui me manque maintenant pour faire le revenu nécessaire ; combien gagne cet ouvrier ?

222). On demandait à un copiste combien il écrivait de feuilles par semaine ; en n'y travaillant que 4 heures par jour, répondit-il, je ne puis pas en écrire, comme je le voudrais, 70 feuilles ; mais si je travaillais 10 heures par jour, je dépasserais ce nombre d'autant que je reste au-dessous ; combien écrit-il de feuilles par semaine ?

223). 100 de mes pas font à peu près 44 mètres ; en les augmentant chacun de $\frac{1}{5}$, je dépasserais cette distance d'autant que je serais resté en deçà dans le premier cas ; quelle est la longueur de mon pas ?

224). Quelle distance y a-t-il entre ces deux bornes ? demandait-on à un géomètre. Elle est moindre de 1 kilomètre, répondit celui-ci ; et si après avoir ajouté le $\frac{1}{3}$ et 176 mètres de plus, on multipliait le résultat par $2\frac{1}{2}$, le nombre de mètres ainsi obtenu surpasserait d'autant 1 kilomètre que la distance en est au-dessous ; quelle est cette distance ?

225). Une personne voulant acheter une maison se décide à retirer d'entre les mains de chacun de ses débiteurs une somme égale pour en payer le montant ; en leur demandant à chacun 1250 fr., il lui manquerait encore 10000 fr , tandis qu'elle aurait 1200 fr. de trop si elle leur demandait 1600 fr. à chacun ; quel est le nombre de débiteurs, le prix de la maison et la somme qu'elle doit réclamer à chacun d'eux ?

226). Un marchand a trois billets à acquitter à trois termes différents, savoir : 2832 fr. à 3 mois, 2560 fr. à 9 mois, et 1450 fr. à 16 mois de date ; le créancier voudrait recevoir la somme totale de 6842 fr. en un seul payement ; à quelle échéance ?

227). Un capitaliste s'était engagé à prêter à un marchand 16000 fr. pour 15 mois ; mais ne pouvant lui remettre toute la somme à la fois, le capitaliste convient avec le marchand de lui remettre d'abord 5000 fr., 6 mois après 3000 fr., et au bout de 8 mois encore 8000 fr. ; combien de temps le marchand peut-il garder le capital prêté de 16000 fr. sans faire tort ni à l'un ni à l'autre ?

228). Un propriétaire s'était engagé par contrat à laisser paître sur sa prairie 400 vaches de son voisin pendant 16 mois ; le voisin en envoie d'abord 200 du consentement du propriétaire; 7 mois après 250, et 8 mois après encore 150 autres; combien de temps le propriétaire doit-il laisser paître ce troupeau de 600 vaches sur sa prairie pour remplir son engagement?

229). Quelqu'un a acheté des marchandises pour 4500 fr. qu'il s'était d'abord engagé à payer dans un an; mais il obtint de payer comptant 1500 fr., et de solder les 3000 fr. restants en 4 payements égaux de 750 fr. à des termes équidistants; quel est l'intervalle d'un terme à l'autre?

230). On a à payer une somme aux conditions suivantes : 1376 fr. dans 5 mois; 2560 fr. 3 mois après, et le reste 5 mois plus tard; si l'on avait dû payer le capital en une seule fois, l'échéance serait arrivée dans 10 mois; quel est ce capital?

231). Un débiteur s'est engagé à payer une dette de 7000 fr. aux termes qui suivent: 2000 fr. dans $3\frac{1}{2}$ mois, 3500 fr. dans 4 mois et 1500 fr. dans 14 mois; son créancier lui fait la proposition d'acquitter sa dette en 2 payements, chacun de la moitié, de manière que le second terme arrive 1 mois après le premier; le débiteur y ayant consenti, quand aura lieu la première échéance?

232). 3 marchands se sont réunis pour un achat : le premier donne 1200 fr., le deuxième 800 fr., le troisième 600 fr.; le premier laisse pendant 8 mois son argent dans la société, le deuxième pendant 10 mois, le troisième pendant 14 mois; ils gagnent à cette affaire 500 fr.; comment ce gain doit-il être partagé entre les 3 marchands?

233). 3 négociants ont fait une société: le premier a mis 17000 fr., le deuxième 13000 fr., le troisième 10000 fr.; pour éviter de payer un agent commercial, chargé de la direction de l'affaire, le sociétaire qui a le moins avancé de fonds s'offre à remplacer cet agent, en se réservant un bénéfice de 3 pour 100 sur la part qui lui revient aux termes du règlement de société; le gain total a été de 35262 fr. 50 c.; combien revient-il à chacun?

234. 3 créanciers porteurs de titres de créances, le premier de 2000 fr., le deuxième de 2500 fr., et le troisième de 3500 fr., ont à se partager la somme de 3139 fr. provenant d'une faillite; cette somme ne suffisant pas pour solder les créanciers, et d'ailleurs les titres n'ayant pas paru également valides, un jugement intervient, qui prescrit le partage de la somme proportionnellement au montant des créances, en laissant un bénéfice de 10 pour 100 au deuxième créancier et 25 pour 100 au troisième, outre et sur la part qui revient à chacun; combien chaque créancier retire-t-il?

235). De 3 sociétaires, le deuxième a mis la moitié de plus que le premier et le troisième 300 fr. de plus que les deux autres réunis; le troisième retire du gain total, qui se monte à 5020 fr., la somme de 2570 fr.; quelle est la mise de chacun des sociétaires?

236). 3 négociants ont fait une entreprise à frais communs: la mise du troisième est de 5600 fr.; celle du premier de 320 fr. moindre que celle du deuxième; le premier laisse ses fonds pendant 7 mois, le deuxième 14 et le troisième 12; le gain total est de 2402 fr. $\frac{1}{6}$ à partager entre les sociétaires, proportionnellement à la mise et au temps; le deuxième reçoit pour sa part 879 fr. $\frac{2}{3}$; quelle est la mise du premier et celle du deuxième?

237). Un père en mourant laisse à ses 4 enfants une petite somme de 1100 fr.; le testament n'est ouvert que 10 mois après, et pendant l'intervalle, les enfants ont dépensé le montant de cette somme avec les intérêts; toutes choses étant égales, 3 enfants auraient dépensé un capital de 1200 fr. avec les intérêts dans 15 mois; quel était le taux de l'intérêt, et combien de temps, dans les mêmes circonstances, 6 enfants mettraient-ils à dépenser le capital et les intérêts de 1650 fr.?

238). 5 frères ont dépensé en 9 mois un capital de 4800 fr. avec les intérêts; avec les mêmes conditions 2 autres personnes auraient dépensé 3320 fr. avec les intérêts en 16 mois; le taux étant le même dans les deux cas, quel est le montant de la dépense par mois de chacun des 5 frères?

239). Un domestique reçoit de son maître 240 fr. par an et sa livrée; à la fin du cinquième mois il demande à quitter la maison, son maître lui paye 37 fr. et lui laisse la livrée; combien est-elle estimée par le maître?

240). Un fermier a deux journaliers qu'il paye au même prix: il donne à l'un, pour 56 jours de travail, 4 mesures de blé et 56 fr.; et à l'autre, pour 84 jours, 7 mesures $\frac{1}{2}$ de blé et 69 fr. Combien fait-il payer la mesure de blé?

241). Un maître maçon loue un ouvrier à qui il promet 1 fr. 50 c. pour chaque jour de travail, à condition qu'il retiendra 60 c. pour chaque journée d'absence; après 50 jours l'ouvrier ne reçoit que 49 fr. 80 c.; combien de jours a-t-il manqué au travail?

242). Une fermière porte au marché une corbeille pleine d'œufs qu'elle se propose de vendre 7 centimes la pièce · en déposant sa corbeille elle casse 5 de ses œufs; la fermière fait son compte et trouve qu'en vendant les œufs 8 centimes elle retirera le même argent; combien y avait-il d'œufs dans la corbeille?   •

243). On demandait à un cuisinier qui portait des oranges combien il en avait dans son panier. Le cuisinier, calculateur habile, répondit: La douzaine m'a coûté 90 centimes, et si j'en avais eu 4 de plus pour l'argent que j'ai dépensé, la douzaine m'aurait coûté 10 centimes de moins; combien avait-il d'oranges?

244). Un marchand reçoit une pièce de drap qu'il paye à raison de 10 fr. le mètre; en la mesurant, il trouve que la pièce a 5 mètres de plus, à la vérité, qu'il ne croyait, mais le drap est de si mauvaise qualité qu'il se verra forcé de le revendre au prix de 8 fr. le mètre;

la pièce vendue à ce prix, il ne fait qu'une perte de 13 fr. $\frac{1}{3}$ pour 100 ; de combien de mètres est la pièce de drap ?

245). Une personne économise dans l'année le $\frac{1}{4}$ de son revenu et dépense tout le reste ; si elle avait 400 fr. de plus de revenu, elle pourrait économiser le $\frac{1}{4}$ et ajouter encore 160 fr. à ses dépenses ordinaires ; quel est le revenu de cette personne ?

246). Un amateur qui avait dépensé jusqu'alors le quart de son revenu en achat de livres se décide à y consacrer le tiers de son revenu, qui vient de s'augmenter, parce qu'il a calculé qu'il lui restera la même somme pour fournir à ses autres dépenses ; de combien s'est augmenté son revenu ?

247). Dans une certaine ville chaque propriétaire payait en contribution le septième de ses revenus ; les contributions ayant été augmentées et portées au sixième du revenu, de combien doit-il augmenter le prix de ses loyers pour avoir le même revenu ?

248). J'avais une somme dans un sac, j'en retirai le tiers et j'y remis 50 fr. ; quelque temps après je pris le quart de ce qu'il y avait dans le sac et j'y mis encore 70 fr. ; il y avait alors 120 fr. ; combien y avait-il d'abord ?

249). On a retiré d'un sac d'argent 50 fr. de plus que la moitié de la somme totale, du reste 30 fr. de plus que le cinquième, et de ce second reste 20 fr. de plus que le quart ; il ne reste plus dans le sac que 10 fr. ; combien y avait-il d'abord ?

250). Un homme laisse par son testament une somme à partager entre ses trois domestiques : le valet de chambre doit avoir 200 fr. et la moitié du reste, la cuisinière le cinquième du reste et 400 fr. en sus, et les 520 fr. qui restent reviendront au cocher ; quelle est cette somme ?

251). Un fermier va à la ville pour y vendre des œufs ; il vend d'abord la moitié plus 4 ; un peu plus loin il en vend encore la moitié de ce qui lui reste et 2 de plus ; il a le malheur d'en casser la moitié de ce qui lui reste et 6 de plus ; il revient à la ferme avec 2 œufs qui lui restent ; combien portait-il d'œufs à la ville ?

252). Un marchand augmente chaque année sa fortune de $\frac{1}{3}$; il en prend à la fin de chaque année 1000 fr. pour sa dépense ; à la fin de la troisième année, après avoir prélevé, comme d'ordinaire, 1000 fr. pour sa dépense, sa fortune est augmentée du double ; combien avait-il d'abord ?

253). Un négociant augmente chaque année sa fortune de 20 p. 100, et il en prélève 4000 fr. pour l'entretien de sa famille ; après 3 ans de bonnes affaires et après avoir retiré les 4000 fr. il trouve que sa fortune s'est accrue de 800 fr. au delà des $\frac{3}{4}$ de son capital primitif ; quel était ce capital ?

254). Un père apporte des pommes à ses enfants et les partage comme il suit : il donne au plus âgé la moitié des pommes moins 8 ; au deuxième la moitié du reste moins 8, et ainsi de suite au troisième et au quatrième; le cinquième reçoit les 20 pommes qui restent; combien le père avait-il apporté de pommes?

255). Je prends un nombre, je le multiplie par $\frac{3}{7}$ et je retranche 60 du produit; je multiplie le reste par $2\frac{1}{2}$ et j'ôte 30 du produit; il ne me reste rien; quel est ce nombre?

256). Un dissipateur avait placé sa fortune à 4 pour 100; 2 ans après il en retire le $\frac{1}{4}$ et laisse le reste pendant 7 mois; après ce temps il prend encore le $\frac{1}{4}$ du reste et laisse son capital ainsi diminué pendant 13 mois, après lesquels il retire tout ce qui lui reste; dans l'espace de ces 44 mois il n'avait pas retiré moins de 24375 fr. d'intérêts; quel était son capital?

257). Un père laisse un certain nombre d'enfants et une somme qu'ils doivent se partager de la manière suivante : le premier aura 100 fr. et le $\frac{1}{10}$ du reste; le deuxième 200 fr. et le $\frac{1}{10}$ du reste; le troisième 300 fr. et le $\frac{1}{10}$ du reste, et ainsi de suite, chacun des enfants devant avoir 100 fr. de plus que le précédent et le $\frac{1}{10}$ du reste; le partage fait, chacun des enfants a reçu la même somme; quelle est cette somme et quel est le nombre des enfants?

258). Quel aurait dû être le montant de cette somme si chaque enfant recevant 30 fr. de plus que le précédent et le $\frac{1}{9}$ du reste, les parts avaient été toutes égales?

259). Un général veut ranger un régiment en carré; il essaye de deux manières : d'après la première il lui reste 39 hommes, et en mettant un homme de plus sur le côté il lui manque 50 hommes pour former le carré; de combien d'hommes se compose le régiment?

260). On a un certain nombre de pièces de monnaie qu'on veut disposer en carré; d'après un premier essai il y aurait 130 pièces de trop, et en mettant 3 pièces de plus par côté il ne resterait que 31 pièces; combien a-t-on de pièces de monnaie?

261). Quel est le nombre tel que si on lui ajoute successivement les nombres 3 et 5, la différence des carrés des deux nombres résultants soit 56?

262). Pour déterminer la capacité de 3 tonneaux, on sait que, si l'on remplit le premier avec ce que contient le deuxième tout plein, il ne reste dans celui-ci que les $\frac{2}{9}$ du contenu; qu'en remplissant le deuxième avec le contenu du troisième, il ne reste dans celui-ci que le $\frac{1}{4}$; enfin que, si l'on vidait le premier pour en remplir le troisième, il faudrait y ajouter 50 litres; quelle est, en litres, la capacité des trois tonneaux?

263). On a 4 tonneaux de différentes capacités; avec le premier on remplit le deuxième et il en reste les $\frac{4}{7}$; du deuxième on remplit le troisième et il reste $\frac{1}{4}$ du contenu; avec le troisième on ne remplit que les $\frac{9}{16}$ du quatrième; enfin si l'on remplissait le troisième et le quatrième avec le contenu du premier, il resterait encore 15 litres; quelle est la capacité de ces 4 tonneaux?

APPENDICE.

DES CHIFFRES ROMAINS.

1. Pour représenter les nombres d'ordre, on se sert des caractères suivants, que les Romains employaient, et qu'on appelle pour cette raison *chiffres romains* :

I, signifie un; V, cinq; X, dix; L, cinquante; C, cent; D, cinq cents; M, mille, qu'on représente aussi par CIↃ.

2. Dans le système romain : tout chiffre placé *à la droite* d'un chiffre égal ou supérieur *augmente* d'autant la valeur de ce chiffre; tout chiffre placé *à la gauche* d'un chiffre supérieur *diminue* sa valeur d'autant.

Ainsi, II, III, signifient deux, trois; IV, quatre; VI, six; IX, neuf; XI, XII, XIII, onze, douze, treize; XX, vingt; XXXIV, trente-quatre; XL, quarante; LX, soixante; XC, quatre-vingt-dix; CX, cent dix; CL, cent cinquante; CD, quatre cents; DC, six cents; CM, neuf cents; MC, onze cents.

3. Pour représenter le nombre mil quatre cent cinquante-neuf, on écrivait MCDLIX.

Mil huit cent quarante-cinq, MDCCCXLV.

Au-dessus de mille on écrivait chez les Romains :

Trois mille, MMM ou III_m; vingt mille, XX_m; cent mille, C_m; un million, M_m.

4. La plupart des autres peuples anciens, Hébreux, Grecs, etc., se servaient pour représenter les nombres des lettres de leur alphabet; les dizaines étaient marquées d'un signe particulier, d'un accent, les centaines de deux, etc. Mais l'absence d'un signe correspondant au zéro de notre numération écrite rendait l'écriture des nombres, et surtout le calcul, difficiles et compliqués.

Questionnaire.

Dans quel cas emploie-t-on les chiffres romains? (1)

Pourquoi les nomme-t-on ainsi? (1)

Quels sont ces chiffres? (1)

Indiquer en quoi consiste le système de la numération en chiffres romains? (2)

En quoi ce système est-il moins avantageux que le système de la numération actuelle? (4)

Exercices.

Écrire en chiffres romains les nombres :

1). Trois, six, huit, douze, dix-huit, vingt-sept, trente-neuf,

2). Quarante-sept, quarante-huit, cinquante-neuf,

3). Soixante-dix-huit, quatre-vingt-douze, cent cinq,

4). Deux cent soixante-dix-sept, trois cent vingt-neuf,

5). Quatre cent quarante-trois, quatre cent quatre-vingt-dix,

6). Cinq cent soixante-sept, six cent vingt-quatre, huit cent neuf,

7), Neuf cent trente-quatre, mille quarante-cinq,

8). Mille quatre cent cinquante-quatre, deux mille cinq cents,

9). Deux mille six cent vingt, trois mille quatre cent cinquante,

10). Vingt mille sept cent cinquante-neuf,

11). Deux millions soixante mille.

Énoncer les nombres :

12).   II, IV, XII, IX,

13).   XIII, XIX, XXIV, XXXVIII,

14).   XLV, LVI, LXIX, LXXIV,

15).   CXL, CCXXIV, CCCLXII,

16).   CCXX, CDLIX, DCL,

17). DCCCIV, DCCCLXXV, DCDI, CMLIV,

18).   MX, MCL, MCDVIII, MCDLXIX,

19). MMCCCLIV, MMDCCCXLV, MMMCDIX.

20). XX_mCCLIV, C_mCCCX.

DU CALENDRIER.

Le calendrier règle la distribution de l'année en mois et en jours, conformément aux habitudes civiles et religieuses de chaque peuple.

L'usage du calendrier remonte à la plus haute antiquité.

Celui qu'on attribue à Romulus, fondateur de Rome, faisait commencer par le mois de mars une année de 304 jours distribués en 10 mois. Septembre était le septième mois et décembre le dixième et le dernier.

Numa fit la réforme de ce calendrier et y ajouta les deux mois de janvier et de février, l'un au commencement et l'autre à la fin de l'année. L'année moyenne comptait 366^j $\frac{1}{4}$, ou un jour environ de plus que l'année solaire.

Jules César, 45 ans avant J. C., commença la réforme qui a donné son nom au calendrier Julien. D'après ce calendrier, les mois romains eurent la même durée que les nôtres. Le premier jour du mois se nommait *calendes*, c'est-à-dire *convocations*, parce que ce jour était destiné aux assemblées du peuple et aux sacrifices; de là vient le nom de *calendrier*.

Le calendrier Julien suppose l'année de 365 jours 6 heures, durée trop longue de 11 minutes et 10 secondes environ.

Au premier concile de Nicée, tenu en 325, les chrétiens adoptèrent définitivement le calendrier Julien pour ce qui concerne l'année civile. A cette époque l'équinoxe du printemps tombait au 21 mars, jour auquel les Pères du concile le fixèrent.

Il fut décidé aussi que le jour de Pâques serait le premier dimanche après la pleine lune qui arrive, soit le 21 mars, soit après, en considérant la lune comme étant dans son plein 14 jours après son renouvellement. Les autres fêtes mobiles étaient réglées sur la fête de Pâques.

Le calendrier Julien suppose l'année solaire de 365^j $\frac{1}{4}$; mais, comme elle est réellement de 365^j,242264, l'erreur en plus est de 0^j,007736. Pour savoir en combien d'années l'erreur sera d'un jour, il faut chercher combien de fois cette fraction est contenue dans l'unité, et l'on trouve ainsi 129 ans à peu près; c'est-à-dire que tous les 129 ans le calendrier Julien doit être en retard d'un jour sur le soleil.

En 1582, c'est-à-dire 1257 ans après le concile de Nicée, le retard était de 1257 : 129 = 10 jours, et l'équinoxe du printemps arrivait le 11 mars au lieu du 21, ainsi que l'avait décrété le concile.

Le pape Grégoire XIII ordonna en conséquence que le

lendemain du 4 octobre 1582 serait le 15 du même mois ; et pour retenir d'une manière fixe l'équinoxe du printemps au 21 mars, on devait continuer l'intercalation d'un jour tous les 4 ans, comme dans le calendrier Julien, les années bissextiles étant celles qui sont exprimées en nombres divisibles par 4 ; mais on devait omettre l'intercalation des années séculaires, excepté pour celles dont le nombre des siècles est divisible par 4. Ainsi 1600 a été bissextile parce que le nombre 16 est divisible par 4 ; tandis que les années 1700, 1800, 1900 ne sont point bissextiles, parce que les nombres 17, 18, 19 ne sont pas divisibles par 4.

Le calendrier ainsi modifié a pris le nom de *calendrier Grégorien*, et a été adopté dans presque toute l'Europe, à l'exception de la Russie et de la Grèce qui continuent à se servir du calendrier Julien. Aussi ces peuples, dans leurs rapports avec les autres peuples de l'Europe, sont obligés de se servir de deux dates pour le même jour de l'année, l'une correspondante au calendrier Julien et l'autre au calendrier Grégorien.

La division de l'année en mois dans le calendrier Grégorien est maintenant la même que dans le calendrier Julien, sauf la modification des bissextiles séculaires. Les mois sont alternativement de 31 et de 30 jours, excepté les mois consécutifs de juillet et d'août qui en ont 31, et février qui a 28 jours dans les années communes et 29 dans les bissextiles.

L'année se subdivise encore en 52 semaines.

Les noms des jours dont la semaine se compose correspondent aux noms des astres connus des anciens et que Ptolémée, dont le système a prédominé si longtemps, avait rangés dans l'ordre suivant : Saturne, Jupiter, Mars, le Soleil, Vénus, Mercure, la Lune. *Lundi* vient de Lune, *mardi* de Mars, *mercredi* de Mercure, *jeudi* de Jupiter, *vendredi* de Vénus, *samedi* de Saturne ; le mot *dimanche* signifie *jour dominical* ou du Seigneur.

Du temps du paganisme, on était dans l'usage religieux de consacrer chaque heure du jour aux divinités adorées sous le nom de ces planètes. La première heure du lundi étant consacrée à la Lune, par exemple, la deuxième était consacrée à Saturne, la troisième à Jupiter et la huitième de nouveau à Saturne, etc.; en sorte que la vingt-cinquième ou la première du lendemain, mardi, était consacrée à Mars, placée trois rangs après la Lune dans l'ordre de succession. En avançant de même trois rangs, après Mars, on trouve que la première du mercredi est consacrée à Mercure, etc.

On sait que la semaine des Hébreux finissait le samedi, qui était pour eux le jour du repos ou le sabbat; chez les chrétiens, le 7ᵉ et dernier jour de la semaine est le dimanche.

Chacun des noms de la semaine revient ainsi 52 fois dans une année; mais comme 52 fois 7 ne donnent que 364, le jour qui commence l'année se reproduit une 53ᵉ fois pour la terminer. L'initial de l'année suivante vient donc un jour au delà. Ainsi le nom du 1ᵉʳ janvier de l'an et le même que celui du 31 décembre suivant, du 30 si l'année est bissextile, et il en est de même pour toute autre date; le 15 septembre d'une année, par exemple, porte le même nom que le 14 septembre de l'année d'après; le 1ᵉʳ mars porte le nom du 28 février suivant.

On doit remarquer que dans un mois quelconque les nombres en *quantièmes* 1, 8, 15, 22, 29 portent le même nom; si par exemple le mois commence par un lundi, le 8, le 15, etc., seront aussi des lundis.

De plus, chaque mois se composant de 4 semaines, plus 2 ou 3 jours, excepté le mois de février, selon que le mois est de 30 ou 31, on pourra facilement déterminer l'initial d'un mois quelconque quand on connaîtra l'initial d'un mois précédent.

Si par exemple mars commence par un lundi, quel sera l'initial de septembre suivant? De mars à septembre, 6 mois, dont 4 de 31 jours. Je multiplie 6 par 2, ce qui donne 12; j'ajoute 4, ce qui me donne 16, qui se réduit à 2 en ôtant 2 fois 7 ou 14; il faut donc avancer de deux rangs après le lundi, et septembre commence par un mercredi.

Dans ce calcul, février n'entre pas en compte quand il n'a que 28 jours comme dans les années communes; si février a 29 jours, il faut ajouter 1 au résultat.

On déterminerait donc facilement le nom du jour qui répond à une date proposée, si l'on connaissait l'initial d'un mois quelconque.

Le 1er mars est toujours un

mercredi	lundi	samedi	jeudi.
En 1600, 2000	1700, 2100	1800, 2200	1900, 2300

et ainsi périodiquement de 4 en 4 siècles.

Pour connaitre le 1er mars dans une année quelconque, 1849 par exemple, on prend les deux chiffres à droite du millésime, 49, et on divise ce nombre par 4 ; ce qui donne 12 pour quotient et 1 pour reste. On multiplie le quotient par 5 et on ajoute le reste ; on obtient ainsi 61, qui se réduit à 5, après avoir ôté tous les 7 contenus. Procédant de 5 rangs après samedi, initial de mars en l'année séculaire 1800, on aura jeudi pour l'initial de mars en 1849.

Le 1er janvier sera donc un lundi, en rétrogradant de 3 rangs.

Dans le calendrier, les 7 premiers jours de l'année sont désignés par les lettres A, B, C, D, E, F, G ; les sept jours suivants reprennent les mêmes lettres dans le même ordre, et ainsi de suite durant toute l'année. On appelle *lettre dominicale* la lettre qui convient au premier dimanche, et par suite à tous les dimanches d'une année commune ; les années bissextiles ont deux lettres dominicales, l'une pour janvier et février, et l'autre pour les mois suivants. Ainsi, l'année 1848 ayant commencé par un samedi, la lettre initiale pour les deux premiers mois est B, la lettre dominicale pour les autres mois est A en rétrogradant d'un rang.

L'année 1849 commençant par un lundi, la lettre dominicale est G.

Ce n'est qu'après 7 bissextiles, ou 7 fois 4 ans, que les dominicales se reproduisent périodiquement. Cette durée de 28 ans porte le nom de *cycle solaire* ou de *lettres dominicales*. Comme le cycle a commencé l'an 9 avant l'ère chrétienne, pour avoir l'année du cycle solaire correspondante à un millésime proposé 1849 par exemple, on ajoute 9, ce qui donne 1858, et l'on divise par 28. Le quotient 66 indique que la période s'est reproduite 66 fois depuis le commencement du cycle, et le reste 10, que l'année 1849 et la 10ᵉ du cycle.

Depuis la réforme grégorienne, le cycle solaire qui se rapporte particulièrement au calendrier Julien est pour nous sans utilité.

Outre le nom de chaque jour de l'année, le calendrier indique le nom des saints et des fêtes qui s'y rapportent.

Les fêtes se divisent en fêtes *fixes* et fêtes *mobiles*. Les premières ainsi nommées parce qu'elles arrivent toujours aux mêmes dates; les secondes parce qu'elles changent de date chaque année, à cause de la fête de Pâques, mobile de sa nature.

Les fixes sont :

La *Circoncision*,	le 1ᵉʳ janvier.
L'*Épiphanie* ou *les Rois*,	le 6 janvier.
La *Purification* ou la *Chandeleur*,	le 2 février.
L'*Annonciation*,	le 25 mars.
La *Saint-Jean d'été*,	le 24 juin.
La *Saint-Pierre et Saint-Paul*,	le 29 juin.
L'*Assomption*,	le 15 août.
La *Nativité*,	le 8 septembre.
La *Toussaint*,	le 1ᵉʳ novembre.
La *Conception*,	le 8 décembre.
Noël,	le 25 décembre.

Les fêtes mobiles sont :

Pâques, entre le 21 mars et le 26 avril.

La *Septuagésime*, le 9ᵉ dimanche ou 63ᵉ jour avant Pâques.

La *Quinquagésime* ou le dimanche gras, 49ᵉ jour avant Pâques.

Les *Cendres*, ou l'entrée du *Carême*, sont le mercredi suivant.

Le dimanche des *Rameaux*, le 7ᵉ jour avant Pâques, suivi de la *semaine sainte*. Le dimanche d'avant est celui de la *Passion*. La *Quasimodo* est le dimanche qui suit Pâques.

L'*Ascension*, le jeudi 40ᵉ jour à compter de Pâques.

Les *Rogations* sont les trois jours qui précèdent.

La *Pentecôte* vient 50 jours après Pâques, et 10 jours après l'Ascension.

La *Trinité* est le dimanche suivant ou le 8ᵉ après Pâques.

La *Fête-Dieu* est le jeudi d'après.

[Les quatre dimanches de l'*Avent* sont les quatre dimanches avant Noël.]

Les *Quatre-Temps* sont placés aux mercredis qui suivent : 1° les Cendres; 2° la Pentecôte; 3° le 14 septembre; 4° le 13 décembre.

Les fêtes mobiles, ainsi qu'on le voit, se rapportent toutes à la *fête de Pâques*, qui d'après la décision de l'Église, *doit être célébrée le premier dimanche après la pleine lune qui suit le 20 mars.*

L'année moyenne se compose de 13,36827 lunaisons moyennes; en multipliant ce nombre par 19, on trouve pour produit 234,997, c'est-à-dire à très-peu près 235. Ce fait, que 235 lunaisons font 19 ans, a été reconnu par Méthon, géomètre athénien, 432 ans avant J. C. Le *cycle lunaire* de 19 ans, découvert par Méthon, a commencé un an avant l'ère chrétienne; de sorte que, pour connaître l'année du cycle de Méthon ou *nombre d'or*, il suffit d'ajouter 1 au millésime proposé et de diviser la somme par 19.

En 1849, le nombre d'or est 7, reste de 1850 divisé par 19.

L'*épacte* est l'âge de la lune au renouvellement de l'année.

Si l'on suppose que l'année solaire et l'année lunaire commencent en même temps, puisque l'année solaire dépasse l'année lunaire de 11 jours, on aura le tableau suivant pour les 19 années du cycle :

Nombre d'or [1].	I,	II,	III,	IV,	V,	VI,	VII,	VIII,	IX,	X.
Épactes.		0,	11,	22,	33,	14	25,	6,	17,	28,	9,

ou 3,
en ôtant 30.

---

1. Les Athéniens avaient fait graver en lettres d'or le tableau correspondant des épactes; de là vient le nom de *nombre d'or*.

Nombre d'or.   XI, XII, XIII, XIV, XV, XVI, XVII, XVIII, XIX.
Épactes.   20, 1, 12, 23, 4, 15, 26, 7,   18.

Ainsi, le nombre d'or étant trouvé, la table donnera immédiatement l'épacte; pour l'année 1849. dont le nombre d'or est 7, l'épacte est 6.

Retranchant 6 de 30, le reste 24 indique la date de la nouvelle lune de mars et d'avril. 13 jours après le jour de cette nouvelle lune, on arrive à la pleine lune : le dimanche qui suit est précisément la fête de Pâques. Mais ce calcul, qui repose sur des hypothèses défectueuses, est presque toujours fautif, car l'erreur peut être de 7 jours.

Connaissant l'épacte de l'année, il est facile de déterminer l'âge de la lune pour une date donnée. Pour cela, il suffit d'ajouter à la date, l'épacte de l'année et autant d'unités qu'il s'est écoulé de mois à partir de mars; en effet, l'année solaire étant plus longue de 11 jours que l'année lunaire, le mois excède la lunaison d'à peu près un jour. Exemple : Quel est l'âge de la lune le 15 décembre 1848? le nombre d'or est 6, l'épacte 25, le nombre de mois écoulés depuis mars 9; $15 + 25 + 9 = 49$, qui se réduit à 19 en ôtant 30; la lune a donc 19 jours; elle est donc entre la pleine lune et le dernier quartier.

Outre le cycle solaire et le cycle lunaire ou nombre d'or, les Romains se servaient d'un autre cycle, appelé *cycle d'indiction*, de 15 années juliennes, relatif à certains actes judiciaires et administratifs. On suppose que la 1re année de l'ère chrétienne a été la 4e du cycle d'indiction.

DES DIFFÉRENTES ÈRES USITÉES EN CHRONOLOGIE.

On donne le nom d'*ère* au point d'où l'on part pour compter les années.

L'ère chrétienne, autrement dite ère vulgaire, commence l'an 4004 du monde, à la naissance de J. C.; elle est suivie par tous les peuples de la chrétienté.

L'ère des Olympiades, usitée chez les Grecs, a commencé le 1er juillet 776 avant J. C.

L'ère de la fondation de Rome, adoptée par les Romains,

remonte au 24 avril 753 avant J. C., temps compté sur le calendrier Julien.

L'ère de Constantinople, suivie par les Grecs modernes, date de la création du monde; l'an 5509 du monde commence au 1ᵉʳ septembre avant l'ère vulgaire.

L'ère de Dioclétien ou des martyrs commence au 20 août 184 de l'ère vulgaire; elle est adoptée par les Éthiopiens, ou chrétiens de l'Abyssinie.

L'ère des Séleucides, adoptée par les chrétiens de Syrie, commence en 312 (calendrier Julien) avant J. C.

L'ère des juifs modernes remonte à l'an 3761 avant l'ère vulgaire.

L'ère de l'Hégire, suivie par les mahométans, remonte au 16 juillet 622, calendrier Julien.

Si l'on multiplie le cycle solaire de 28 ans par le cycle lunaire de 19, on obtient 532 ans, qui forme ce qu'on nomme la *période dionysienne*. Au bout de cette période, les nouvelles lunes et les jours de la semaine reviennent dans le même ordre au commencement de l'année.

Si l'on multiplie les trois cycles solaires, lunaire et d'indiction, le produit $28 \times 19 \times 15 = 7980$ ans forme ce qu'on nomme la *période julienne*.

Au bout de cette période, les nouvelles lunes, les jours de la semaine et l'indiction reviennent dans le même ordre au commencement de l'année.

FIN.

TABLE DES MATIÈRES.

FIN DE LA TABLE DES MATIÈRES.

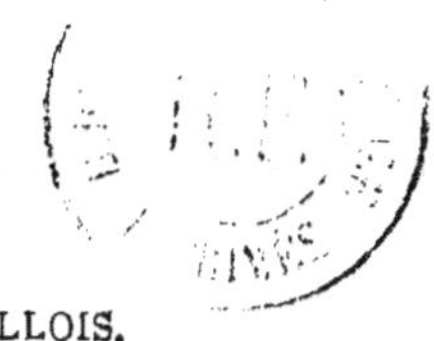

Coulommiers. — Typ. P. BRODARD t GALLOIS.

www.ingramcontent.com/pod-product-compliance
Lightning Source LLC
LaVergne TN
LVHW010809060726
842527LV00002B/569